"十三五"国家重点图书出版规划项目

当代动物营养与饲料科学精品专著

非粮型饲料资源高效
加工技术与应用策略

印遇龙　阮　征◎主编

中国农业出版社

北 京

内容简介

粮食安全一直是我国关系国计民生的重大课题。三十年来，我国畜牧业与饲料业迅猛发展，全国粮食消费中一半用于饲料加工，"人畜争粮"现象日益突出，同时常规饲料资源紧缺和资源综合利用率低下的问题也特别突出。大宗非粮型饲用资源高效开发与利用显得尤为重要，是保障国家粮食安全、促进饲料业和畜牧业可持续健康发展的重要途径。

目前，我国总体饲料资源开发、加工技术与利用、配套技术服务体系方面与欧美畜牧业发达强国相比，还有一定的差距。如何开发和高效率利用非粮型饲料资源和提高饲草料的转化效率是我们迫切需要研究的重要课题，也是实现我国畜牧业可持续发展的必由之路。基于以上，在非粮型饲料原料加工和资源开发利用方面，编写了《非粮型饲料资源高效加工技术与应用策略》一书。以大宗非粮型饲料原料高效加工技术为核心，重点阐述以下几方面的内容：大宗非粮型饲料概述（第一章）、粉碎技术及其应用（第二章）、干燥技术及其应用（第三章）、挤压膨化技术及其应用（第四章）、发酵技术及其应用（第五章）、酶法技术及其应用（第六章）、脱壳技术、超高压技术及其应用、辐照技术及其应用和高频电场技术及其应用（第七章）、大宗非粮型饲料原料加工及运用（第八章）。

丛书编委会

主任委员

李德发（院　士，中国农业大学动物科学技术学院）

副主任委员

印遇龙（院　士，中国科学院亚热带农业生态研究所）

麦康森（院　士，中国海洋大学水产学院）

姚　斌（院　士，中国农业科学院饲料研究所）

杨振海（局　长，农业农村部畜牧兽医局）

委　员（以姓氏笔画为序）

刁其玉（研究员，中国农业科学院饲料研究所）

马秋刚（教　授，中国农业大学动物科学技术学院）

王　恬（教　授，南京农业大学动物科技学院）

王卫国（教　授，河南工业大学生物工程学院）

王中华（教　授，山东农业大学动物科技学院动物医学院）

王加启（研究员，中国农业科学院北京畜牧兽医研究所）

王成章（教　授，河南农业大学牧医工程学院）

王军军（教　授，中国农业大学动物科学技术学院）

王红英（教　授，中国农业大学工学院）

王宝维（教　授，青岛农业大学食品科学与工程学院）

王建华（研究员，中国农业科学院饲料研究所）

方热军（教　授，湖南农业大学动物科学技术学院）

尹靖东（教　授，中国农业大学动物科学技术学院）

冯定远（教　授，华南农业大学动物科学学院）

朱伟云（教　授，南京农业大学动物科技学院）

刘作华（研究员，重庆市畜牧科学院）

刘国华（研究员，中国农业科学院饲料研究所）

刘建新（教　授，浙江大学动物科学学院）

齐广海（研究员，中国农业科学院饲料研究所）

孙海洲（研究员，内蒙古自治区农牧业科学院动物营养与饲料研究所）

杨　琳（教　授，华南农业大学动物科学学院）

杨在宾（教　授，山东农业大学动物科技学院动物医学院）

李光玉（研究员，中国农业科学院特产研究所）

李军国（研究员，中国农业科学院饲料研究所）

李胜利（教　授，中国农业大学动物科学技术学院）

李爱科（研究员，国家粮食和物资储备局科学研究院粮食品质营养研究所）

吴　德（教　授，四川农业大学动物营养研究所）

呙于明（教　授，中国农业大学动物科学技术学院）

佟建明（研究员，中国农业科学院北京畜牧兽医研究所）

汪以真（教　授，浙江大学动物科学学院）

张日俊（教　授，中国农业大学动物科学技术学院）

张宏福（研究员，中国农业科学院北京畜牧兽医研究所）

陈代文（教　授，四川农业大学动物营养研究所）

林　海（教　授，山东农业大学动物科技学院动物医学院）

罗　军（教　授，西北农林科技大学动物科技学院）

罗绪刚（研究员，中国农业科学院北京畜牧兽医研究所）

周志刚（研究员，中国农业科学院饲料研究所）

单安山（教　授，东北农业大学动物科学技术学院）

孟庆翔（教　授，中国农业大学动物科学技术学院）

侯水生（研究员，中国农业科学院北京畜牧兽医研究所）

侯永清（教　授，武汉轻工大学动物科学与营养工程学院）

姚军虎（教　授，西北农林科技大学动物科技学院）

秦贵信（教　授，吉林农业大学动物科学技术学院）

高秀华（研究员，中国农业科学院饲料研究所）

曹兵海（教　授，中国农业大学动物科学技术学院）

彭　健（教　授，华中农业大学动物科学技术学院动物医学院）

蒋宗勇（研究员，广东省农业科学院动物科学研究所）

蔡辉益（研究员，中国农业科学院饲料研究所）

谭支良（研究员，中国科学院亚热带农业生态研究所）

谯仕彦（教　授，中国农业大学动物科学技术学院）

薛　敏（研究员，中国农业科学院饲料研究所）

瞿明仁（教　授，江西农业大学动物科学技术学院）

审稿专家

卢德勋（研究员，内蒙古自治区农牧业科学院动物营养研究所）

计　成（教　授，中国农业大学动物科学技术学院）

杨振海（局　长，农业农村部畜牧兽医局）

本书编写人员

主　　编　印遇龙　阮　征

副主编　吴　信　乔国华　孔祥峰　米书梅

编写人员（以姓氏笔画为序）

马晓康　毛胜勇　孔祥峰　邓泽元　付桂明　印遇龙

乔国华　乔家运　刘　岭　刘德稳　米书梅　阮　征

孙效名　李　平　李　静　吴　信　张永亮　范亚苇

黄金秀　赖长华　廖春龙　冀凤杰

丛书序

经过近 40 年的发展，我国畜牧业取得了举世瞩目的成就，不仅是我国农业领域中集约化程度较高的产业，更成为国民经济的基础性产业之一。我国畜牧业现代化进程的飞速发展得益于畜牧科技事业的巨大进步，畜牧科技的发展已成为我国畜牧业进一步发展的强大推动力。作为畜牧科学体系中的重要学科，动物营养和饲料科学也取得了突出的成绩，为推动我国畜牧业现代化进程做出了历史性的重要贡献。

畜牧业的传统养殖理念重点放在不断提高家畜生产性能上，现在情况发生了重大变化：对畜牧业的要求不仅是要能满足日益增长的畜产品消费数量的要求，而且对畜产品的品质和安全提出了越来越严格的要求；畜禽养殖从业者越来越认识到养殖效益和动物健康之间相互密切的关系。畜牧业中抗生素的大量使用、饲料原料重金属超标、饲料霉变等问题，使一些有毒有害物质蓄积于畜产品内，直接危害人类健康。这些情况集中到一点，即畜牧业的传统养殖理念必须彻底改变，这是实现我国畜牧业现代化首先要解决的一个最根本的问题。否则，就会出现一系列的问题，如畜牧业的可持续发展受到阻碍、饲料中的非法添加屡禁不止、"人畜争粮"矛盾凸显、食品安全问题受到质疑。

我国最大的国情就是在相当长的时期内处于社会主义初级阶段，我国养殖业生产方式由粗放型向集约化型的根本转变是一个相当长的历史过程。从这样的国情出发，发展我国动物营养学理论和技术，既具有中国特色，对制定我国养殖业长期发展战略有指导性意义；同时也对世界养殖业，特别是对发展中国家养殖业发展具有示范性意义。因此，我们必须清醒地意识到，作为畜牧业发展中的重要学科——动物营养学正处在一个关键的历史发展时期。这一发展趋势绝不是动物营养学理论和技术体系的局部性创新，而是一个涉及动物营养学整体学科思维方式、研究范围和内容，乃至研究方法和技术手段更新的全局性战略转变。在此期间，养殖业内部不同程度的集约化水平长期存在。这就要求动物营养学理论不仅能适应高度集约化的养殖业，而且也要能适应中等或初级集约化水平长期存在的需求。近年来，我国学者在动物营养和饲料科学方面作了大量研究，取得了丰硕成果，这些研究成果对我国畜牧业的产业化发展有重要实践价值。

"十三五"饲料工业的持续健康发展，事关动物性"菜篮子"食品的有效供给和质量安全，事关养殖业绿色发展和竞争力提升。从生产发展看，饲料工业是联结种植业和养殖业的中轴产业，而饲料产品又占养殖产品成本的70%。当前，我国粮食库存压力很大，大力发展饲料工业，既是国家粮食去库存的重要渠道，也是实现降低生产成本、提高养殖效益的现实选择。从质量安全看，随着人口的增加和消费的提升，城乡居民对保障"舌尖上的安全"提出了新的更高的要求。饲料作为动物产品质量安全的源头和基础，要保障其安全放心，必须从饲料产业链条的每一个环节抓起，特别是在提质增效和保障质量安全方面，把科技进步放在更加突出的位置，支撑安全发展。从绿色发展看，当前我国畜牧业已走过了追求数量和保障质量的阶段，开始迈入绿色可持续发展的新阶段。畜牧业发展决不能"穿新鞋走老路"，继续高投入、高消耗、高污染，而应在源头上控制投入、减量增效，在过程中实施清洁生产、循环利用，在产品上保障绿色安全、引领消费；推介饲料资源高效利用、精准配方、氮磷和矿物元素源头减排、抗菌药物减量使用、微生物发酵等先进技术，促进形成畜牧业绿色发展新局面。

动物营养与饲料科学的理论与技术在保障国家粮食安全、保障食品安全、保障动物健康、提高动物生产水平、改善畜产品质量、降低生产成本、保护生态环境及推动饲料工业发展等方面具有不可替代的重要作用。当代动物营养与饲料科学精品专著，是我国动物营养和饲料科技界首次推出的大型理论研究与实际应用相结合的科技类应用型专著丛书，对于传播现代动物营养与饲料科学的创新成果、推动畜牧业的绿色发展有重要理论和现实指导意义。

李德发

2018.9.26

前　言

每年 10 月 16 日是世界粮食日。2019 年 10 月，国务院新闻办公室发表《中国的粮食安全》白皮书，全面介绍了中国在粮食安全上取得的重大成就，中国人口占世界的近 1/5，粮食产量约占世界的 1/4，实现了由"吃不饱"到"吃得饱"，并且"吃得好"的历史性转变。国以民为本，民以食为天，食以粮为源。全球范围内的饥饿与粮食问题始终是国际社会关注的热点，我国人口数量众多，人均资源排名世界靠后，因此，粮食安全尤为重要。全面建设小康社会，稳定可持续发展，解决好人们的食物安全问题是基础。

随着社会经济发展和人们食物结构的调整，以及对食品营养与健康的需求，我国动物性食物（畜产品、水产品、蛋和奶等）消费量逐年提高。同时，我国餐饮业的快速发展和城乡居民在家庭外餐饮消费的持续猛增，对畜产品的需求又会增加。加之国内和国际因素猝不及防，如非洲猪瘟、国家间贸易战争等，都会对我国畜禽养殖业稳定发展与动物性食物稳定供给造成巨大的不利影响。随着我国畜牧业的迅猛发展，全国粮食消费中超过一半用作饲料，常规饲料资源紧缺、资源综合利用率低下和"人畜争粮"等问题日益突出，我国的畜禽养殖业和饲料业面临巨大的挑战。

我国非粮饲料资源来源广、种类多、总量大，主要包括农林业加工副产物、中药及其加工残渣、食品加工副产物和屠宰加工厂下脚料等。2011 年，农业部印发的《全国节粮型畜牧业发展规划（2011—2020 年）》明确指出发展节粮型畜牧业是保障畜产品有效供给、缓解粮食供求矛盾、丰富居民膳食结构的重要途径。开展非粮饲料资源安全高效利用和动物健康养殖的前沿基础、核心关键技术研究与应用，不仅可以缓解饲料资源不足及由此引发的粮食安全等问题，而且将大幅降低养殖动物饲养成本，保障我国动物养殖安全，具有长远战略性意义，亦是国家中长期科技发展规划中明确列出的重要课题。

鉴于上述原因，作者编写了《非粮型饲料资源高效加工技术与应用策略》一书，由全国高等农林院校研究所和中国科学研究院多年从事非粮型饲料资源高效加工技术研究的专家，结合自身研究结果与实践，参考国内外最新研究成果和文献资料编著而成。语言力求通俗、简明，内容力求全面、实用。初稿完成后，编写组曾约请审稿者开会进行初步商讨，会后编写组针对审稿者提出的宝贵意见逐一考虑，在认真讨论的基础上，经多次修改定稿。本书受到了印遇龙院士主持负责的 2015 年 1 月—12 月中国工程院院士咨询项目"大宗非粮型饲料资源高效利用战略研究"（2015－XY－41）资助。由于时间仓促和编写人员水平有限，错误和不当之处在所难免，恳请读者批评指正。

编 者

2019 年 10 月

目 录

丛书序
前言

01 第一章 大宗非粮型饲料概述

第一节 我国大宗非粮型饲料现状 ……………………………………… 1
一、我国大宗非粮型饲料加工技术现状 …………………………… 2
二、我国大宗非粮型饲料原料加工存在的问题剖析 ……………… 4
第二节 大宗非粮型饲料原料加工利用经验与发展趋势 …………… 5
一、发达国家大宗非粮型饲料原料加工经验借鉴 ………………… 5
二、大宗非粮型饲料原料加工综合利用发展趋势 ………………… 6
参考文献 …………………………………………………………………… 8

02 第二章 粉碎技术及其应用

第一节 粉碎技术 ………………………………………………………… 9
一、粉碎 …………………………………………………………………… 9
二、微粉碎和超微粉碎 ………………………………………………… 11
第二节 粉碎技术的应用 ………………………………………………… 15
一、在树叶资源中的应用 ……………………………………………… 15
二、在玉米秸秆中的应用 ……………………………………………… 16
三、在豆粕中的应用 …………………………………………………… 16
四、在肉骨粉中的应用 ………………………………………………… 17
五、在中草药添加剂中的应用 ………………………………………… 18
六、在茶粉中的应用 …………………………………………………… 19
七、在葡萄皮渣中的应用 ……………………………………………… 20
参考文献 …………………………………………………………………… 20

03 第三章 干燥技术及其应用

第一节 干燥技术 ………………………………………………………… 21

一、我国干燥技术现状 ··· 21

二、干燥技术原理 ··· 22

三、干燥设备 ··· 23

第二节 干燥方法 ··· 23

一、真空冷冻干燥方法 ··· 23

二、微波干燥方法 ··· 24

三、过热蒸汽干燥方法 ··· 25

四、流化床干燥方法 ··· 25

五、喷雾干燥方法 ··· 27

六、红外线辐射干燥方法 ··· 29

七、顺逆流干燥方法 ··· 30

八、热风干燥方法 ··· 30

第三节 干燥技术的应用 ··· 31

一、真空冷冻干燥技术的应用 ··· 31

二、微波干燥技术的应用 ··· 31

三、过热蒸汽干燥技术的应用 ··· 32

四、流化床干燥技术的应用 ··· 32

五、喷雾干燥技术的应用 ··· 33

六、餐厨废弃物脱油干燥饲料化 ··· 33

参考文献 ··· 35

04 第四章 挤压膨化技术及其应用

第一节 挤压膨化技术概述 ··· 36

一、挤压膨化技术的原理及特点 ··· 36

二、挤压膨化饲料加工工艺 ··· 36

三、挤压膨化饲料加工设备与机械 ······································· 40

四、挤压膨化对饲料营养成分的影响 ····································· 43

第二节 挤压膨化技术的应用 ··· 46

一、挤压膨化技术对饲料的作用 ··· 46

二、挤压膨化技术在秸秆饲料化中的应用 ································· 48

参考文献 ··· 50

05 第五章 发酵技术及其应用

第一节 发酵技术 ··· 51

一、发酵技术的发展史 ··· 51

二、饲料发酵技术 ··· 52

三、饲料发酵工艺 ··· 56

作者简介

印遇龙，湖南桃源人，中国工程院院士，现任中国科学院亚热带农业生态研究所首席研究员，*Animal Nutrition* 主编。长期从事畜禽健康养殖与环境控制研究，先后主持完成多项国家、国际合作科研项目。在畜禽绿色养殖技术、非常规饲料原料高效利用、养殖过程废弃物减控等方面取得了重要成果，曾多次获得奖励。2018 年在澳大利亚布里斯班举行的第 14 届国际猪消化生理学大会上获 Asia – Pacific Nutrition Award（APNA）奖。

作者简介

　　阮征，南昌大学食品学院教授，博士研究生导师。长期从事营养食品和农副资源产品深加工，先后主持完成国家与省级科研项目多项，在生物活性成分健康调控和植物资源综合利用等方面开展了深入研究，并取得了较多成绩。

四、饲料发酵设备及机械 ·· 60
第二节　发酵技术的应用 ··· 64
一、发酵饲料在畜禽生产中的应用 ·· 64
二、秸秆发酵饲料的制备 ··· 65
参考文献 ··· 67

06　第六章　酶法技术及其应用

第一节　酶法技术 ··· 69
一、酶法生产饲料的意义 ··· 69
二、饲用酶及酶制剂 ··· 70
第二节　酶法技术的应用 ··· 75
一、对秸秆饲料的处理 ·· 75
二、对茶渣的处理 ··· 75
三、对锦鸡儿（柠条）的处理 ··· 76
四、酶制剂在畜禽生产中的应用 ·· 77
参考文献 ··· 78

07　第七章　其他技术及其应用

第一节　脱壳技术及应用 ··· 79
一、脱壳技术 ·· 79
二、脱壳技术在饼粕类饲料中的应用 ··· 82
第二节　超高压技术及应用 ··· 83
一、超高压技术 ··· 83
二、超高压技术在蛋白质类饲料中的应用 ·· 84
第三节　辐照技术及其应用 ··· 85
一、辐照技术 ··· 85
二、辐照技术在大宗非粮型饲料资源加工中的应用 ······························ 88
第四节　高频电场技术及其应用 ··· 89
一、高频电场技术 ··· 89
二、高频电场技术在分离大豆蛋白中的应用 ······································ 90
参考文献 ··· 91

08　第八章　大宗非粮型饲料原料加工及运用

第一节　油料副产品加工工艺与运用 ··· 93
一、大豆加工副产品 ··· 93
二、油菜籽饼粕 ··· 96

三、棉籽粕 ……………………………………………… 106

四、花生粕 ……………………………………………… 107

五、油茶籽饼粕 …………………………………………… 108

六、亚麻籽粕 ……………………………………………… 115

七、棕榈粕 ………………………………………………… 118

第二节 粮食副产品加工工艺与运用 ………………………… 121

一、大米加工副产品作为饲料原料的研究进展 ……………… 121

二、玉米及其加工产品作为饲料原料的研究进展 …………… 125

三、高粱及其加工产品作为饲料原料的研究进展 …………… 140

第三节 木本植物的加工工艺与运用 ………………………… 147

一、木本饲料的加工方法与工艺 …………………………… 147

二、沙棘及其加工产品的加工方法与工艺 ………………… 150

三、松针及其加工产品的加工方法与工艺 ………………… 150

四、灌木类及其加工产品的加工方法与工艺 ……………… 151

五、桑叶及其加工产品的加工方法与工艺 ………………… 151

六、饲用苎麻收获技术 ……………………………………… 152

第四节 糖料植物副产品加工工艺与运用 …………………… 152

一、大豆糖蜜作为饲料原料的研究进展 …………………… 152

二、甘蔗及其加工产品作为饲料原料的研究进展 ………… 156

三、菊芋粕作为饲料原料的研究进展 ……………………… 161

四、甜菜及其加工产品作为饲料原料的研究进展 ………… 163

五、甜叶菊渣作为饲料原料的研究进展 …………………… 169

第五节 动物源副产品加工工艺与运用 ……………………… 171

一、内脏、羽毛、骨、血液、蹄、角、爪、水产品及其加工产品 …… 171

二、几种主要产品的加工工艺及设备 ……………………… 172

第六节 糟渣类加工工艺与运用 ……………………………… 189

一、柑橘渣的加工方法与工艺 ……………………………… 189

二、白酒糟及其加工产品的加工方法与工艺 ……………… 190

三、黄酒糟及其加工产品的加工方法与工艺 ……………… 190

四、啤酒糟及其加工产品的加工方法与工艺 ……………… 191

五、葡萄酒糟加工产品的加工方法与工艺 ………………… 192

六、酒精糟及其加工产品的加工方法与工艺 ……………… 193

第七节 牧草加工工艺与运用 ………………………………… 197

一、槐叶及其加工产品的加工方法与工艺 ………………… 197

二、苜蓿及其加工产品的加工方法与工艺 ………………… 198

三、羊草及其加工产品的加工方法与工艺 ………………… 200

四、黑麦草及其加工产品的加工方法与工艺 ……………… 202

五、象草及其加工产品的加工方法与工艺 ………………… 203

六、稻草及其加工产品的加工方法与工艺 ………………… 204

七、麦秸及其加工产品的加工方法与工艺 ……………………… 206

八、玉米秸秆类及其加工产品的加工方法与工艺 ……………… 207

九、花生秸及其加工产品的加工方法与工艺 …………………… 208

十、豆秸及其加工产品的加工方法与工艺 ……………………… 210

十一、青贮饲料的制作工艺 ……………………………………… 211

参考文献 …………………………………………………………… 221

第一章
大宗非粮型饲料概述

第一节　我国大宗非粮型饲料现状

目前，我国粮食消费量中超过一半用于饲料加工。由于饲料工业对粮食资源的依赖性很强，造成"人畜争粮"局面，因此小麦、玉米、大豆等饲料用粮短缺已成为影响粮食安全的重要因素。随着我国饲料工业的快速发展，国内饲料原料供应已经难以自给。国家粮食局公布的数据显示，2014 年粮食进口量已突破 9 500 万 t，其中大豆进口量 7 200万 t，"人畜争粮"局面日趋明显（Ruan，2015）。

大宗非粮型饲料主要包括大宗农产品加工副产品饼粕类（豆粕、油菜籽饼粕、棉籽粕与花生粕等）、植物副产品（茎、叶与藤等）、糟糠类（酒糟、醋糟、酱渣与果渣等）、牧草与野草（畜禽的优质青饲料）、动物源加工副产品（骨、血、内脏、皮与羽毛等，水产品副产品）。

非粮型饲料原料具有来源广、种类多、总量大、富含营养成分和生物活性成分等优点。例如，各种秸秆、玉米芯等农副产品、酒糟等糟渣类及一些木本植物可以用作饲料原料；动物内脏、蹄、角、爪、羽毛及其加工产品或副产品经过适当的加工处理，可制成动物性饲料原料（肠膜蛋白粉、动物内脏粉、动物水解产物、膨化羽毛粉、水解羽毛粉、水解畜毛粉、水解蹄角粉、禽爪皮粉等）。

利用非粮型饲料代替部分常规饲料，适合不同地区开发有当地特色的饲料资源，从而能有效减少饲料工业对粮食的依赖性，并降低饲料成本（穆淑琴，2019）。同时，还能补充动物所需营养素和功能性成分，减少环境污染，具有很大的开发空间。因此，加强大宗非粮型饲料的利用对于缓解粮食安全问题、解决动物养殖和环境生态等相关问题具有重大意义，而这种新型饲料资源利用的关键在于对上述原料的加工与综合利用。

加大力度开发利用大宗非粮型粮饲料资源是发展现代畜牧业的必然趋势，也是保障粮食生产安全非常有效的途径。高效加工技术的应用不仅极大地改善了饲用蛋白质资源的营养特性，提高了蛋白质的消化利用率，而且对有毒有害物质和抗营养因子等的去除效果也非常显著，实现了新形势下节约资源、营养安全与科学环保的目的。然而，目前面对非粮型饲料资源的加工工艺与设备的研究及利用仍存在诸多不足之处。比如，适应非粮型饲料资源特质的工艺设备针对性不强且缺乏优化，面对植物中营养成分含量差异较大的情况，工艺与设备的灵活性不够高，且智能化低，这些问题都需要进一步研究与解决。

一、我国大宗非粮型饲料加工技术现状

随着我国畜牧业的快速发展，饲料粮的需求量日益增多。为了缓解"人畜争粮"的矛盾，开发非粮型饲料势在必行。近年来，各种针对非粮型饲料的加工技术不断得到开发及应用。例如，研究人员应用新的生物工程技术培育出在自然条件下能迅速繁殖并高效分泌纤维分解酶系的工程菌来降解秸秆；在霉菌、担子菌、细菌及相关化学物质的综合作用下，进行复杂的生物化学作用，改变秸秆的物理性质与化学性质；在秸秆生物处理过程中，产生并积累大量营养丰富的微生物菌体蛋白，以及有机酸、醇、醛、酯、维生素、抗生素、微量元素等有益代谢产物，使非粮型饲料原料的适口性和相关营养成分增加，其消化吸收率提高。

饲料加工工艺流程包括原料接收、原料清理、粉碎、配料混合、制粒、挤压膨化工序。饲料加工工艺包括粉碎、混合、成型等基本工序，但具体的工艺布置和加工参数都应根据饲料种类和所用的饲料原料作相应调整。高效加工技术可有效提高大宗非粮型饲料蛋白质资源的分离提取效率，使蛋白质改性，改善饲用蛋白质的营养组成和氨基酸平衡。目前，常用的非粮型饲料原料加工技术包括壳仁分离技术、挤压膨化技术、发酵技术、超微粉碎技术和膜分离技术等。

（一）壳仁分离技术

油料皮壳的存在会使副产品饼粕中含有一些对动物生长不利的成分，如硫代葡萄糖苷（简称"硫苷"）、植酸等，使其营养价值大大降低。脱壳是菜粕进行深度开发利用必不可少的前处理工艺。对脱壳菜粕进行深加工，可得到饲料蛋白质等一系列极具价值的产品。

脱壳技术可提高饼粕的经济价值和使用价值。油菜籽脱壳制油，可将油菜籽饼粕的粗蛋白质含量从 35%～40% 提高到 45%～48%（N×6.25，干物质），且颜色和外观改善，抗营养因子减少，适口性改善，脱壳油菜籽饼粕成为可代替豆粕的优质饲用蛋白质资源。油茶果脱壳清选机不仅实现了油茶果快速脱壳和壳籽快速分离，而且具有效果好、结构简单与性能稳定等特点。油料籽脱壳与分离设备，结构简单、工艺合理、技术指标先进，其脱壳率为 85%，仁中含壳率为 4%，壳中含仁率小于 1%。

为提高原有非粮型饲料产品的质量及新型非粮型饲料产品的开发，需要脱壳的物料种类越来越多。而目前的脱壳技术还存在脱壳率低、破碎率高、稳定性差、通用性差等弊端，应用现有的设备与方法不能解决上述问题。因此，脱壳技术还需要进一步研究与探索。

（二）挤压膨化技术

挤压膨化技术是集混合、搅拌、破碎、加热、蒸煮、杀菌、膨化及成型为一体的新型加工技术，其工艺简单、能耗低、成本低、无"三废"产生，具有多功能、高产量、高品质的特点。

挤压膨化技术的迅猛发展，对饲料蛋白质资源的脱毒、提取及改性等具有重要意义：①挤压膨化破坏一些天然的抗营养因子（大豆中的胰蛋白酶抑制因子）和有毒物质（棉籽中的棉酚、油菜籽饼粕中的硫苷），或者钝化或失活导致饲料劣变的酶，使蛋白质利用率提高而适口性改善。②挤压膨化技术的应用可提高某些资源的蛋白质提取率。③挤压膨化后蛋白质变性，可增加饲料蛋白质的营养价值，提高蛋白质效价。挤压膨化技术制备的混合饲料具有品质好、能量高和营养价值丰富等特点。研究人员发现，利用挤压膨化预处理水酶法提取大豆蛋白的效率可达到 93.8%，比传统方法提高了 15%。挤压处理柠条提取蛋白质的效率可高达 65.4%。

挤压膨化饲料加工装备技术创新发展较快，未来规模化、高效化、自动化与品质控制的可视化是发展的趋势。例如，挤压膨化机伺服技术的创新，可以确保挤压膨化连续生产提高生产效率；双螺杆挤压膨化机在相同螺杆、机镗配置条件下通过压力、水分、温度等参数调控，生产低淀粉含量、浮性膨化饲料（黄鱼、石斑鱼等饲料），可提高设备的效率、通用性和灵活性。但目前挤压膨化技术在工业化生产中仍受到多方面因素的限制，如通用性差、造价高、易损耗、产品质量不稳定等。因此，探索最合适的膨化条件，保持产品的稳定性，充分发挥挤压膨化的最大作用，是挤压膨化技术应用的关键。

（三）发酵技术

发酵可以使饼粕中的抗营养因子降解为被动物体能够吸收利用的营养物质，增加蛋白质饲料资源中的活菌、活性酶、氨基酸等有益因子数量，促进蛋白质的吸收。固相发酵可以明显降解豆粕中的大分子蛋白质，降低胰蛋白酶抑制因子和胰酶等抗营养因子的含量。利用微生物发酵技术处理油菜籽饼粕，可有效降低其中抗营养因子的含量。采用木霉菌发酵技术，可使木薯中的蛋白质含量由 4.21% 提高到 37.6%（酶处理样品）和 36.5%（未用酶处理样品）。马铃薯渣发酵蛋白质饲料能降低肉鸡的料重比，提高饲料中蛋白质的利用率，增加鸡肉中蛋白质质量比，降低脂肪质量比。油菜秸秆通过发酵、氨化等技术手段进行改性，或粉碎配制成混合饲料并进行制粒，可有效提高利用价值。采用植物乳杆菌固态发酵豆粕，可有效降解其中的抗营养因子，胰蛋白酶抑制剂由 40.4 mg/g 降至 18.0 mg/g，脲酶酶活力由 0.373 U/g 降至 0.166 U/g。采用发酵脱毒后，油菜籽饼粕中的硫葡萄糖苷、植酸、单宁等有害成分的含量可以降低，利用自然界筛选的菌种固体发酵 24 h，脱毒率可达 90% 以上。发酵技术虽然实施简单、易于推广，但是发酵生产的蛋白质产品营养成分差异大、品质良莠不齐。因此，质量稳定与产品精细化是发酵蛋白质饲料的发展方向。

（四）超微粉碎技术

国外超微粉碎技术开始于 20 世纪 40 年代，60 年代得到了迅速发展。目前，世界上对超微粉碎技术的研究正处于活跃期。我国对超微粉碎技术的研究晚于国外十几年，并且发展速度缓慢，到 80 年代才得以迅猛发展，80 年代后期才开始对粉体工程学进行系统研究。

超微粉碎技术的粉碎过程对原料中原有营养成分的影响较小，制备出的粉体均匀性好。研究发现，豆渣的粒径越小其水溶性越好，蛋白质提取率越高。超微粉碎可提高花生蛋白质的提取率，改善蛋白质性质。豆粕超微粉碎可显著增加豆粕作为营养源利用的理化适合性，降低豆粕大分子蛋白质的营养负效应，提高营养效率。经过超微粉碎后的大豆分离蛋白的持油性、起泡性、泡沫稳定性、乳化性、乳化稳定性及凝胶性明显增强，而黏度下降。利用超微粉碎技术结合发酵技术生产的玉米秸秆粉，其理化性状得到明显改善，同时在饲料加工过程中可使发酵效率显著提高；超微粉碎的玉米秸秆经发酵后适口性得到改善，营养组成更加合理，替代 5% 的常规乳猪饲料对乳猪下痢具有显著的防治作用，对乳猪生长有一定的促进作用。目前对于超微粉碎的机理难以解释清楚，因此我国超微粉碎的理论研究明显落后于设备开发。我国超微粉碎的自主研发不够，耗能大。

（五）膜分离技术

超滤是近年来发展起来的一项分子级膜分离技术，该技术以特殊的超滤膜为分离介质、以膜两侧的压力差为推动力，在常温下对大分子物质和小分子物质进行分离。该技术现已广泛应用于水处理、化工、食品、制药、环保和生物工程等领域。采用膜分离技术得到的豆渣蛋白质含量能从 62% 提高到 80%。采用超滤技术提取后啤酒糟中的蛋白质含量达到 95%。超滤法浓缩菜籽蛋白质提取液的工艺，可得到毒素含量低并且纯度在 90% 以上的菜籽蛋白质产品。用内压式超滤膜组件回收马铃薯废水中的蛋白质，超滤回收蛋白质的截留率高达 80%。

但是超滤过程中操作压力、温度、料液 pH、料液蛋白质浓度对超滤效果有较大影响。膜孔堵塞、通量锐减，阻碍了超滤技术的推广应用，而且该技术不能直接制备干粉或固态饲料。

加大力度开发利用大宗非粮型饲料是发展现代畜牧业的必然趋势，也是保障粮食生产安全最有效的途径。高效开发利用技术的应用极大地改善了饲料原料的营养特性，提高了消化利用率，而且它对有毒有害物质和抗营养因子等的去除效果非常显著，实现了新形势下节约资源、营养安全、科学环保的目的。然而，目前上述 5 种技术的开发和利用仍存在诸多不足之处，如生产耗能大、技术要求高等，这些不足之处都需要进一步完善。

二、我国大宗非粮型饲料原料加工存在的问题剖析

我国非粮型饲料资源十分丰富，但其加工和利用存在以下几方面的问题：①与常规饲料原料相比，大部分非粮型饲料原料营养价值较低，营养成分不平衡、营养物质消化率不高，且品种繁多，受产地来源、加工处理方式影响，营养成分差异大。②大多数非粮型饲料原料抗营养因子含量高，且部分饲料原料（苎麻）抗营养因子仍不明确，部分饲料原料（菌糠）霉菌毒素等含量较高，不经过处理不能直接使用或必须限量使用。③大多数非粮型饲料原料适口性较差，影响畜禽的采食量，在畜禽饲料中的添加量会受到限制。④对非粮型饲料资源的相关研究较少，饲料数据库缺乏，增加了畜禽饲料配方设计的难度。⑤部分非粮型饲料生产耗能大，技术要求高，收割、加工的机械化及自动化程度不高。

高效加工技术的应用可极大地改善蛋白质饲料资源的营养特性，提高蛋白质的消化

利用率，并且对有毒有害物质和抗营养因子等的去除效果非常显著，能实现新形势下节约资源、营养安全、科学环保的目的。然而，目前面向非粮型饲料资源的加工工艺与设备的研究与利用仍存在诸多不足之处，如适应非粮型饲料资源特质的工艺设备针对性不强且缺乏优化，面向植物中营养成分含量差异较大的情况下工艺与设备的灵活性不够高且智能化近乎为零，这些问题都需要进一步研究与解决。非粮型饲料原料加工方面存在的不足主要表现为：

（一）重视程度不够，利用意识差

目前，养殖行业大部分从业人员对非粮型饲料资源利用的意识不足，大多数非粮型饲料资源被随意丢弃或者随意焚烧，从而造成了资源的浪费、环境的污染，甚至生态的严重破坏。相关企业即使有对非粮型饲料资源的利用，也是相当粗放，非粮型饲料资源的相关附加值远远没有得到充分挖掘。

（二）资源分布不集中，产业化程度低

经济作物种植往往分布不集中，导致产生的农副产品资源分布也不集中，使得在利用这些非粮型饲料资源时需要较高的收集运输成本，因此这些资源只适宜在产区大规模集中处理加工成饲料。此外，副产品生产加工停留在小规模、低层次上，导致资源利用程度不高、深加工能力不足、产业规模化程度低、生产链条短、产品附加值低等，从而限制了非粮型饲料资源的推广和应用。

（三）技术研发能力不足，运用推广难

目前，我国自主研发的非粮型饲料原料加工技术和设备不足，在质量、稳定性、通用性和成本等方面存在诸多问题，导致相关技术在饲料行业难以运用推广。此外，我国在非粮型饲料原料深加工、精加工和综合利用方面的欠缺，也阻碍了非粮型饲料资源的应用。

第二节　大宗非粮型饲料原料加工利用经验与发展趋势

一、发达国家大宗非粮型饲料原料加工经验借鉴

国外在非粮型饲料资源开发与利用方面，很注重低抗营养因子饲料资源的研发，如加强双低油菜品种的研发和推广，改进饼粕类饲料原料的加工工艺，利用油菜籽低温冷榨工艺取代高温热榨工艺，通过膨化、热处理、溶剂萃取、酶处理等多种手段降低饲料原料中的抗营养因子含量，提高饲料转化率和养殖效益。

国外学者较早地展开了菜籽与棉籽蛋白质制取方法的研究，利用超滤技术处理菜籽蛋白质提取液，不仅能很好地去除植酸和硫苷等有毒物质，还能提高蛋白质的得率，以及利用空气分级法和水力旋转法制备棉籽浓缩蛋白。而国内采用的棉籽提取技术生产的蛋白质纯度高，但提取率较低。因此，开展非粮型饲料蛋白质资源提取、分离、脱毒和

改性等关键技术研究，是解决我国蛋白质饲料资源短缺现状的主要措施。

总体来看，发达国家大宗非粮型饲料原料加工方面的发展主要具有以下特点：

（一）总体技术水平较高，重视深加工

目前，发达国家非粮型饲料原料加工业总体技术水平领先于我国，拥有相关领域核心技术的知识产权，加工工艺和设备总体水平也高于我国，新技术已在非粮型饲料原料加工业得到广泛应用。俄罗斯、美国、芬兰等国已成功通过微生物加工或酶工程使秸秆中的纤维素、木质素等分解为糖或转化为单细胞蛋白，并已经在动物饲料等行业中高度产业化应用。

（二）设备技术先进，综合利用率高

发达国家农产品综合利用率高达 90%，而我国只有 45%。例如，我国每年生产豆粕 500 万 t 和棉籽饼 200 万 t，但仅有 5% 得以转化利用。美国的淀粉糖制造设备加工淀粉糖，能做到无废渣、无废水或无废气。而我国多数农产品加工企业中的各种下脚料和副产品，大都被埋掉、流走或堆积。

（三）研发资金充足，技术研发能力强

美国对农产品采后保鲜与加工方面的投入，已占农业全部投入的 70%，每年用于食品新技术、新产品的开发经费达到了 30 亿美元，其中用于农产品加工的投入在 70% 以上，这些投入中包括对非粮型饲料原料加工业的资助。

（四）科技转化渠道通畅，科技成果转化率高

发达国家的农产品加工业科技成果转化率高达 60%，而我国仅为 30%。发达国家的农业科技成果转化率在 65%～85%，而我国仅为 30%～40%。发达国家的农业科技进步贡献率为 60%～80%，而我国只有 42%。

二、大宗非粮型饲料原料加工综合利用发展趋势

（一）非粮型饲料原料加工的战略构想

我国人多地少、人多粮少是不争的事实，粮食短缺问题越演越烈。尽管如此，还要拿出一部分粮食去饲喂动物，造成了"人畜争粮"的窘况。在这种情况下，大力发展非粮型饲料就显得尤为重要。饲料资源的开发，既是我国饲料工业目前的迫切工作，又是长远的战略目标，其意义重大。加大力度开发和利用非粮饲料资源是发展现代畜牧业的必然趋势，也是保障粮食安全的有效途径，更是农业供给侧结构性改革的重要途径。

我国非粮型饲料资源来源广、种类多、总量大，但目前未得到充分利用，造成了资源的极大浪费。加强其综合利用，可以获得巨大的经济效益、生态效益和社会效益。应该切实履行农业现代化、农业可持续发展和科教兴农三大战略，提高人们对非粮型饲料资源利用的意识，改善资源利用状况，加强企业联合，提高加工技术水平，依靠科技创新、体制创新和机制创新，走出一条具有我国特色的非粮型饲料资源利用的可持续发展

道路。

1. 产品规划　以非粮型饲料资源开发为核心、以优先利用大宗非粮型饲料资源为重点，实现非粮型饲料资源价值的最大化；以开发非粮型饲料资源建立的技术体系为中心，集成新技术，辐射应用到各类相关资源，实现技术价值的最大化。

2. 技术开发　以能力建设为核心、以相关研发机构为基础，着力建设"非粮型饲料资源综合利用技术研究中心"和"国家级企业技术中心"，建设一流的非粮型饲料资源再生优质化利用研发平台，建立非粮型饲料资源利用与产业化的技术体系。

3. 战略布局　建立非粮型饲料资源加工技术的成果转化体制和机制等，推动高效加工技术在全国的布局和应用，促进非粮型饲料资源深加工行业的持续、快速发展。

（二）促进我国大宗非粮型饲料原料加工的对策

大宗非粮型饲料原料的充分利用不仅能解决"人畜争粮"问题，还能够促进畜牧业健康可持续发展，提供更加丰富的饲料来源。但目前对很多大宗非粮型饲料的加工利用还存在诸多问题。例如，在玉米秸秆的加工方面，如何筛选高效降解粗纤维的菌种，使玉米秸秆能够充分降解供动物利用；发酵后的玉米秸秆在不同动物种类及同一动物种类不同饲养阶段的添加量还不清晰，也有待进一步研究；如何利用科研成果实现玉米秸秆的产业化高效生产，也是玉米秸秆应用中亟待解决的问题。为了加强我国大宗非粮型饲料原料的加工利用，建议国家和相关机构从以下几方面采取措施：

1. 制定标准规范　开展非粮型饲料资源普查，摸清非粮型饲料资源家底。支持饼粕、糟渣、玉米酒精糟等非粮型饲料原料优质化处理和规范化利用，丰富能量和蛋白质饲料资源来源。同时，为了大力发展非粮型畜牧业，必须对各类非竞争性饲料资源的调制及科学搭配和合理利用建立技术规范，制定非粮型饲料饲喂标准（规范），使其在生产实践上有章可循，从而有利于此项战略措施的全面实施。

2. 加强技术研发　各级政府积极扶持项目，联合高校和科研院所的科研力量，研发新型实用技术，重点研发大宗非粮型饲料资源的深加工、精加工和综合利用相关技术，提高大宗非粮型饲料原料综合利用水平的农业废弃物资源化高效技术。针对豆粕、棉籽饼、麦麸、米糠、玉米芯、蔗渣、小麦胚芽和玉米胚芽等蛋白质资源进一步发展综合利用技术，如植物性蛋白质提取加工技术、单细胞蛋白生产技术、棉籽和菜籽饼中植物性蛋白质、大豆蛋白的提取加工及果蔬综合利用技术等。同时，构建非粮型饲料资源营养成分数据库，确定其适宜的添加比例，研发提高其饲用价值的新型饲料添加剂以缓解其负面作用，从而使非粮型饲料原料能够安全、高效地应用于畜牧业中。

3. 促进产业化发展　以市场为导向、以非粮型饲料资源为依托、以解决"人畜争粮"问题为目标，强强联合，充分挖掘和发挥全国各地区各类非粮型饲料资源的优势，科学规划，合理布局，使非粮型饲料资源的加工逐步形成区域化、规模化、专业化的产业格局，大力推进以企业为主体、产学研结合的非粮型饲料资源加工科技创新体系与产业化体系。具体措施有：①重点培植一批有自主知识产权、产业关联度大、带动能力强、有国际竞争力的大中型加工龙头企业；②鼓励非粮型饲料资源加工骨干企业与大专院校、科研院所联合组建科学技术研发中心；③建立国家级专业非粮型饲料资源加工研究机构，纳入国家科技创新体系，解决非粮型饲料资源加工中的关键技术问题；④健全非粮型饲料资源加工技术服务体系，大力发展信息、评估、咨询业等中介组织，为非粮型饲料资源加工科技成果产业化提供全方位服务。

4. 加大宣传推广力度 国家和各级政府、科研单位应大力提高非粮型饲料资源的利用意识，更新观念，加强非粮型饲料资源利用方面的宣传和培训。同时，完善技术推广体系建设，加大宣传和培训力度，提高企业认识，并最终形成合力。适当鼓励副产品收集和加工企业的发展，科学管理和使用这些未被重视的资源。在未来较长的时期内，随着人们对畜禽制品需求的持续增长，畜牧业将得到进一步发展，对饲料的需求也将持续增长。然而，国内常规饲料原料未同步增长，饲料原料资源的短缺已成为阻碍我国饲料工业发展的关键性因素。据全国饲料工业办公室估算，到 2020 年，我国仅蛋白质饲料缺口就达到 5 000 余万 t。同时，受国内外原料供需量等多重因素的影响，大宗常规原料价格持续上涨造成饲料企业成本居高不下，盈利能力持续走低。研究非粮型饲料资源的合理加工和利用，是缓解饲料资源短缺、提高饲料企业经济效益的有效途径。

⊙ 参考文献

穆淑琴，2019. 常见非粮型饲料资源的种类及营养价值 [J]. 猪业科学，36（7）：40-43.
Ruan Z，Mi S，Zhou Y，2015. Protein security and food security in China [J]. Frontiers of Agricultural Science and Engineering，2（2）：144-151.

第二章
粉碎技术及其应用

第一节　粉碎技术

粉碎是用机械的方法克服固体物料内聚力而使之破碎的一种操作。饲料原料的粉碎是非粮型饲料加工过程中的主要工序之一，它是影响饲料质量、产量和加工成本的重要因素。微粉碎是指利用机械或流体动力的方法克服固体内部凝聚力使之破碎，从而将 3 mm 以上的物料颗粒粉碎至 $10\sim25\ \mu m$ 的操作。粉碎机动力配备占饲料厂总功率配备的 1/3 左右，微粉碎能耗所占比例更大。因此，合理选用先进的粉碎设备、设计最佳的工艺路线、正确使用粉碎设备，对于饲料生产企业至关重要。

一、粉碎

粉碎是指固体物料在外力的作用下，克服内聚力，粒度变小或比表面积变大的过程。不同工艺过程可以得到不同粒度分布的粉体，根据粒度大小将粉碎过程依次分为破碎、粉碎和超微粉碎。其中，破碎又可分为粗破碎和细破碎，粉碎可分为粗粉碎、细粉碎和微粉碎。目前，粒径界限并未形成统一认识，比较合理且一致认同的划分见表 2-1。

表 2-1　粉碎程度与粉体制品粒度对照

粉碎程度	破碎		粉碎			超微粉碎/超细粉碎 (nm)		
	粗破碎 (mm)	细破碎 (mm)	粗粉碎 (mm)	细粉碎 (mm)	微粉碎 (μm)			
粒径（D_{50}）	$250\sim25$	$25\sim1$	$1\sim0.5$	$0.5\sim0.1$	$100\sim50$	$50\sim1$	$1\sim0.1$	$100\sim1$
制品称谓	大块	颗粒	普通粉	微细粉	微细粉	微米粉	亚微米粉	纳米粉

（一）粉碎过程的施力方式

物料受到外力作用而粉碎，这些外力的作用方式主要分为：挤压粉碎、冲击粉碎、摩擦粉碎、剪切粉碎、劈裂弯折粉碎等几种，各种粉碎方式都有其优缺点及适用的场合。

1. 挤压粉碎　粉碎设备的工作部件对物料施加挤压作用，作用较缓慢、均匀，物料的粉碎过程也较均匀。挤压粉碎通常多用于物料的粗破碎，如矿山行业常用的颚式破碎机、圆锥破碎机等。挤压粉碎属于有支承粉碎型式，粉碎效率较高，饲料工业的对辊粉碎机、辊式碎粒机中都含有挤压粉碎作用。

2. 冲击粉碎 包括高速运动的粉碎体对物料的冲击和高速运动的物料向固定壁或靶的冲击。一般冲击作用频度高，作用时间短，粉碎体与被粉碎物料的动量交换非常迅速。饲料工业的许多粉磨设备主要采用冲击粉碎原理设计而成，如锤片式粉碎机、齿爪式粉碎机、立轴式超微粉碎机等。冲击粉碎的频度及力度对制品的粒度影响很大。

3. 摩擦粉碎 主要表现形式是粉碎工件对物料的磨削、碾磨，包括研磨介质对物料的粉碎、齿板或齿圈对高速流动物料的碾磨，以及物料和物料之间的摩擦作用。锤片式粉碎机的粗糙筛片对物料的作用属于摩擦粉碎，齿爪式粉碎机和立轴式超微粉碎机的齿圈也是利用与物料的摩擦来粉碎物料的。摩擦粉碎是一种高效的粉碎形式，但当粉碎构件变得光滑时，摩擦作用的效率就会大大降低，造成热量浪费，所以应该更换配件保持摩擦面的粗糙。

4. 剪切粉碎 主要表现形式是两面构件对物料形成剪应力造成物料粉碎，剪切形成的基础条件是两个构件同时对物料的作用且互为支承，如同剪刀的两个刃口。剪切粉碎是一种高效的有支承粉碎形式。粉碎机械中利用剪切原理的主要是粗碎机，采用厚长的刀刃及外部支承共同作用，剪断大块物料。饲料工业常用的辊式碎粒机除了具有挤压作用外，在快辊和慢辊的速度差下，也会形成对物料的剪切作用。

5. 劈裂弯折粉碎 利用楔形工件切入物料，称为劈裂粉碎。劈裂粉碎一般需要对物料进行支承才能发挥高效率，如同切肉时使用砧板。当楔形工件不锋利时，对材料会形成弯折作用，此时材料受到弯应力而断裂。锋利的楔形物造成的劈裂粉碎是一种介于弯折粉碎和剪切粉碎之间的作用。一般材料的抗弯应力低于抗剪应力，所以劈裂弯折是一种更为高效的有支承粉碎形式。

（二）粉碎的目的与要求

饲料粉碎对饲料的加工过程与产品质量、饲料的消化利用和动物的生产性能有明显影响。适宜的粉碎粒度有利于饲料的混合、制粒、膨化等，可显著提高饲料消化率，减少动物粪便排泄量，提高动物生产性能。

1. 粉碎的目的

（1）增加饲料的表面积，改善动物对饲料的消化率 饲料原料被粉碎后，破坏了原有的结构，使饲料能够和动物的消化液接触而被消化。例如，植物籽实往往具有坚硬的果皮、种皮，必须通过粉碎破坏其结构才能被动物消化利用。试验证明，减小饲料原料粉碎颗粒尺寸能改善干物质、蛋白质的消化和吸收，还能降低能量消耗，提高饲料消化率。饲料原料被粉碎后，粒度减小，比表面积增加，增加了与动物的消化液接触的面积，因而提高了消化率，降低了耗料量，改善了动物生产性能，提高了养殖业的经济效益。

（2）改善和提高物料的加工性能 饲料原料被粉碎后，有利于保证混合质量。一般而言，饲料原料间物理性质差别越小，越容易混合均匀；物料粉碎粒度越接近，混合均匀度越高，且混合后不易自动分级。粉碎是成型加工的必要工序。粉碎粒度直接影响颗

粒饲料生产率及颗粒质量。对于微量元素及一些小组分物料，只有粉碎到一定的程度，保证其有足够的粒数，才能满足混合均匀度的要求。粉碎物料的粒度必须考虑粉碎粒度与颗粒饲料的相互作用，粉碎的粒度会影响颗粒的耐久性和水产饲料在水中的稳定性。

（3）满足客户要求　客户对配合饲料产品粒度的要求往往有差别，因而确定粉碎粒度时，必须考虑客户要求。各种原料的粉碎粒度影响配合饲料产品的感官性状，因而可通过调整个别原料的粉碎粒度而达到饲料产品理想的感官性状。

2. 粉碎粒度要求　不同的饲养对象、不同的饲养阶段，有不同的粒度要求，并且这种要求差异较大。在饲料加工过程中，首先要满足动物对粒度的基本要求，此外再考虑其他指标。

（1）猪饲料的适宜粉碎粒度

① 仔猪饲料粉碎粒度　研究表明，仔猪饲料中谷物原料的粉碎粒度以 $300 \sim 500 \mu m$ 为最佳，其中断奶仔猪在断奶后 $0 \sim 14 d$ 以 $300 \mu m$ 为宜，断奶 $15 d$ 后以 $500 \mu m$ 为宜。

② 育肥猪饲料的粉碎粒度　饲养试验表明，谷物粒度减小会改善体增重和饲料转化率，但粒度过小时，育肥猪出现胃肠损伤和角质化现象，生长育肥猪的适宜粉碎粒度为 $500 \sim 600 \mu m$。采用粒度小的饲料进行制粒后饲喂育肥猪，其粪便中的干物质减少 27%。

③ 母猪饲料的粉碎粒度　适宜的粉碎粒度同样可提高母猪的采食量和营养成分的消化率，减少母猪粪便的排出量，母猪饲料的粉碎粒度以 $400 \sim 500 \mu m$ 最适宜。

（2）鸡对粉碎粒度的要求　鸡采食小粒度饲料的增重效果显著高于采食大粒度饲料。肉鸡饲料的粉碎粒度以 $700 \sim 900 \mu m$ 为宜。产蛋鸡对饲料的粉碎粒度反应不敏感，一般以 $1\,000 \mu m$ 为宜。

（3）鱼虾饲料对粉碎粒度的要求　NRC（1993）推荐，鱼配合饲料的粒度应小于或等于 0.5 mm。一般鱼用配合饲料原料的粉碎要求全部通过 40 目筛（0.425 mm 筛孔），60 目筛（0.250 mm 筛孔）筛上物不大于 20%。鱼饲料的对数几何平均粒径应在 $200 \mu m$ 以下。我国水产标准（SC 2002—1994）对中国对虾配合饲料粉碎粒度要求是全部通过 40 目筛（0.425 mm 筛孔），60 目筛（0.250 mm 筛孔）筛上物不大于 20%，粒径在 $200 \mu m$ 以下。鲤、甲鱼饲料要求粉碎得很细，一般仔鲤和稚鳖要求 98% 过 100 目筛，平均粒径小于 $100 \mu m$；成鳗和成鳖饲料，一般控制 98% 过 80 目筛，粒径控制在 $150 \mu m$ 以下。

二、微粉碎和超微粉碎

微粉碎和超微粉碎工艺技术是近 50 年来，为适应现代化工、电子、生物及其他新材料、新工艺，当然也包括现代食品与饲料工业发展，对无机原料及有机原料的粒度要求而发展起来的一项新的工艺技术，已成为重要的饲料深加工技术。

20 世纪 80 年代，超细粉末制造业逐渐发展。超细粉末是指尺寸介于分子、原子与块状材料间的粉体，通常泛指 $1 \sim 100 nm$ 的微小固体颗粒。在饲料工业中，微粉碎和超微粉碎的粒度界限如何划分目前尚无一致的说法。不过对非金属矿的深加工来说，微粉碎作业的目的是将物料颗粒由 $3 \sim 5 mm$ 粉碎到 0.01 mm 粒级的产品。粉碎至 0.01～

0.1 mm，称为粉碎；粉碎至 0.001 mm 粒级，通常称为超微粉碎，也可笼统地将两者合称为微粉碎。用来完成微粉碎作业的机器，称为微粉碎机。

由于物料被粉碎至 0.01 mm 的粒级以下，与较粗粒的粉体相比，微粉体的比表面积和比表面能显著增大。因而，在微粉碎过程中，粉体颗粒间的作用力大大增加，相互团聚的趋势增强到一定程度，粉体物料处于粉碎-团聚的动态过程。此外，随粉体粒度减小，粉体本身的缺陷减少、强度增加，这些都使得粉碎效率降低。为此，微粉碎机系统均设置精细分级设备，以便及时排出合格的细微粉体，避免物料因"过磨"而团聚。研究表明，微粉碎过程还伴随物料晶体结构及表面物理性质和化学性质的变化，这将对微粉体的应用产生极深远的影响，并被称为复粉碎过程"机械化学"，日益受到重视。

饲料工业中应用微粉碎和超微粉碎工艺技术的理由有两点：一是配合饲料中微量成分的添加量很少，为提高粉粒总数及其散落性以利于混合均匀，必须将其粉碎得很细。例如，当每吨配合饲料的添加量为 10 mg 时，要求颗粒的最大直径不大于 5 μm，100 mg 时为 22 μm，1 g 时为 45 μm，10 g 时为 100 μm，50 g 时为 170 μm 等。总之，对预混合饲料原料要进行前处理，其粒度要求：无机质原料为 50～100 μm（相当于 270～140 目筛），有机质原料为 100～1 000 μm（相当于 140～12 目筛），而且严格要求粒度均匀。二是对精细配合饲料制品，如代乳饲料、微囊与微黏饲料、鱼虾开口料与对虾料等特种饲料，为使其在加工过程中获得良好的工艺性和确保饲料产品的优良品质，要求对其原料进行微粉碎或超微粉碎加工。

（一）微粉碎技术的工作原理

区别于普通粉碎，超微粉碎设备是利用转子高速旋转所产生的湍流，将物料加到该超高速气流中。转子上设立多极交错排列的能产生变速涡流的若干小室，从而形成高频振荡，使物料的运动方向和速度瞬间产生剧烈变化，促使物料颗粒间急促摩擦、撞击，经过多次的反复碰撞而裂解成微细粉，粒度可达 1 000 目筛或更高。另外，超微粉加工设备还具有以下特性：①设备回流装置，能将分选后的颗粒自动返回涡流腔中再进行粉碎；②有蒸发除水和冷热风干燥功能；③对热敏性、芳香性的物料具有保鲜作用；④对于多纤维性、弹性、黏性物料也可处理到理想程度；⑤设备运行中产生的超声波，有一定的灭菌作用。食品加工中的超微粉碎设备一般为胶磨机和气流粉碎机。胶磨机是一种传统设备，使用较为普遍。在粉碎工序中，95%～99%的机械能将转化成热量，故物料的升温不可避免，热敏食品会因此而变质、熔解、黏着，同时机器的粉碎能力也会降低。为此，在粉碎前或粉碎中应使用适当的冷却方法，如在粉碎进行中加以冷冻、冷风、除湿、灭菌、微波脱毒、分级等过程，使物料达到加工要求。气流粉碎机是目前较为先进的超微粉碎设备，它在加工中升温低，尤其适用于热敏性食品，但能耗大。

（二）超微粉碎技术的优点

1. 速度快，可低温粉碎　超微粉碎技术采用超音速气流粉碎、冷浆粉碎等方法，在粉碎过程不会产生局部过热现象，甚至可在低温状态下进行，瞬时即可完成粉碎，因而能最大限度地保留粉体的生物活性成分，有利于制成所需的高质量产品。

2. 粒径细，分布均匀　由于采用了超音速气流粉碎，因此在原料上外力的分布很均匀。分级系统的设置，既严格限制了大颗粒，又避免了过碎，得到粒径分布均匀的超细粉，同时很大程度上增加了微粉的比表面积，使吸附性、溶解性等相应增大。

3. 节省原料，提高利用率　物体经超微粉碎后，超微粉一般可直接用于制剂生产；而用常规粉碎方法得到的产物，仍需一些中间环节才能达到直接用于生产的要求，这样很可能会造成原料的浪费。因此，该技术尤其适合珍稀原料的粉碎。

4. 减少污染　超微粉碎是在封闭系统内进行的，既避免了微粉污染周围环境，又可防止空气中的灰尘污染产品。在食品及医疗保健品中运用该技术，可控制微生物和灰尘的污染。

5. 提高发酵、酶解过程的化学反应速度　经过超微粉碎后的原料，具有极大的比表面积，在生物、化学等反应过程中，反应接触的面积大大增加，因而可以提高反应速度，在生产中节约时间和提高效率。

6. 利于机体对营养成分的吸收　经过超微粉碎的食品，由于其粒径非常小，营养物质不必经过较长的路程就能释放出来，并且微粉体由于小而更容易吸附在小肠内壁，因此也加速了营养物质的释放速度，使食品在小肠内有足够的时间被吸收。

（三）微粉碎设备的分类与特点

微粉碎和超微粉碎设备包括微粉超微粉碎机、精细分级、物料输送、介质分离、除尘、脱水、控制、检测等工艺设备，由上述若干设备与仪器构成完整的微粉碎工段（图2-1）。在工艺布置上有开路微粉碎系统与闭路微粉碎系统，在工艺方式上有干法微粉碎系统和湿法微粉碎系统。

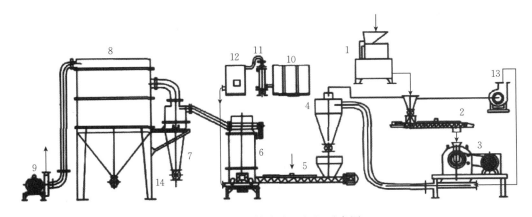

图2-1　超微粉碎流程机组示意图

1. 刀式粗颗粒粉碎机　2、5. 预冷器（兼螺杆加料器）　3. 盘式粉碎机　4、7. 旋风分离器
6. 流化床气流粉碎机　8. 除尘捕集器　9. 高压引风机　10. 空气压缩机
11. 后冷却器　12. 冷冻干燥机　13. 引风机　14. 锁风阀

目前使用的微粉碎方法主要是机械粉碎，包括高速机械冲击式磨机、悬辊磨、球磨机、盘磨机、搅拌磨、振动磨、气流磨和胶体磨等。按冲击研磨作用的方式，可将冲击式微粉碎机（冲击式磨机）分为高速机械冲击式磨机和气流磨两大类。前者依靠高速运

转的工作部件——锤头或销棒来打击物料颗粒，使其粉碎，这是目前应用最广的一种微粉碎机。表 2-2 中所列全部是高速机械冲击式磨机。与其他型式的磨机相比，高速机械冲击式磨机的优点是单位功率粉碎的能力强，易于调节粉碎成品的粒度（一般可达到几十微米的超细粉），适用范围广，机械安装占地面积小，且可进行连续闭路粉碎。但由于机件的高速运转及与颗粒的冲击碰撞而易磨损，因而高速机械冲击式磨机不适于用来加工硬度大于莫氏硬度 5 级的物料。

表 2-2 常见的微粉碎机型号及其性能

型号名称	SWFM 60×36 型 马镫锤微粉碎机	SWFM 85×67 型 无网微粉碎机	SWFL 42 型 立轴式微粉碎机	SKWL 52×70 型 立式矿物盐微粉碎机
成品及其粒度	玉米，90%过 40 目筛	玉米，85%过 60 目筛	玉米，90%过 60 目筛	95%~99%滑石粉，其余为亚硒酸钠或碘化钾，98%过 270 目筛
产量（t/h）	2	2~4	0.5	0.07~0.14
转子直径（mm）	600	850	420	520
粉碎室宽（mm）	360	670	—	高：700
主机功率（kW）	55	160 (132)	22	15
主轴转速（r/min）	2 970	1 936	4 865	1 750
喂料机功率（kW）	0.75	2.2	0.55	0.55
锤片数量（片）	96	48	12	上 20，下 12
分级电机功率（kW）	—	3	4	0.75
分级电机转速（r/min）		30~300	245~2 450	17.5

注："—"指此型号的分碎机无分级电机。

高压气流磨或喷射磨是一种较成熟的超微粉碎设备。它利用 300~500 m/s 的高速气流或 300~400 ℃的过热蒸汽的能量使物料颗粒产生相互冲击、碰撞和摩擦而粉碎颗粒。气流磨被广泛应用于化工原料及非金属矿的超微粉碎，产品的粒度可以达到 1~10 μm。除细以外，产品还具有粒度均匀、颗粒表面光滑、颗粒形状规则、纯度高、活性大、分散性好等优点。气流磨是 20 世纪 30 年代陆续发展起来的产品，目前有扁平式、循环管式、对喷式、流态化床、逆向气流磨等类型，如我国上海化工机械三厂生产的 QON 型循环管式气流磨、宜兴非金属化工机械厂生产的扁平式气流磨等。

在目前我国饲料工业中，鱼虾等特种饲料厂使用最普遍的是产量大而产品粒度较粗的微粉碎机，如表 2-2 中所列的 SWFM60×36 型、SWFM85×67 型等。这种场合下，粉碎物料大多是玉米、鱼粉和豆粕等有机物，不要求粒度太细。而在各种矿物质饲料添加剂原料生产厂或预混合饲料厂中，则以配备机械冲击式磨机、球磨机、悬辊磨（雷蒙磨）和销棒磨（自由粉碎机）等微粉、超微粉碎机最为常见。在此场合下，被粉碎的物料以非金属矿物或矿物盐为大宗，要求的粒度更细一些，可以选用表 2-2 中的 SWFL 42型和 SKWL 52×70 型微粉碎机或其他微粉、超微粉碎机。各种超微粉碎方法分类与应用特点见表 2-3。

表 2 - 3　超微粉碎方法分类与应用特点

超粉碎方法	超微粉碎设备	超微粉碎原理	应用特点	超微粉碎粒度（μm）
辊压法	辊压粉碎机（双辊、三辊或四辊联用）	通过辊间产生的挤压力与剪切力等作用力实现对物料的粉碎	适用于小批量间断干燥超微粉体与黏度较大的物料，但连续性差、生产力小	<10
辊碾法	棒磨机、盘磨机、离心辊式机	通过产生碰撞、挤压、剪切和研磨等作用力实现对物料的粉碎	适用于各种材料超微粉碎	<2
高速旋转撞击法	销棒式粉碎机、锤式粉碎机、胶体磨与离心式碰撞粉碎机	通过产生剧烈冲击、碰撞力等实现对物料的粉碎	可湿式粉碎，适用于化学药品、纤维状或韧性物料等	5~10
球磨法	普通球磨机、振动球磨机、离心球磨机与行星式球磨机	通过磨介产生摩擦力、压力与离心力等作用力实现对物料的粉碎	适用于各种物料	<20
介质搅拌法	间歇式搅拌磨、连续式搅拌磨、塔式磨与螺旋式搅拌磨	通过搅拌产生冲击、摩擦力和剪切力实现对物料的粉碎	适用于湿磨与黏度较大的物料	<1
高速气流粉碎法	圆盘式气流磨、循环管式气流磨、对喷式气流磨、流化床式逆向喷射气流磨与靶式气流磨	利用高速气流或过热蒸汽的能量使颗粒相互冲击、碰撞、摩擦而实现对物料的粉碎	适用于化工、热敏性材料、食品、饲料等，但缺点是能量利用率低、生产成本高	5~10
液流粉碎法	靶式液流粉碎机与对撞式液流粉碎机	通过产生强烈撞击实现对物料的粉碎	适合于各种有机物的超微浆液及乳化液，缺点是工作压力高	<1.5
高压膨胀法	主要设备为高压膨胀设备	通过快速压缩-膨胀实现对物料的粉碎	适用于大分子蛋白质与纤维混合物，缺点是只适用于软性物质的湿法粉碎	<50
超声粉碎	主要设备为超声波发生器	利用超声波振荡器实现对物料的粉碎	只适用于结构比较松散的物料，缺点是生产能力低、能耗高	1~5
低温粉碎法	一般用于高速搅拌撞击和振动球磨法粉碎设备，需加制冷系统	利用物料的低温脆性特点，采用冲击粉碎方式实现对物料的粉碎	适用于常温下难以粉碎的物料，缺点是成本过高	10

第二节　粉碎技术的应用

一、在树叶资源中的应用

我国具有丰富的树叶资源，大多数树叶及其嫩枝和果实都可以用作饲料。我国是土

非粮型饲料资源高效加工技术与应用策略

地辽阔的农业大国，林业用地约 267 万 km²，其中森林面积 125 万 km²，加上其他灌木、果树叶等全国可年产叶干粉 1 000 万 t 以上。有 100 多种树叶可以作为天然的饲料添加剂，如松针、梧桐叶、杨树叶、槐树叶及桑叶等，多种树木的叶片含有蛋白质、脂肪、矿物质和微生物等营养物质。树叶经过超微粉碎后，适口性好，可作为畜禽的天然饲料添加剂饲喂畜禽，并能显著改善畜禽产品的品质，而且因其产量大、分布广，所以成本低廉，是提高养殖业经济效益的一条好途径。采用超微粉碎技术，将开发出更多天然的饲料添加剂，可提高饲料转化率，降低饲料成本，提高经济效益。如果大规模投入畜牧业生产实践，可以改善我国饲料资源短缺及分布不合理的局面。因此，采用超微粉碎技术开发树叶资源饲料值得研究（徐年富等，2017）。

二、在玉米秸秆中的应用

常规方法粉碎的玉米秸秆料，由于其中的粗纤维成分不能得到有效利用，因此影响饲料中其他养分的吸收利用，影响饲料转化率和畜禽生长速度。但植物粗纤维在动物体内吸水膨胀后，具有填充胃肠道、促进胃肠道蠕动和粪便排出的作用。玉米秸秆经超微粉碎后，其理化性状得到明显改善，可使发酵效率显著提高。利用超微粉碎结合生物发酵技术生产超微玉米秸秆粉，替代 5% 精饲料饲喂乳猪的结果表明，超微粉碎的玉米秸秆经发酵后适口性得到改善，营养组成更加合理，替代 5% 的常规乳猪饲料，对乳猪下痢具有显著的防治作用，对乳猪生长有一定的促进作用，饲料转化率得到提高（王全等，2016）。

三、在豆粕中的应用

豆粕是非常优质的植物性蛋白质饲料原料，蛋白质占 40%～44%、脂肪占 1%～2%、碳水化合物占 10%～15%，并含有多种矿物质、维生素和必需氨基酸，在畜禽日粮中占有很大比例。豆粕经超微粉碎后，显著增加了利用效果。超微制备豆粕粉体过程的机械力化学效应，降低了豆粕大分子蛋白结构的营养负效应，提高了营养效率。

通过试验研究，以不同粒径豆粕粉体为研究对象，以常规粉碎豆粕为对照，利用机械物理学方法、光谱分析技术、电泳技术和动物生长代谢试验等方法或手段，分别研究了不同豆粕粉体的基本物理特性、化学特性和营养特性，为饲料工业挖掘豆粕等蛋白质饲料的加工营养潜力提供导向性的基础试验支持，共得到以下几点结论。

（1）微米级豆粕粉体与常规粉碎豆粕在粒径及分布、比表面积、容重、振实密度、休止角、滑动角和吸水性与吸油性特性、白度和能量消耗等基本物理特性方面存在显著差异，且与粒径变化存在显著的函数关系。

（2）豆粕超微粉碎过程中发生了显著的机械力化学降解效应和自由基效应，其蛋白质高级结构被破坏，物理尺寸的变化带来了其化学性质上的变化，热稳定性提高，化学活性加强。

（3）超微粉碎可以提高豆粕中蛋白质的生物可利用度，降低豆粕中抗原蛋白对动物的致敏性，粉体粒径的减小提高了胃蛋白酶对豆粕中抗原蛋白的降解速率。微米豆粕粉体较常规粉碎豆粕能更有效地提高胃蛋白酶消化率。

16

（4）超微粉碎主要影响豆粕中蛋白质的消化利用效率，不影响有机物和能量利用。随着豆粕粉体粒径的减小，超细豆粕粉体显著改善了断奶仔猪日增重和料重比，提高采食量，改善断奶仔猪的健康状况，提高日粮氮、必需氨基酸和非必需氨基酸的表观消化率及回肠末端消化率，提高磷表观消化率，但不影响能量和日粮有机物的消化率及利用率。

综上所述，饲料豆粕经超微粉碎后，显著增加了豆粕作为营养源利用的理化适合性。超微制备豆粕粉体过程的机械力化学效应，降低了大分子蛋白质结构营养负效应，提高了豆粕中蛋白质的营养效率。

四、在肉骨粉中的应用

我国是世界上饲养畜禽数量最多的国家，同时也是畜禽消费大国，但我们只集中于畜禽肉类消费，大量的动物副产品得不到利用，既浪费又污染环境。在当今世界性蛋白质饲料资源日益短缺的情况下，将各种动物副产品经过一定的加工处理，制成肉骨粉及血粉等，是动物性非常规蛋白质饲料的重要组成部分。

（一）肉骨粉的营养价值

肉骨粉的营养成分丰富，可因生产原料和生产工艺不同而不同。肉骨粉富含钙、磷，以及维生素 A、B 族维生素和维生素 D。肉骨粉中的脂肪含量为 8%～12%，再加上较高含量的粗蛋白质，因此可以为家畜提供一定能量。肉骨粉中赖氨酸和含硫氨基酸含量比较高，但因原料来源不同，氨基酸含量及可利用率变化幅度较大，在应用肉骨粉时应考虑其氨基酸含量情况。有研究表明，肉骨粉与鱼粉中含硫氨基酸的消化率差别较大，而其他氨基酸的消化率肉骨粉比鱼粉低 3%～8%，但肉骨粉中的色氨酸消化率略高于鱼粉。

（二）肉骨粉超微粉碎技术要点

1. 高温高压法处理 利用高温高压法处理骨头后，可降低骨头的硬度，使之更容易被粉碎，减少对粉碎机的损耗。综合考虑高温高压对骨头的破坏力，以及对蛋白质、脂肪等营养物质的影响，得到高温高压处理骨头的最适条件为 125 ℃、0.15 MPa 下处理 60 min。

2. 干燥处理 干燥条件决定了骨头中的水分含量，从而对粉碎的难易程度和出粉率的多少有很大的影响。骨头在 110 ℃条件下干燥 6 h，水分含量能降到最低。

3. 超微粉碎处理 进料粒度、间隔时间和粉碎时间是影响超微粉碎效果的重要参数。当进料粒度为 2～3 cm、进料时间间隔为 30 s、粉碎时间为 8 min 时，对畜禽废物的超微粉碎效果最好（冯幼等，2014）。

（三）肉骨粉超微粉碎设备

常见的肉骨粉超微混合机、气流涡旋微粉机由上下两部分组成，上部分由一分流环隔成粉碎室和分级室下部分为进气室。上部分中的粉碎室由粉碎盘和齿表衬套组成，用来将物料粉碎成细粉。分级室由分级叶轮组成，能把细粉分成合格细粉和不合格细粉。合格细粉经出排口排出，被上旋风集料器收集；不合格细粉沿分流环内壁回落到粉碎室继续粉碎，直到合格为止。

五、在中草药添加剂中的应用

中草药含有多种有效成分，兼有药物和营养的双重作用。其作为独立的一类饲料添加剂在我国具有悠久的使用历史，早在 2 000 多年前就开始用来促进动物生长、增重和防治疾病等。中草药超微粉一般指细胞级微粉，在遵循传统中医药理论的前提下，结合中草药物料的特点，利用机械或流体动力将 3 mm 以上的中草药颗粒加工制成 30 μm 以下粒径粉体的粉散剂，一般粒径为 5 μm 以下，细胞破壁率≥95%。与传统制剂相比，超微粉体的量子体积效应、量子尺寸效应、表面效应等优势主要表现在，增加药物溶出率、提高生物利用率、减少原药材用量、提高比表面积、增强药理作用等几个方面。药材经微粉化后，使用较少剂量即可获得原处方疗效或效果更好。不同方法生产的附桂地黄丸药效学比较结果表明，在相同剂量时，超微粉碎生产的附桂地黄丸药效更加显著。根据药材性质和粉碎度不同，采用超微粉碎技术一般可节省原药材的 30%～70%，既可减少剂量、节约中药原料，又能减轻中草药资源紧缺的压力。

与传统粉散剂比较，经超微粉碎后中草药的活性成分得到了充分释放，极有利于动物机体的吸收、利用，使动物生产性能与抗病能力大幅度提高，因而在畜牧业生产及兽医临床上具有极高的开发利用价值和极大的发展潜力。中草药经过超微处理后，其粒度更加细微均匀，表面积增加，孔隙率增大，药物能较好地分散、溶解在胃肠道中，且与胃肠黏膜的接触面积增大，更易被胃肠道吸收。同时，由于中草药超微粉对肠壁的黏附作用加强，在肠内停留时间延长，超微粒子因附着力的影响排出体外所需时间也较长，使药物的吸收量、吸收率均明显提高，从而明显提高中草药的生物利用率。经超微粉碎后，中草药粒度更加细微、均匀，可制成针剂、片剂、速溶性颗粒、混悬液、贴剂、干粉喷雾剂等多种剂型，便于使用。

粉碎技术在中草药添加剂的作用主要表现在防病保健、提高动物生产性能、改善动物产品质量和改善饲料品质等方面。加工成超微粉后，其上述作用更加突出，使用效果更显著。

（一）提高免疫与防治疾病作用

兽用中草药超微粉作为饲料添加剂预防和治疗畜禽疾病，可获得绿色、健康的动物源性食品及更大的经济效益。许多研究表明，中草药含有多糖类、有机酸类、生物碱类、苷类和挥发油类等。这些活性物质，尤其是其超微粉体，在畜禽体内可通过整体调动、全面调整来充分激发机体自身的自然抗病力和免疫力，起到防病、治病、保健的作用（曹礼静等，2017）。

（二）提高动物生产性能

超微粉中草药添加剂可通过改善动物胃肠道微生物区系、提高动物消化吸收率、提高饲料转化率、防病保健、提高增重等来提高动物的生产性能。

（三）改善动物产品质量

长期以来，兽医临床常用的西药主要是化学药物及抗生素，其长期大量使用导致病原菌不仅产生耐药性，而且产生药物残留，致使动物生产性能明显下降，胴体等级下降，影响畜禽产品质量及产品出口，造成很大的经济损失。中草药超微粉散剂源于天然植物，其毒副作用小，应用安全，临床使用效果良好，且不易产生耐药性、无残留，能显著改善畜禽产品（肉、蛋）色泽、风味、营养价值等。因此，与西药制剂相比，中草药超微粉散剂在畜禽生产上的应用具有明显优势。

（四）改善饲料品质

复方药物经超微细胞破壁后，可使中草药各有效成分均匀化。由于粉末粒径小、分布均匀、外形整齐、质量好、便于应用，因此可以制作成多种剂型，使中草药添加剂的适口性、适用性、灵活性等均得到显著提高。

六、在茶粉中的应用

近年来，超微粉碎技术在茶叶深加工中也得到了日益广泛的应用。超微茶粉是应用现代超微粉碎机械设备生产出来的纯天然超细粉体茶产品。茶叶在超微粉碎过程中受到强烈的正向挤压力和切向剪切力的作用，细胞壁经压破或破碎后被撕裂或断开，进而将茶叶微粉碎成200目（74 μm）甚至达到1 000目（12～13 μm）以上的茶叶超微细粉。与普通茶粉相比，超微茶粉不仅能有效保持茶叶原有的色香味品质，而且茶叶经超微粉碎破壁后，表面积大大增加，其中的有效成分充分暴露出来，能够促进机体吸收，进而提高机体对茶叶的营养吸收率。此外，超微化的茶粉还具有较好的固香性和溶解性，能够改善茶叶的食用品质，进而扩大茶叶资源的利用范围。

茶叶的超微粉碎是超微茶粉加工的关键工艺之一。茶叶原料一般先经初粉碎、过筛、去梗后再进行超微粉碎加工。目前，茶叶的超微粉碎主要有球磨粉碎、气流粉碎、冲击式粉碎及振动磨粉碎等加工方式。

绿茶中富含茶多酚，其中最主要的成分是表没食子儿茶素没食子酸酯，占茶多酚的68％～69％；其次是表没食子儿茶素，占茶多酚的8％～18％；还有就是表儿茶素没食子酸酯和儿茶酸，具有抗氧化、抗衰老、消炎杀菌等多种生物学功能，因此茶多酚在2013年农业部公告中就被列入了饲料添加剂目录作为养殖动物的抗氧化剂。超微茶粉对生长猪生长性能没有影响，但可以显著改善肌肉品质，其作用机理可能与脂肪代谢的调控有关。在肉鸭饲料中添加1％的400目茶粉，不影响肉鸭生长性能，但可降低42 d肉鸭的脂肪沉积和血清三酰甘油含量，提高屠宰率、血清瘦素含量及超氧化物歧化酶活性，改善胸肌肌肉品质。在肉鸡饲料中添加超细绿茶粉，对肉鸡后期和全期生产性能无显著影响，但改善了抗氧化性能和肌肉品质。

我国是茶的发源地之一，年产茶叶超过70万t，年产茶末、茶粉近万吨，加上茶园的修剪叶和粗老叶，其数量相当可观，若加以利用将具有很高的经济效益。因此，开发茶叶的新用途，发展茶叶的综合利用，尤其是利用廉价易得、无毒无害、功效明显的中低档茶叶、茶末、茶渣，以及茶叶加工的下脚料来生产高附加值的产品——超微茶粉，不仅有助于对茶叶综合利用的研究，推动茶叶化工的发展，也为畜牧业和饲料工业的健康发展提供了一个方向。

七、在葡萄皮渣中的应用

我国葡萄资源丰富，每年用于酿酒和其他行业的鲜葡萄超过 130 万 t。在葡萄榨汁和酿酒的过程中，会产生大量皮渣等副产品，占葡萄加工量的 25%～30%。在我国，这些皮渣大多被当成垃圾处理，不仅造成资源浪费，而且污染环境。葡萄皮渣中蕴含大量有价值、高活性成分，包括有机酸盐、柠檬酸、凝胶、支链淀粉、膳食纤维及酚类化合物，具有清除自由基、抗衰老、抗氧化、抗癌、降血糖血脂等作用，可开发多种功能性的产品，如将此类副产品有效利用便可创造可观的经济效益。采用超微粉碎技术将葡萄皮加工成超微粉可以解决葡萄酒企业下脚料的综合利用问题，达到变废为宝的目的。利用超微粉碎技术处理葡萄皮渣后，可以有效地将纤维素粉碎至亚微米级大小，随着粒度的减小，持水能力、膨胀能力、脂结合能力等有所下降，不溶性膳食纤维向可溶性膳食纤维转化，抗氧化活性增强。超微粉葡萄皮渣的破壁率接近 100%，与粗粉相比，休止角有所增大，溶解性提高了 8.56%，持水力和膨胀力有所下降；总多酚和原花青素含量分别提高了 24.4 mg/g 和 3.75 mg/g，白黎芦醇含量也有所提高。

➡ 参考文献

曹礼静，袁丽花，廖开燕，2017. 中药复方对小鼠免疫功能的影响 [J]. 中国兽医杂志，53（9）：58-62.

董思瑶，陆军，王燕，等，2015. 葡萄酿酒剩余物饲用特性研究 [J]. 农业科学研究，36（1）：17-19.

冯幼，许合金，黎相广，等，2014. 肉粉、肉骨粉的品质控制及其在鱼类生产中的应用 [J]. 饲料与畜牧，25（3）：25-27.

任守国，2009. 超微粉碎豆粕的理化营养特性研究 [D]. 成都：四川农业大学.

王全，李术娜，李红亚，等，2016. 发酵玉米秸秆粉饲料的研制及其对肉禽生长性能的影响 [J]. 饲料工业，37（3）：44-48.

徐年富，江涛，2017. 落叶收集、粉碎、回收再利用装置设计 [J]. 南京工业职业技术学院学报，17（2）：5-6.

于翠平，井婧，2009. 秸秆类饲用中草药粉碎加工工艺与设备研究 [J]. 饲料研究（11）：73-75.

第三章
干燥技术及其应用

第一节 干燥技术

　　干燥就是去除物料中的水分。干燥按方式分可分为烘干和晾干。烘干就是用燃料烘烤方法蒸发掉饲料中的水分；晾干就是用自然风去掉饲料中的水分。干燥按方法分可分为自然干燥和人工干燥。自然干燥是利用太阳能和自然风来蒸发掉饲料中的水分；人工干燥是利用干燥机蒸发掉饲料中的水分，人工干燥必须有热量和风。干燥的主要目的是防止饲料在加工储存中，由于水分过多而霉烂和变质。此外，干燥还可以减少重量，便于运输、储存，改善饲料性状，提高品质和加工性，以利于下一步作业等。

一、我国干燥技术现状

　　第一届全国干燥会议于 1975 年 6 月 23—30 日在南京召开，40 多年来，我国干燥技术研究队伍不断壮大。目前，我国从事干燥技术研究的大专院校、科研院所有 50 多家，领域涉及化工、医药、染料、轻工、林业、食品、粮食、造纸、硅酸盐、水产等行业。全国共有干燥设备制造厂 600 多家，企业自身也已拥有一支强有力的干燥技术科研开发队伍。通过广泛开展干燥技术基础研究、工艺研究及工业化应用研究，我国干燥技术已接近国际先进水平，甚至在某些技术领域已经达到国际先进水平。40 多年来，我国干燥技术学术交流活跃。中国化工学会化学工程委员会干燥技术专业组主办的全国干燥技术会议已举办 10 届，这是我国规模最大、涉及行业最广的干燥技术交流盛会。除此之外，中国农业机械学会加工机械分会干燥技术专业委员会举办过农产品干燥技术研讨会 10 多届；中国林学会木材工业分会木材干燥学组举办过全国木材干燥学术讨论会 15 届；中国制冷学会举办过全国真空冷冻学术讨论会 10 多届，冻干技术交流活跃；全国微波能应用学术会议由中国电子学会微波分会、中国电子学会真空电子学分会主办，微波干燥是会议内容之一。

　　40 多年来，中国的许多干燥技术已得到了工业化应用，主要有喷雾干燥、流态化干燥（普通流化床、振动流化床、内加热流化床和流化床喷雾造粒干燥）、蒸汽回转干燥、气流干燥、回转圆筒干燥、旋转快速干燥、圆盘干燥、带式干燥、双锥回转真空干燥、桨叶式干燥、冷冻干燥、微波及远红外干燥等。常规干燥设备基本可以满足生产需

非粮型饲料资源高效加工技术与应用策略

要，有部分机型已达到国际当代水平并出口到国外。干燥单元的重要性不仅在于它对产品生产过程的效率和总能耗有较大的影响，还在于它往往是生产过程的最后工序，操作的好坏直接影响产品质量，从而影响市场竞争力和经济效益。就纯度而言，我国的许多产品其质量已经达到甚至超过国外产品，只是因为干燥技术不如国外，堆积密度、粒度、色泽等物性指标达不到要求，在国际市场竞争中处于劣势，有的售价仅为国外同类产品的1/3；同时，我国生产的干燥设备种类仅为国外的30%～40%。由此可见，我国干燥技术研究仍然是任重而道远。

二、干燥技术原理

（一）概述

饲料干燥过程是干燥介质把热量传递给饲料，同时带走饲料中的水分的过程，是饲料与干燥介质之间传热与传质的过程，是一个复杂的物理过程和化学过程。物料的干燥过程，伴随着水分、能量的交换和转移，高温干燥介质与饲料接触，进行热质交换，将热量传给饲料，使饲料中的水分蒸发，达到干燥的目的。

干燥是一个复杂的热质交换过程，主要体现在以下几个方面：①处理的物料不同，如液体、固体；②所需干燥产品的要求不同；③干燥时间的显著差异，如从数秒到数月；④干燥过程中包含物理变化，如收缩、膨胀、变形、结晶、软化、玻璃化转变等；⑤干燥过程有时也包含化学变化，如环保项目中烟气的脱硫反应等；⑥干燥过程中传热传质过程的变化；⑦干燥所需热量输入方式的不同，如连续的、间歇的、同时的或按序的。

（二）干燥原理

1. 外部条件控制的干燥过程（过程1） 在干燥过程中基本的外部变量为温度、湿度、空气的流速和方向、物料的物理形态、搅动状况，以及在干燥操作时干燥器的持料方法。外部干燥条件在干燥的初始阶段，即在排出非结合表面水分时特别重要，因为物料表面的水分以蒸汽形式通过物料表面的气膜向周围扩散，这种传质过程伴随传热进行，故强化传热便可加速干燥。但在某些情况，应对干燥速率加以控制，如瓷器和原木类物料在自由水分排出后，从内部到表面产生很大的湿度梯度，过快的表面蒸发速度将导致显著的收缩，即过度干燥和过度收缩。这会在物料内部造成很高的应力，致使物料断裂或弯曲。在这种情况下，应采用湿度较高的空气，既保持较快的干燥速率又防止出现质量缺陷。此外，根茎类蔬菜和水果切片如在过程1中干燥速度过快，会形成表面结壳导致临界含水量提高而不利于干燥全过程速率的提高。

2. 内部条件控制的干燥过程（过程2） 在物料表面没有充足的自由水分时，热量传至湿物料后，物料就开始升温并在其内部形成温度梯度，使热量从外部传入内部，而水分从物料内部向表面迁移。这种过程的机理因物料结构特征而异。主要为扩散、毛细管流和由于干燥过程的收缩而产生的内部压力。在临界湿含量出现至物料干燥到最终湿含量时，内部水分迁移成为控制因素，了解水分的这种内部迁移是很重要的。一些外部可变量，如空气用量，通常会提高表面蒸发速率，此时则降低了水分的重要性，如物料允许在较高的温度下停留较长的时间就有利于此过程的进行。这可使物料内部温度较高，从而造成蒸汽压梯度使水分扩散到表面并会同时使液体水分迁移。对内部条件控制的干燥过程，其过程的强化手段是有限的，在允许的情况下，减小物料的尺寸，以降低水分（或气体）的扩散阻力是很有效的。施加振动、脉冲、超声波有利于内部水分的扩散。而由微波提供的能量则可有效地使内部水分汽化，此时如辅以对流或抽真空则有利于水蒸气的排出。

3. 物料的干燥特性　如上所述，物料中的水分可能是非结合水或结合水。有两种排出非结合水的方法：蒸发和汽化。当物料表面水分的蒸汽压等于大气压时，发生蒸发。这种现象在水分的温度升高到沸点时发生，在转筒干燥器中出现的即为此种现象。如果被干燥的物料是热敏性的，那么出现蒸发的温度，即沸点可由降低压力来降低（真空干燥）。如果压力降至三相点以下，则无液相存在，物料中的水分被冻结，加热引起冰直接升华为水蒸气，如冷冻干燥。在汽化时，干燥是由对流进行的，即热空气掠过物料，将热量传给物料而空气被物料冷却，水分由物料传入蒸汽并被带走。在这种情况下，物料表面上的温度低于沸点，故水分蒸汽压低于大气压，且低于物料中水分对应温度的饱和蒸汽压，但大于空气中的蒸汽分压。

三、干燥设备

随着工农业的迅猛发展，干燥设备工业正不断成熟和壮大，成为机械工业中一个具有蓬勃生机的新兴行业。需进行干燥的既有数千万吨的大批量物料，也有年产仅几十千克的贵重物品。因而，既有一些以适应独特的工艺要求和生产能力的大型干燥设备，又有一些中小型通用干燥设备，广泛应用于化工、建材、食品、药物及生化等行业。

干燥设备种类繁多，根据操作压力、操作方式、传热原理、加热方式、构造等的不同可以将干燥设备分为不同的类别。按操作压力可分为常压式和真空式两类；按操作方式可分为间歇操作和连续操作两类；按传热原理可分为传导加热式、对流加热式、辐射传热式和高频加热式等几类；按加热方式可分为直接加热式和间接加热式两类；按构造可分为喷雾干燥器、流化床干燥器、气流干燥器、桨式干燥器、箱式干燥器及旋转闪蒸干燥器等。

第二节　干燥方法

干燥是一个复杂的过程，不同的干燥对象有不同的干燥方法，因此必须根据饲料的不同组成和特性，来确定合理的干燥方法。几种通用的干燥方法有真空冷冻干燥方法、微波干燥方法、过热蒸汽干燥方法、流化床干燥方法、喷雾干燥方法、红外线辐射干燥方法、顺逆流干燥方法、热风干燥方法等。

一、真空冷冻干燥方法

真空冷冻干燥方法也是一种新兴的干燥技术，其原理是根据固、液、气三态的物理性质在某种外界环境下可达到共存的状态。水的固、液、气三态是由温度和压力所决定的，为了达到这种三态的平衡点，当压力下降到 610 Pa、温度在 0.009 8 ℃时，水的三态就可共存。试验研究表明，当压力低于 610 Pa 时，无论温度如何变化，水的液态都不能存在。此时若是对冰加热，冰只能越过液态过程而直接升华成气态。同理，若保持温度不变而降低压力，也会得到同样的结果。真空冷冻干燥是根据水的这种性质，利用制冷设备将物料先冻结成固态，再抽成真空使固态冰直接升华为水蒸气，从而达到干燥的目的。真空冷冻干燥的优点是低温下物料中热敏性成分保留下来，可最大限度地保留物料中的原有成分；低压下物料不易氧化变质，能抑制一些细胞的活力；复水性好，可迅速吸水复原，其品质与干燥前基本相同。真空冷冻干燥的应用范围相对比较广泛，但其成本相对比较高，目前真空冷冻干燥技术也广泛应用于饲料添加剂等行业。

真空冷冻干燥的基本过程可分为预处理、预冻、冻干和后处理。

1. 预处理　包括选择、清洗、漂烫、杀菌、添加反应剂和抗氧化剂等。其目的是清除杂物，使之易升华干燥；清除醇素引起的变质；防止脂肪氧化和酵母引起的化学变质。

2. 预冻　预冻是将溶液中的自由水固化，使干燥后产品与干燥前有相同的形态，防止抽真空干燥时产生起泡、浓缩、收缩和溶质移动等不可逆变化，减少因温度下降引起的物质可溶性降低和生命特性变化的可能性。

3. 冻干　冻干是工艺要求最复杂的一道工序，要严格按一定的工艺要求（即冻干曲线）进行。冻干曲线是指冻干物料温度和冻干箱内压力随时间变化的曲线。不同的物料、品种和冻干设备，都有不同的冻干曲线，一般都由试验确定，再用来指导冻干生产。

4. 后处理　经冻干的制品不仅含水量低，且其呈多孔状，组织表面比原来扩大100～150倍，因而吸湿性强，易受氧化影响。为了便于保存，后处理（主要是包装）不容忽视。

二、微波干燥方法

微波是一种高频电磁波，波长为 1～1 000 mm，频率为 300～300 000 MH。饲料主要由极性分子组成，微波干燥的原理是这种分子在微波中受到电荷"同性排斥，异性相吸"的作用，分子之间将会产生相应的运动，同时分子之间的相互作用使分子的热运动加剧，宏观上表现为温度上升。微波干燥方法只需通过调节外加微波的频率便可改变干燥的时间，当增强外界的电场强度和升高微波的频率时，分子运动更加剧烈，这样温度升高的速度加快。微波干燥方法具有热惯性小、选择性加热、穿透能力强、干燥时间短、速度快、环保和容易实现自动化控制等特点，是一种比较高效的干燥方法。但目前的微波干燥方法还不够成熟，国内外都还处在不断发展、开发研究和利用的阶段。

微波干燥方法有以下几个特点：

1. 农产品内外同时加热，干燥速度快　与传统的热风干燥相比，被干燥的农产品总是表面先加热，然后再将热量传递到内部，这样会导致农产品内外干燥不均匀，并且干燥时间很长。而微波干燥的微波会穿透到农产品的内部，并产生大量热量，从而使农产品内外表面同时加热，并且温度均匀。常规干燥的加热方式都是从农产品的表面开始加热，这种方式由于农产品的内部温度低于表面温度往往会导致水分很难从农产品内部蒸发出来。而在微波干燥条件下，农产品内外同时被加热，且内部温度略高于表面温度，同时农产品的温度梯度、传热梯度与水蒸气蒸发的方向相同，从而加快了农产品中水分的蒸发速度，减少了干燥时间。

2. 加热均匀、干制品质量高、营养丰富 由于水是极性介质，微波对其加热具有选择性，因此农产品中的水分分布和受热很均匀，同时干制的农产品的品质也不会因为过热而损坏，干燥所得的干制农产品质量高，并能保持丰富的营养成分。

3. 节能高效、安全无害 在干燥过程中，80％以上的能量被农产品吸收，其他的损耗几乎很少，能源使用率高，而且还可以节省50％～80％的电能，因此微波干燥比较节能。同时，微波干燥既不会产生对环境有影响的废渣、废气、废水，也不会污染农产品的品质。

4. 可以用于杀菌和保鲜 热效应只是微波的特性之一，其实微波还具有生物效应。因为细胞在微波的作用下很容易失去活性而死亡，所以微波可以杀灭干燥农产品中的病虫和细菌。同时，微波干燥还能很好地保存农产品的营养成分和感官品质。

5. 控制方便、工艺先进 只需控制微波干燥设备的输出功率就可以控制农产品的干燥流程，控制系统自动化程度高，操作方便，减少劳动力，节约投资，提高生产效率。

微波干燥具有"优质、高效、节能、环保"的显著特点：①实现物料的无污染和均匀干燥，同时可大幅降低干燥温度；②干燥速度通常提高数倍以上，生产效率大幅提高；③干燥能耗通常降低50％以上；④实现安全、洁净生产。

三、过热蒸汽干燥方法

过热蒸汽干燥方法是现在饲料工业中使用比较多的一种，也是新兴的一种比较节能的干燥方法。其原理是利用过热蒸汽直接与湿物料接触而去除水分的一种蒸发式的干燥方法。与传统热风干燥相比，过热蒸汽干燥是以水蒸气作为干燥介质，在干燥过程中仅有一种气态成分存在，传质阻力非常小。同时，排出的废气温度保持在100 ℃以上，回收比较容易，利用压缩、冷凝等方法回收蒸汽的潜热可重复利用，因而这种方法的热效率高。另外，由于水蒸气的热容量要比空气的大1倍左右，因此干燥介质的消耗量明显减少，即单位能耗低。

过热蒸汽干燥方法的主要优点有：传质阻力小、传热系数大、蒸汽用量少、利于保护环境、无爆炸和失火的危险、有灭菌消毒的作用等。但过热蒸汽干燥法也有一定的局限性，不适宜使用热敏性物料，若过热蒸汽回收不力则节能效果会受到极大影响，另外成本也相对较高。

四、流化床干燥方法

流化床干燥方法是散状物料被置于孔板上，并由其下部输送气体，引起物料颗粒在气体分布板上运动，在气流中呈悬浮状态，产生物料颗粒与气体的混合底层，犹如液体沸腾一样。在流化床干燥器中，物料颗粒在此混合底层中与气体充分接触，进行物料与气体之间的热传递与水分传递。待干燥物料性质不同，所采用的流化床也不同，按其结构大致可分为：单层和多层圆筒型流化床、多室型流化床、搅拌型流化床、振动型流化床、离心式流化床、脉冲型流化床、惰性粒子流化床等。

（一）单层和多层圆筒型流化床

整个干燥过程为：湿物料由皮带输送机运送到抛料加料机上，然后被均匀地抛入流化床内，与热空气充分接触而被干燥，干燥后的物料由溢流口连续溢出，空气进入鼓风机加热器后进入筛板底部，向上穿过筛板，使床层内湿物料流化起来形成流化层尾气进入旋风分离器组，将所夹带的细粉除下，然后由排气机排到大气中。此干燥器操作简单、劳动强度低、劳动条件好、运转周期长，但是由于单层圆筒型流化床直径较小，物料停留时间较长，干燥后所得产品湿度不均匀，因此发展了多层圆筒型流化床。该流化床不仅可以提高效率，更重要的是能够得到较为均匀的停留分布时间。为了对物料进行内扩散控制，多层圆筒型流化床还先后经历了溢流管式、下流管式和穿流板式 3 个阶段。多层圆筒型流化床的物料干燥程度均匀，干燥质量易于控制，热效率较高，适用于降速干燥阶段较长的物料及水分含量较高（水分含量 14%）的物料的干燥。

（二）多室型流化床

过去的多室型流化床存在操作困难、床层阻力大和结构复杂等缺点，为克服这些缺点，20 世纪 60 年代末 70 年代初发展了一种卧式多室型流化床。该设备结构简单、操作方便，适用于各种难以干燥的粉粒状物和热敏性物料的干燥。可以说，卧式多室型流化床干燥器相当于多个方形界面流化床串联系统，其主要特点有：①在相邻隔室间安装挡板，从而可制得均匀干燥的产品，改善了物料停留时间的分布；②物料的冷却和干燥可结合在同一设备中进行，简化了流程和设备；③由于分隔成多室，因此可以调节各室的空气量，增加的挡板可避免物料走短路排出。

（三）搅拌型流化床

为了使某些湿颗粒物料或已凝聚成团的物料也能采用流化干燥技术，研究人员在加料口附近装备床内搅拌叶片，使呈团状或块状的物料及时被打碎，以利于形成流化，这种装备有搅拌器的流化床被称为搅拌型流化床。其优点有：①适合于水分含量较大在热气流中不易分散的物料或者可能结块的物料的干燥；②可以避免沟流腾涌和死床现象，获得均匀的流化状态，提高热质传递强度。

（四）振动型流化床

随着多级干燥的发展，振动型流化床得到了应用，其基本结构与普通流化床相似，是一种将机械振动加于流化床中的改良产品。物料依靠机械振动和穿孔气流的双重作用后流化，并在振动作用下向前做活塞形式的移动，利用对流传导辐射向料层供给热量，即可达到干燥的目的。振动型流化床由于物料的输送是由振动来完成的，供给的热风只是用来传热和传质，因此可以明显地降低能量消耗。另外，床层的强烈振动使得传热和传质的阻力减小，提高了振动型流化床的干燥速率，同时使不易流化或流化时易产生大量夹带的块团性或高分散物料也能顺利干燥，克服了普通流化床易产生返混、沟流和黏壁的缺点。

（五）离心式流化床

离心式流化床是在离心力场中进行流化干燥的一种新型干燥设备。其原理是在机械转动造成的离心力场的作用下使粒状物料分布在丝网覆盖的圆筒型多孔壁上，热气流穿过多孔壁使之流化干燥。由于离心力场的存在，离心加速度可以是重力加速度的几倍到几十倍，因此与普通重力流化床相比较，强化了水分在物料内部的迁移过程，干燥时间短，传热传质速率高，能够有效地抑制气泡的生成及物料的夹带，对于在普通重力流化床中难以干燥的低密度、热敏性、易黏结的固体物料都可以有效地干燥。

（六）脉冲型流化床

针对一些不易流动的物料及干燥温度不允许超过 80 ℃的结晶药物，发展了脉冲型流化床。脉冲型流化床改传统流化床的恒定送风为周期性送风，通过调节气流的脉冲频率或脉冲气流导通率，使通过孔板的气体流量或流化区发生周期性变化，对物料进行干燥。其主要结构特点是在干燥器底部的周围装几根热空气进口管，在每根热空气管上装脉冲阀，它们按一定的频率和次序开启，开启时间与床层厚度和物料性能有关。当气体突然引进时，在短时间内形成一个脉冲，使粒子剧烈流化，促使物料之间进行强烈的传热与传质；当阀门关闭时，床层的流化状态逐渐消失，则物料处于静止状态，此时仍通入部分气体通过床层，以便下一个脉冲能有效地在床中传递。脉冲型流化床优点为：传热系数高，干燥时间短，空气耗量减少，电能耗量低。脉冲型流化床能有效克服沟流死区和局部过热等传统流化床常见的弊端，因而可用于处理黏性强、易结团和热敏性物料，如四环素类的抗生素。

（七）惰性粒子流化床

惰性粒子流化床干燥器具有将物料蒸发、结晶、干燥和粉碎在同一设备中完成的特点。此流化床中预先装有直径为 $1\sim2$ mm 的玻璃珠，其在热空气的作用下呈流化状态，物料进入流化床内，在玻璃珠相互球磨的作用下，被迅速粉碎、干燥。目前，此类流化床在制药工业中的应用较少。

五、喷雾干燥方法

喷雾干燥方法是将原料液用雾化器分散成雾滴，并用热空气（或其他气体）与雾滴直接接触的方式而获得粉粒状产品的一种干燥过程。原料液可以是溶液乳浊液或悬浮液，也可以是熔融液或膏状物。干燥产品可以根据需要，制成粉状、颗粒状、空心球状或团粒状。喷雾干燥的基本流程是：首先物料经过过滤器由泵输送到喷雾干燥器顶端的雾化器中雾化为雾滴，与此同时，空气进入鼓风机经过过滤器空气加热器及空气分布器送入喷雾干燥器的顶端；空气和雾滴在喷雾干燥器顶端接触、混合，进行传热和传质，完成干燥的过程；最终产品由塔底的收集装置进行收集，废气经旋风分离器由出风口排入空气中。

喷雾干燥一般可以分为 4 个阶段，即：①雾化成雾滴；②雾滴与空气接触混合和流动；③雾滴干燥水分蒸发；④干燥产品与空气分离。其中，最重要的是雾化与干燥，直接影响产品质量。

1. 雾化　即物料分散为微细的雾滴。雾滴的平均直径为 $150\sim350\,\mu m$，按粉料的不同用途确定雾滴大小。雾滴大小和均匀度对产品的质量影响很大，其中的雾化器是关键部件。雾化的雾滴很细小，它的比表面积大，与热空气接触时，极易发生传质和传热，使雾滴迅速汽化干燥。

2. 雾滴与空气混合　取决于热空气入口和雾化器的相对位置，雾滴与热空气的接触方式分为：①并流式，分为向下并流、向上并流和水平并流；②逆流式；③混流式。其原理如图 3-1 所示。

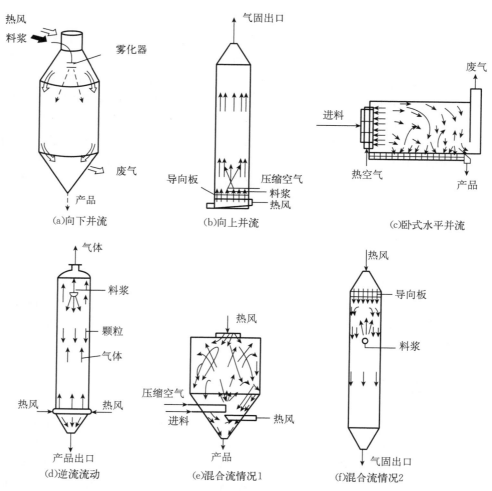

图 3-1　喷雾造粒系统气液两相流向示意图
（资料来源：蔡飞虎，2010）

3. 雾滴干燥　与坯体的干燥原理相似，分为两个过程：恒速（第 1 阶段）和降速

（第 2 阶段）。雾滴一遇到热空气，雾滴中的水即汽化进入空气中。

　　① 恒速阶段　雾滴中有足够的水分，可以保持表面的湿润状态，蒸发恒速进行。

　　② 降速阶段　当雾滴水分不能保持表面的湿润状态，即达到临界点后，雾滴表面形成干壳。干壳的厚度随着时间延长而增加，蒸发速率也随之逐渐降低。

　　雾滴干燥所需的时间决定了喷雾干燥塔的高度。对于固定的喷雾干燥塔，干燥时间还与产品的组成有关，要对不同的产品进行不同的操作。例如，微粉砖坯体的底料、面料成分不同，制粉操作时应有所区别。

　　4. 喷雾干燥过程　如图 3-2 所示。

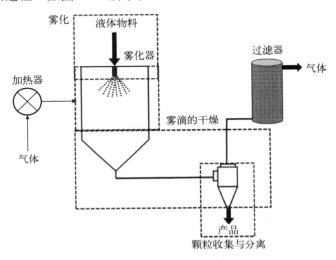

图 3-2　喷雾干燥过程示意图

（资料来源：万锋，2019）

　　喷雾干燥的介质大多数是空气，但是考虑到一些有机溶剂在空气中易燃易爆，可改用惰性气体（如氮气等）作为干燥介质，流程也改为闭路循环系统。有机溶剂进行回收处理，惰性气体循环使用。

六、红外线辐射干燥方法

　　当红外线辐射到物体表面时，一部分在物体表面反射，其余部分射入物体。而射入物体的红外线，其中一部分透过物体，其余部分被物体吸收。吸收、投射、反射的量随物体的种类、性质、表面状况及红外线波长等多种因素的变化而变化。绝大多数的有机物、高分子化合物、水及某些无机物等对远红外线有强烈的吸收峰（吸收带），即在远红外线范围内的电磁波长与上述一些物质的吸收波长相匹配，从而引起激烈的分子带振，产生运动放出热量，从而达到干燥的目的。

　　随着科学技术的不断发展，红外线辐射干燥技术也在不断地走向成熟。红外线辐射干燥方法具有加热时间比较短、传递热效率高且极易被一些物体吸收等优势，广泛并有效地用来对谷物、饲料、树脂、烟叶等物料进行干燥。近年来，红外线辐射干燥技术发展非常迅速。从目前的饲料和干燥技术来讲，在综合考虑干燥的时间、装置和成本等多方面因素后，红外线辐射干燥技术是比较合适的，且是最具有发展潜力的干燥方法。另外，红外线辐射干燥方法还具有节约能源、易于自动化、装置紧凑和无污染等优点，而且充分保持了产品的原有品质特性。

七、顺逆流干燥方法

顺逆流干燥是在顺流干燥的基础上发展起来的，在第 1 和第 2 等干燥段采用顺流干燥后，在最后干燥段采用逆流干燥，然后逆流冷却。

(一)顺逆流干燥机的工艺

在顺逆流干燥机中的顺流段，热风和谷物的流动方向相同，最热的空气首先与最湿的谷物接触，故可以使用较高的热风温度。热风和谷物同向运动，谷物依靠重力向下流动。粮层厚度一般为 0.6～0.9 m，由于粮层较厚，因此气流阻力大，静压一般为 1.8～3.8 kPa。大多数的商业化顺逆流干燥机设有多个顺流干燥段，并在两个干燥段之间设有缓苏段。

顺流干燥的过程是高温热风进入干燥机首先与温度低、水分含量高的谷物接触，并和谷物一起向下流动。热风在向下流动时因加热谷物温度迅速降低，谷物升温水分开始蒸发，空气中的水分增加更有利于谷物籽粒内的水分向外转移。当废气离开谷物时，谷物的温度并不高。谷物与热空气短暂接触后，马上进入缓苏段，脱离了强制干燥的环境，继续靠自身所带的不高的热量进行籽粒内部的湿传导，同时达到谷物堆内部籽粒水分互相平衡，为下一步再干燥创造条件。避免了不经过缓苏处理的直接连续烘干引起谷物外部表皮干皱和毛细管堵塞，造成能耗和表皮裂纹率增加的缺点。多级顺流干燥加缓苏是顺逆流干燥机的一大特点，顺逆流干燥机一般经过 3～6 个这样的过程来完成整个谷物干燥，每个过程水分含量降低 2%～3%。

逆流干燥的过程是高温空气从下部进入谷物层，逆谷物流而上，所以从上面流下的谷物籽粒首先接触的是相对潮湿而低温的空气，随着谷物向下移动，谷物籽粒的温度随空气温度升高而缓慢地升高，空气湿度逐渐下降，谷物表皮的水分则快速蒸发。这种循序渐进的干燥方式对保证已经蒸发掉了大部分水分的谷物品质是非常有利的。

(二)顺逆流干燥的特点

一是热风和谷物平行流动，干燥后谷物的水分均匀一致，干燥质量好，适合于干燥高水分谷物；二是可以使用较高的热风温度，干燥速度快，单位热耗低，效率较高，高温热风首先与最湿最冷的谷物接触，风温降低的速度较快；三是谷物层较厚，谷物对气流的阻力大，风机功率较大，电耗较高；四是顺流干燥机内最高谷物温点既不在热风出口处，也不在热风入口处，而是在热风入口下的某个位置，该点与谷物流量、水分和热风风量有关。

八、热风干燥方法

热风干燥是将干热气流与物料接触，物料表面吸热，表面和外层水分向介质中扩散，随干燥的继续，带动物料由表及里各层组织中含水量的减少，形成一定的含水梯度量。当物料温度恒定时，造成物料内层水蒸气分压大于外层，促进水分由内向外扩散。由于蒸发过程中水蒸气带走了部分热量，因此物料内部温度高于表面温度，这种梯度温差有利于水分向外层移动，从而获得干燥效果。

热风干燥的优点是：物料容易装卸，损失小，盘易清洗；设备结构简单，投资少。缺点是：物料得不到分散，干燥时间长；热效率低，维生素等热敏性营养成分或活性成分损失较大，产品质量不够稳定。

第三节　干燥技术的应用

一、真空冷冻干燥技术的应用

紫花苜蓿属多年生豆科牧草，是世界公认的高产牧草，被誉为"牧草之王"。随着生活水平的提高，人们对畜产品的需求不断增加，而发展畜牧业生产需要高质量的饲料作支持，因此优质牧草及其产品的市场巨大。同时，随着西部大开发、退耕还林还草、生态环境建设与农业结构调整的实施，紫花苜蓿的栽培与利用将不断扩大。

青贮紫花苜蓿营养价值高，适口性好，同时可以避免在晒制时受天气影响使其营养受损失，而日益受到人们的关注。但紫花苜蓿可溶性糖含量低、蛋白质含量高、缓冲能大，不易获得品质良好的青贮饲料。为此，许多学者进行了研究，使用多种添加剂，期望获得优质的青贮紫花苜蓿。在众多添加剂中，紫花苜蓿绿汁发酵液显示出其独特的效果。该发酵液中的乳酸菌来自苜蓿植株上原生的乳酸菌，经过培养扩繁，使用效果极佳。但由于制作过程中需要一定的技术和设备投入，不宜储运，有效期短等，因此紫花苜蓿绿汁发酵液不能广泛使用，解决紫花苜蓿绿汁发酵液的粉剂化问题后，将会大大推动紫花苜蓿产业的发展。

真空冷冻干燥技术生产活菌制剂是多种保存方法中较为理想的一种。它具有以下几个突出的优点：①适用范围广。除少数不产生孢子只产生菌丝体的丝状真菌不宜采用此方法保藏外，其他各大类微生物，如细菌、酵母菌、丝状真菌及病毒均可采用此方法保藏；②保存期长，成活率高。保存在真空冷冻干燥安瓿管中的真菌成活期可长达40多年，一般微生物细胞的成活率在80％以上，固定化微生物细胞的成活率则高于游离微生物细胞的成活率；③微生物在保藏期可避免其他杂菌污染；④便于携带运输，易实现商品化生产。

二、微波干燥技术的应用

油菜是我国重要的油料作物之一，而我国又是世界上最大的油菜籽生产国。油菜籽含有极其丰富的营养成分，它不仅是主要的油料作物，也是重要的植物性蛋白质资源。油菜籽所含的蛋白质属于完全蛋白，它的消化率为95％～100％，蛋白效价为2.8～3.5，比大豆蛋白还高，而且其中含有大量人类和动物必需的氨基酸和含硫氨基酸，蛋白质氨基酸组成合理，与世界卫生组织/联合国粮食及农业组织（WHO/FAO）推荐的氨基酸组成模式相近。因此，油菜籽也是一种很有价值的植物性蛋白质资源，在养殖业上具有很大的发展应用潜力。

选择合适的质量比功率（0.25 W/g），根据油菜籽不同的初始含水量（15%～30%）选取相应的温度控制范围（50～65 ℃）与干燥时间，以使油菜籽的含水量达到安全储存水分含量，并结合一定工艺条件进行的干燥试验结果表明，微波干燥油菜籽是可行的。同时，油菜籽中芥酸含量明显降低，由于芥酸含量与其他脂肪酸含量呈显著负相关，故油酸、亚油酸含量增加，营养价值得到提高。

三、过热蒸汽干燥技术的应用

酒精糟是酿酒行业的副产品，具有较高的营养价值，酒精糟含水量高，极易腐烂变质，气流干燥是处理酒精糟的常用方法。但是由于在实际操作过程中，有起火的危险，因此寻找一种安全、有效的干燥方式或干燥介质具有很大的实际意义。而过热蒸汽作为干燥介质无氧存在，没有这种隐患，并且干燥速率快，节能效果显著。

过热蒸汽干燥技术是一种新兴的节能干燥方法，是利用过热蒸汽直接与湿物料接触而去除水分的一种干燥方式。该技术具有传热系数大、传质阻力小、热效率高、单位能耗低、蒸汽用量少、无爆炸和失火的危险等优点，有利于保护环境，具有灭菌消毒作用。但过热蒸汽干燥也有一定的应用范围，这种干燥方法不适于干燥热敏性物料，若回收不利则节能效果将受到极大影响。另外，其成本也相对较高。在饲料工业中，过热蒸汽干燥技术可以用于酒糟、牧草、鱼骨和鱼肉等的干燥。

四、流化床干燥技术的应用

柑橘皮渣发酵后具有丰富的营养价值，被用作饲料具有广泛的前景。柑橘皮渣发酵饲料的工业化生产不仅能创造经济效益，同时还能解决橘渣引起的环境问题。因此，柑橘皮渣发酵饲料的开发研究具有非常重要的意义。柑橘皮渣的干燥是其生产过程中非常重要的工艺环节。研究发现，在流化床干燥过程中，柑橘皮渣颗粒层的流化质量非常好，在剧烈的翻腾和扰动下，颗粒的大小收缩很明显，干燥速率很快。因此，流化床干燥技术对于柑橘皮渣的干燥是非常适用的。

柑橘皮渣用途广泛，可以做成饲料，或从中提取果胶、皮精油、橙皮苷、膳食纤维、防霉剂、抗氧化剂、色素等。综合利用可以创造出甚至超过果实加工的经济效益和社会效益。我国人均耕地少，粮食一直紧张，饲料粮更紧张，美国和巴西等柑橘加工大国，利用柑橘皮渣生产皮渣饲料用于奶牛及肉牛饲养，每年可替代几百万吨粮食，已成为重要的饲料来源。重庆市人多地少的矛盾尤其突出，口粮和饲料粮非常紧张，每年需从外地大量调运，如果能将柑橘皮渣发酵饲料产业化，预计 40 万 t 柑橘皮渣可生产 8 万 t 柑橘皮渣发酵干饲料，产值 9 600 万元（1 200 元/t），既可替代一部分饲料粮，缓解饲料粮紧张局面，又可消除皮渣对三峡库区环境的污染。由此可见，柑橘皮渣发酵饲料市场前景广阔，经济效益可观，生态效益显著。

五、喷雾干燥技术的应用

血浆蛋白粉是屠宰后动物的血液经过抗凝处理，离心分离得到血浆，再经喷雾干燥得到的产品。充分利用动物血液资源，开发血浆蛋白粉产品，既能解决环境污染问题，又能充分利用蛋白质资源，具有一定的意义。动物血浆蛋白具有良好的乳化性、凝胶性和保水性，既可直接添加到乳化凝胶类肉制品中，提高产品出品率、降低蒸煮损失、改善质构特性，又可与植物油乳化形成乳化物作为脂肪替代物，保证产品保水性的同时改善营养特征，还可作为功能性添加剂代替部分磷酸盐，减少磷酸盐使用量。

喷雾干燥适用于血浆粉的生产：①产品质量能得到保证，原料受热破坏而失活的程度较低，能提高产品收率；②干燥速度快、时间短，具有瞬间干燥的特点，生产步骤由原来的几步变为一步，有效地减少了多工序造成的损失；③设备投资费用适中；④干燥后的产品经连续排料，在后处理上结合冷凝器和气力输送，组成连续生产作业线，不仅降低了生产成本，而且实现了工业化生产。因此，喷雾干燥是干燥血浆的较理想的方法。

六、餐厨废弃物脱油干燥饲料化

餐厨废弃物脱油干燥饲料化就是将餐厨废弃物筛分杂物提取油脂后的固态有机质分离烘干制成蛋白质饲料的过程。餐厨废弃物中含有丰富的淀粉、纤维素、蛋白质、脂类及无机盐，可以制成蛋白质饲料，利用价值很高。

（一）餐厨废弃物脱油干燥饲料化的处理工艺路线

餐厨废弃物脱油干燥饲料化的处理路线见图 3-3。

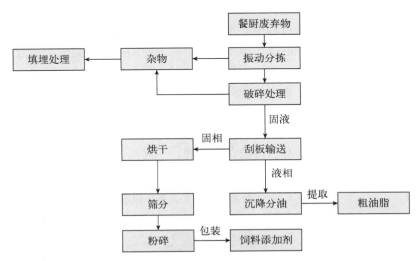

图 3-3　餐厨废弃物脱油干燥饲料化处理工艺

处理单元主要包括垃圾预处理单元、刮板输送分离单元、油水分离单元、污水处理单元、原料烘干单元等。垃圾预处理单元包括振动筛和破碎机，餐厨废弃物中的异物较多，处理之前必须进行筛选，然后将筛选后的餐厨废弃物输送至刮板输送分离单元，通过刮板分离机去除其中的大部分水分，脱水后的含水量要求低于 75%。分离后的固体餐厨废弃物进入饲料原料储存池。油水分离单元采用加热静置技术，待油水分层后分离上层的油脂。据统计，每吨餐厨废弃物可以提炼出 20~80 kg 废油脂。废油脂经过集中加工处理，可以制成脂肪酸甲酯等低碳酯类物质，即生物柴油。剩余液体除油后进入污水处理单元，经过破碎筛选和脱水处理后的餐厨废弃物进入原料烘干单元。烘干设备采取间接加热的方式，温度不宜过高，保持原料营养成分不被破坏。处理后的原料经冷却筛选机进行冷却和二次筛选，并再次粉碎，生成含水量低于 13% 的蛋白质饲料添加剂。该工艺产品包括粗油脂及蛋白质饲料添加剂。

脱油干燥饲料化的优点：①产量大，每吨餐厨废弃物（含水分）可提取饲料原料 40~60 kg，工业油脂 15~25 kg；②日处理能力强，中型处理厂（占地约 1.33 hm²）的处理量可达到 200 t/d；③产物油脂若转变为生物柴油有良好的环保性，使用生物柴油可使 SO_2 和硫化物的排放量减少约 30%，温室气体（CO_2）减少 60%；④对操作人员专业技术要求不高，配置人力需求低；⑤病菌杀灭效果显著。

缺点：①餐厨废弃物容易腐烂发臭，腐烂后不宜作为饲料，并且垃圾饲料有可能是"同源饲料"，长期饲养畜禽可能存在污染风险；②干燥过程能耗高，处理成本高，热源若采用天然气，处理每吨干物质费用大约为 200 元。

（二）餐厨废弃物脱油干燥饲料化及设备

干燥是脱油餐厨废弃物饲料化处理工艺极其重要的一个环节，采用合理的干燥技术，设计高效节能、造价低廉的配套干燥设备在很大程度上可以降低工艺成本，提高产品收益，推动餐厨废弃物处理产业的发展。

餐厨废弃物作为生物类产物具有不同于一般化工产品的特殊性质和用途，在分析干燥过程中必须注意以下两个问题：①餐厨废弃物为热敏性物质，而干燥是涉及热量传递的扩散分离过程，所以在干燥过程中必须严格控制操作温度和操作时间。并采用不使餐厨废弃物热分解、着色和变性的操作温度，尽量在最短的时间内完成干燥处理。②干燥操作必须在洁净的环境中进行，防止干燥过程中及干燥前后的微生物污染。餐厨废弃物是一种物性比较复杂的物料，含水量很高，具有黏稠性，属于热敏性物料。将其作为干燥对象时，应综合考虑其物性及工艺要求等因素，对干燥器进行选择。针对餐饮废弃物的典型干燥器分析结果见表 3-1，桨叶干燥器是表 3-1 中各类干燥器中最适合加工餐厨废弃物的干燥器，而且其具有独特的自净功能，不仅减少操作工的清洁频率，还能较大限度地提高设备传热效率。

表 3-1　针对餐厨废弃物的典型干燥器分析

餐厨废弃物物性及工艺要求	隧道和厢式干燥器	盘式干燥器	转筒干燥器	气流干燥器	转鼓干燥器	桨叶干燥器
黏稠膏状物	适用	不适用	适用	不适用	适用	适用
热敏性物料	不适用	适用	不适用	适用	适用	适用
烘干后不连续	适用	适用	适用	适用	不适用	适用

（续）

餐厨废弃物物性及工艺要求	隧道和厢式干燥器	盘式干燥器	转筒干燥器	气流干燥器	转鼓干燥器	桨叶干燥器
清洁加工	不适用	适用	适用	适用	不适用	适用
干燥效率	低	高	高	很高	高	适中
传热类型	对流	对流	对流	对流	传导	传导
单位蒸发水能耗	能耗高	能耗低	能耗高	能耗高	能耗低	能耗较低

参考文献

蔡飞虎，冯国娟，2010. 喷雾干燥技术基本原理与生产控制 [J]. 佛山陶瓷，20（1）：18 - 27.
万锋，2019. 喷雾干燥技术在新型制剂设计与生产中的应用 [J]. 药学进展，43（3）：174 - 180.

第四章
挤压膨化技术及其应用

第一节 挤压膨化技术概述

随着饲料加工业和畜牧业的发展，挤压膨化技术（又称膨化）也得到了广泛的应用。国外膨化宠物饲料占宠物饲料总量的 90% 以上，饲用大豆粉基本是膨化产品，水产饲料特别是名贵鱼饲料基本上都是膨化料。膨化技术在我国商业化饲料工业领域应用起步较晚，但近十几年随着膨化机的国产化和养殖规模化程度的不断提高，膨化技术应用越来越广泛。

膨化是将配合好的粉状原料，由蒸汽调质后，经膨化机挤压，在物料从模孔中排出的一瞬间迅速膨胀，并被切断成为一种多孔质的颗粒饲料制品的过程。

一、挤压膨化技术的原理及特点

挤压式膨化是借助挤压机螺杆的推动力，将物料向前挤压，物料受到混合、搅拌、摩擦及高剪切力作用而获得和积累能量达到高温高压，并使物料膨化的过程。

1. 挤压膨化技术原理 物料经调质（或不调质）后进入挤压机的挤压腔内。由于挤压腔内空间逐渐变小，因此物料受到的压力逐步加大，同时在螺旋的强大挤压作用下，物料与机筒壁、螺杆与物料，以及物料之间的摩擦力越来越大，挤压腔内的物料温度也就越来越高（有时还用蒸汽或电进行加热），物料还受到强大的剪切力作用，因而挤压腔内的物料处于高温(120～180 ℃)、高压（2.94～9.81 MPa）、高剪切力作用，就会发生一系列的物理变化和化学变化，如淀粉糊化、蛋白质变性、一些原料中的有害因子失活、高分子物质发生降解等。当物料被很大压力挤出模孔时，由于突然泄压，温度和压力骤降，因此原先处于过热的水分就快速汽化、蒸发，使得物料体积迅速膨胀，从而形成内部疏松、多孔的膨化饲料。

2. 挤压膨化技术的特点 挤压膨化技术工艺简单、能耗低、成本低，具有多功能、高产量、高品质的特点，无"三废"产生。

二、挤压膨化饲料加工工艺

（一）挤压膨化工艺类型

根据挤压膨化过程中添加蒸汽或水与否，挤压膨化可分为干法挤压膨化与湿法挤压膨化。干法挤压膨化是对原料进行加温、加压处理，不加蒸汽，但有时加水提高湿度；湿法挤压膨化是对原料进行加温、加压处理，加蒸汽调质。

（二）挤压膨化条件

挤压膨化条件通常为：原料粉碎粒度为 1.40 mm 至 600 μm（14～30 目）；原料含水量为 13%～20%；原料中有效淀粉含量为 20% 以上；挤压膨化压力为 3.0～10.5 MPa；物料在膨化腔内的停留时间为 10～30 s；温度为 120～200 ℃。

（三）挤压膨化颗粒饲料加工工艺流程

1. 常见工艺流程 挤压膨化颗粒饲料生产工艺流程包括调质、膨化、干燥、冷却、碎粒、分级、喷涂等环节（图 4-1 和图 4-2）。

图 4-1 挤压膨化颗粒饲料加工工艺流程

（资料来源：姜正安，2000）

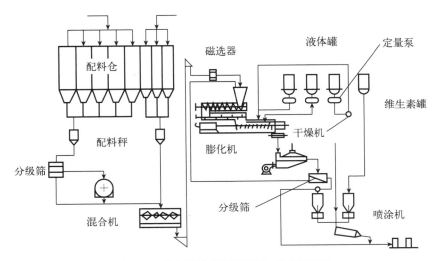

图 4-2 挤压膨化颗粒饲料生产工艺流程

2. 浮性颗粒饲料加工 加工浮性颗粒饲料时，挤压膨化机的螺套和螺杆结构使得蒸汽和水的添加量常达干物质的 8%。如果水分添加量合适，膨化机的螺套结构正确，则挤出物到达模头时最终压力为 3.4～3.7 MPa，温度为 125～138 ℃，含水量为 25%～27%；挤出物穿过模头后的膨化产品密度为 320～400 g/L，含水量为 21%～24%。浮性颗粒饲料挤压机内参数变化见图 4-3。

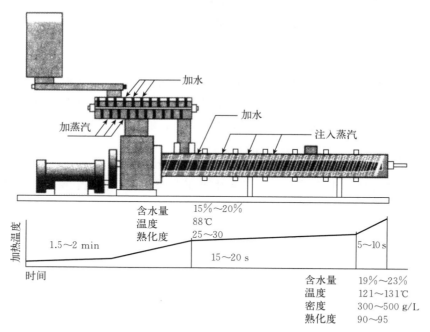

图 4-3 浮性颗粒饲料挤压机内参数变化

3. 沉性颗粒饲料加工 加工沉性颗粒饲料时对膨化机的操作条件要进行调整，以适应生产密度高达 450～550 g/L 的饲料。混合物料进入膨化机前的含水量通常达到 20%～24%，水和蒸汽的流速一定要平衡，物料在调质器的出口处达到 70～90 ℃，挤出物的含水量达到 28%～30%。

生产沉性颗粒饲料时，膨化机模头处的压力通常为 2.6～3.0 MPa，挤出物含水量为 28%～30%，密度为 450～550 g/L，温度为 120 ℃，含水量为 26%。

膨化机使用带放气口的模头，干挤压机使用二次挤压模头，这样可以降低挤压物的温度、水分和膨化度，才能制成沉性颗粒饲料。沉性颗粒饲料应含 10% 的淀粉和不高于 12% 的脂肪，最终产品应干燥到含水量为 10%～12%，过度干燥会使沉性颗粒饲料上浮。沉性颗粒饲料挤压机内参数变化见图 4-4。

（四）挤压膨化操作要点

1. 原料的接收、清理、粗粉碎 饲料厂使用的原料主要有粉料和粒料两种形式。前者不需要粗粉碎，可直接经下料坑、提升机后，进入圆锥清理筛去杂，然后磁选，经分配器或螺旋绞龙直接进入配料仓，参与第 1 次配料；后者需进行粗粉碎，物料经下料坑、提升机进入清理设备进行去杂磁选处理后，进入待粉碎仓，经过粗粉碎后，再经提升机、分配器进入配料仓参与第 1 次配料。一次粗粉碎是饲料加工中超微粉碎的前处理工序，主要目的是减少物料的粒度差异及变异范围，改善超微粉碎机的工作状况，提高超微粉碎机的工作效率，保证产品质量稳定。

2. 一次配料与混合 第 1 次配料主要是大宗原料的配制，即配方中配比较大的物料的配制。该过程主要由电子配料秤来完成，在配料过程中须特别注意配料仓的结拱问

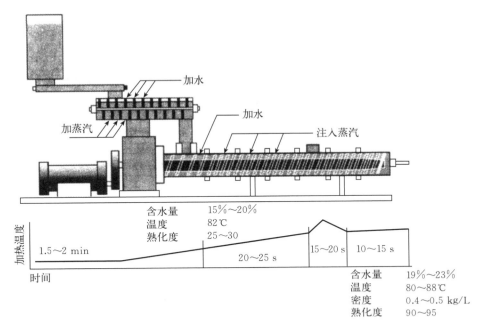

图 4 - 4　沉性颗粒饲料挤压机内参数变化

题。配料完毕后进入第 1 次混合，第 1 次配料与混合是超微粉碎的前处理工序，可减少物料粒度的变异范围，改善粉碎机的工作状况，提高粉碎效率，保障产品的质量。

3. 二次粉碎　由于某些动物消化道短、摄食量小、消化能力差，因此要求饲料的粉碎粒度很细，如对虾料要全部通过 40 目分析筛，60 目的筛上物要少于 5%，因此须采用二次粉碎工艺。在二次粉碎工序中，一次混合的物料经提升后进入待粉碎仓中，然后进入二次粉碎机，二次粉碎工序完成后进入旋转分级筛，清除饲料中的粗纤维在粉碎过程中形成的细小绒毛。

4. 二次混合　各原料经过二次配料后进入二次混合机。在二次混合机的上方设有人工投料口，用于微量添加剂的添加，在混合机上设有 2 个液体添加装置，分别用于油脂和水的添加。在二次混合过程中，须将各物料充分混合，变异系数（CV）小于 5%。物料经过微粉碎和二次配料混合后进入后道工序——膨化制粒工序。

5. 调质与膨化　在挤压膨化工序中，物料在高温、高湿、高压状态下蒸煮一段时间，在该过程中物料理化性质发生了剧烈的变化（主要淀粉糊化、蛋白质变性），自模孔中挤出的瞬间压力骤降，饲料中的水分从液态转化为气态，并从饲料中散发出来导致物料膨化，形成了所谓的膨化饲料。由于这种饲料不仅具有一般硬颗粒饲料的优点——适口性好，避免产品的自动分级，便于运输，而且还具有独特的优点——饲料中的淀粉糊化度高，蛋白质更易消化，减少饲喂过程中的浪费，提高饲料转化率；具有优良的漂浮性，便于观察鱼类的采食情况，可以最大限度地控制水质污染。

6. 喷涂　物料经过膨化机挤压成型后，形成湿软的颗粒（含水量为 25%～30%）。为减少颗粒的破碎，宜采用气力输送，进入干燥机进行干燥，使物料的含水量降至 13% 左右。物料经过烘干后，进入外喷涂系统，通过用油脂、维生素、调味剂等对颗粒饲料表面进行外包衣处理，不仅可满足鱼类对能量的需求，减少加工过程中热敏性物质的损失，而且可提高饲料的适口性，降低含粉率。物料经过外喷涂系统后，需进行冷却和粉碎。

7. 产品分级与包装　冷却后的物料经提升、破碎进入分级筛进行分级。分级筛一般由两层筛组成，上层筛的筛上物需要重新回到破碎机破碎；下层筛的筛下物一般为细粉料，可回到待膨化仓进行重新成形；下层筛的筛上物为成品，直接进入成品仓，然后称重包装。

三、挤压膨化饲料加工设备与机械

挤压膨化机是生产膨化饲料的关键设备。配合好的粉状原料加蒸汽调质后，经挤压膨化机挤压，在物料从模孔中排出的一瞬间迅速膨胀，成为一种多孔质的饲料，经切刀装置切成颗粒制品。

（一）挤压膨化机的基本组成

挤压膨化机主要由动力传动装置、喂料装置、预调质器、挤压部件及出料切割装置等组成。挤压部件是核心部件，由螺杆、外筒及模头组成。一般按外筒内螺杆的数量将挤压膨化机分为单螺杆挤压膨化机和双螺杆挤压膨化机。双螺杆挤压膨化机的投资大，除生产某些特种饲料外较少使用。目前，在饲料工业中应用最广泛的是单螺杆挤压膨化机，具有投资少、操作简单的优点。根据在膨化过程中是否向物料中加蒸汽，挤压膨化机又可分为干法挤压膨化机和湿法挤压膨化机。干法挤压膨化机依靠机械摩擦和挤压对物料进行加压加温处理，这种方法适用于含水和油脂较多的原料的加工，如全脂大豆的膨化。对于其他含水和油脂较少的物料，在挤压膨化过程中需加入蒸汽或水，常采用湿法挤压膨化机。挤压膨化机的机膛一般是组装成的，便于所需要配置件的更换及保养。机膛节段有直沟型和螺旋沟型两种。直沟型有剪切、搅拌作用，一般位于挤压膨化机机膛中段；螺旋沟型有助于推进物料，通常位于进料口部位，靠近模板的节段也设计成螺旋沟，使模板压力和出料保持均匀。单螺杆挤压膨化机从喂料端到出料端，螺根逐渐加粗，固定螺距的螺片逐渐变浅，使机内物料容量逐渐减少。同时，在螺杆中间安装一些直径不等的剪切锁以减缓物料流量而加强熟化。双螺杆挤压膨化机的双螺杆互相平行，有4种形式：非啮合同向旋转、非啮合相对旋转、啮合同向旋转和啮合相对旋转。其中，非啮合双螺杆挤压膨化机可用作两个分离的并列螺杆使用，各有不同的充满度和出料量。双螺杆挤压膨化机在质量控制及加工灵活性上有其优势，可以加工黏稠的、多油的或非常湿的原料，以及在单螺杆挤压膨化机中会打滑的原料。

（二）挤压膨化机各组成部分的功能

1. 喂料器　喂料器上方一般接缓冲仓，以储存一定量的物料，仓内物料在喂料器的推送下，连续均匀地进入调质器。挤压膨化机一般采用螺旋喂料器，进料段常采用变径或变距螺旋，以保证缓冲仓出口均匀卸料。螺旋的直径和螺距应与挤压膨化机的生产率相适应，以避免供料波动。喂料器的转速一般要高于 100 r/min，尽量减少低速引起的供料波动现象。喂料器的转速应可调，调速开关应当设置在膨化机的操作现场，操作员可根据挤压膨化机主机电流和工作状况随时调整喂料量。

2. 调质器 调质器是一种将蒸汽和液体等添加剂与原料充分混合的机械装置。调质器可改善物料的膨化性，提高产量，降低能耗，延长膨化机螺旋、汽塞、膨化腔的寿命。通过调质，物料得以软化，更具可塑性，避免了在膨化过程中大量的机械能转变为热能，同时减缓了螺旋、气塞、膨化腔的磨损。

调质器品种繁多，有单轴桨叶式调质器、蒸汽夹套调质器、双轴异径差速桨叶式调质器等。目前，市场上的挤压膨化机 3 种形式的调质器均有。一般挤压膨化机采用单轴桨叶式调质器或蒸汽夹套调质器，水产挤压膨化机采用双轴异径差速桨叶式调质器。

调质器主要由外腔和桨叶式转子组成。为了维持调质器内有适量的物料，从而提供足够的时间使蒸汽与物料充分混合，进而被物料吸收，桨叶的角度应可调，一般单轴桨叶式调质器转速不应低于 150 r/min，最低不低于 100 r/min。

双轴异径差速桨叶式调质器单独通过对其桨叶角度的调节可以使调质时间在几十秒至 240 s 内变动，所以一般工作中不需要改变桨叶轴的转速，桨叶角度的调节可以从入料口处调质器长度方向上 1/3 以后的桨叶开始。如需增加调质时间，则可增加大径低速正桨叶片与桨叶轴的夹角。双轴异径差速桨叶式调质器虽然黏壁滞留现象有所改善，但是有的物料黏壁滞留现象还是比较严重，此时可以适当减小小径高速反桨叶片与搅动轴的夹角，以此来加剧反桨叶片对粉料的逆向搓动，减少残留量。

3. 挤压部件 挤压部件是挤压膨化机的主要工作部件，包括膨化腔、螺杆、气塞和揉切块等机械部件。在单螺杆挤压膨化机挤压腔中，物料基本上紧密围绕在螺杆的周围，呈螺旋形的连续带状，螺杆转动时物料沿着螺旋就像螺母一样向前移动，但当物料与螺杆的摩擦力大于物料与机筒的摩擦力时，物料将与螺杆产生共转，这就不能实现对物料的向前挤压和输送作用了。物料的水分、油分越高，这种趋势就越明显。为避免这些问题，现在大多数单螺杆挤压膨化机采用分段式，单、双螺旋，压力环与捏合环交错排列的组合螺杆和内壁开槽机筒，以适应机腔内物料的变化情况。

（1）膨化腔 为便于所需要配置件的更换及保养，膨化腔一般是组装成的，为圆筒状。为增大与物料的摩擦剪切力，与螺杆仅有少量的间隙，膨化腔内壁有直沟型和螺旋沟型。直沟型有剪切、搅拌作用，一般位于挤压机腔中段；螺旋沟型有助于推进物料，通常位于进料口部位，靠近模板的节段也设计成螺旋沟，使模板压力和出料保持均匀。膨化腔也可做成夹套型，便于通入蒸汽或冷却水。为便于操作，一般在膨化腔上安装压力传感器和温度表。

（2）螺杆 螺杆是挤压膨化机的主要配件之一，其质量是衡量挤压膨化机质量的主要指标。目前，市场上的螺杆材质主要有 40 铬钼铝、高铬铸铁、不锈钢及合金钢渗碳、渗氮、渗碳化钨处理。不同的材质，耐磨性不同，价格差距很大。表示螺杆结构的参数主要有直径、螺距、根径、螺旋角和叶片断面结构。螺杆分单头螺杆和多头螺杆。

（3）汽塞 汽塞没有传输能力，对物料的流动起阻挡作用，当物料从一个螺旋传送到另一个螺旋时，汽塞可使物料内外翻转，伴随着流动和混合。汽塞可以产生高低不同的剪切区域，有很强的剪切和揉搓效果，对通过的物料有强烈的摩擦作用，升温效果显著。通常通过改变汽塞的使用数量和直径来得到不同膨化度的产品。

（4）出料装置　挤压膨化机的出料装置是产品通过挤压膨化机的最后关卡，对产品的形状、质地、密度、外观特征及其挤压膨化机的生产量有很大影响。挤压膨化机的出料通常有单孔出料、环隙出料及模孔出料3种形式。出料模的特性有：①饲料用挤压膨化机的出料模常采用经处理的钢模；②饲料用挤压膨化机的工作压力一般为2 058～17 150 kPa；③模孔对物料应有适当的控制，以保证足够长度的膨化腔被充满。

（5）切割装置　挤压膨化机常用的切割装置有3种：同步切刀，装在挤压膨化机主轴上的切刀；异步切刀，由单独动力驱动的切刀；截断切刀，用于切段较长或慢速挤压的场合。通常在操作之前就调整好切刀与压模的间隙，刀片位置可以个别调整；对成型要求较高的场合，一般采用弹簧刀片，刀片与模面保持接触。

（6）蒸汽系统　蒸汽是调质时水分和热量的来源，因此其蒸汽质量的好坏直接影响调质的效果。桨叶式调质器在安装时必须合理地设计蒸汽管路，使用稳定可靠的蒸汽减压阀和疏水阀，保证进入调质器的是压力稳定的干饱和蒸汽；干饱和蒸汽应从切线进入调质器，沿轴向喷出使之与粉料混合更强烈；蒸汽方向不可垂直对着调质器轴，那样不仅达不到好的混合效果，反而使蒸汽对调质器轴产生"汽蚀"而割断调质器轴。调质时根据原料和配方及气候变化选用合适的蒸汽压力和添加量。湿度大的季节、原料含水量高时应适当提高蒸汽压力、减少蒸汽添加量；干燥季节、原料含水量低时应降低蒸汽压力、增加蒸汽添加量；夏天室温较高时可降低蒸汽压力，因为低压蒸汽释放热量和水分更为迅速；冬季气温低可提高蒸汽压力，增强调质温度，减少蒸汽管道中的冷凝水，有助于粉料的熟化。蒸汽压力不低于490 kPa，一般蒸汽供应量为干物料处理量的10%。

（7）电控装置　由于膨化原料的特性不同，因此膨化机的产量差距很大，喂料器和切刀的转速应可调。控制柜应安装在现场，便于操作员随时调整。

（三）挤压膨化机的工作参数

1. 喂料量　通常情况下，喂料量要小到使挤压膨化机处于"欠喂入"状态，即保持喂料段的螺旋叶片间隙不完全被物料充满，随着过渡段螺旋根径的增大及膨化腔尺寸的减小，当物料进入均质段时，螺旋叶片间隙被完全充满。

2. 螺旋转速　螺旋转速直接影响膨化腔的充满度、物料在膨化腔不同区域的滞留时间、热传导率、挤压膨化机的机械能输入及施予物料的力。通常螺杆转速为100～700 r/min。

3. 比机械能　所谓的比机械能是指单位产量所消耗的电能。比机械能与螺旋转速和主轴扭矩成正比，与喂料量成反比。膨化不同的物料所要求的比机械能差距很大。

4. 膨化腔温度　挤压膨化机工作时大多需要控制温度。工作时，由于传导对流，因此热能逐步由膨化腔的物料充满区向非充满区扩散。具体的热交换方式，不但取决于物料的物理特性（如比热、相变温度、湿度、相对密度、粒径）和流变学特性，而且也受制于挤压膨化机的结构配置和电机功率。直接膨化谷物原料，随糖分和脂肪含量的变化，腔内水分通常为12%～18%，物料温度可达180 ℃。

为防止物料被膨化腔内表面烧焦而过分褐变或限制蛋白质变性程度，也可以在膨化腔隔层内加注冷水，增加水分或油的含量，或通过降低螺杆转速或改变螺旋配置来降低剪切程度以降低物料的温度。挤压膨化机温度的稳定性，直接影响其出料的连续性和产品质量。

影响挤压膨化机温度的因素有：膨化腔内部结垢、易损件磨损程度、原料、控制参数设置、热能输入变化、环境温度波动。

5. 膨化腔压力 膨化腔压力一般与物料特性有关，黏度越大，膨化腔压力越大；膨化腔温度越高，膨化腔压力越大；膨化腔压力越大，功耗越大，磨损越严重。

6. 压模压力 压模压力越大，成型状况越差；压模开空面积越大，压模压力越小；挤压膨化机模孔内侧压力一般为 $2.5\sim4$ MPa；压模压力越大，膨化越强烈，闪蒸越严重，水分损失越大；压模压力越大，功耗越大；压模压力越大，压模损失越严重。

(四) 挤压膨化机操作要点

(1) 挤压膨化机结构较为复杂（如鱼饲料膨化机），操作比较困难，要求技术水平高。操作人员首先要认真熟悉设备使用说明书，充分了解其结构、工作原理、安全技术性能、操作程序，以及调整、技术维护和常规检查。

(2) 工作人员应该了解所需加工产品和配方，以便可以根据产品要求配方中各种成分理化特性来操作及调整挤压膨化机，确定合适的挤压膨化温度、水分、进气量等参数，并进行记录，以便不断总结经验。工作中要控制好进水量或进气量，控制好物料的含水量至关重要。

(3) 在生产过程中，挤压膨化机的运行功率绝不能超过主电机的最大负载，为了安全起见，一般是 90% 的负荷。在电路中应当有保护和自锁功能。

(4) 当挤压膨化机阻塞时，应将挤压膨化机套筒抱箍拆下进行疏通，拆卸过程中要注意安全。

(5) 挤压膨化机出料处温度过高时，应加冷却水进行冷却。

(6) 要做好设备的润滑工作，正确选用润滑油脂。

四、挤压膨化对饲料营养成分的影响

(一) 对碳水化合物的影响

碳水化合物是饲料中的主要组成成分，通常在饲料中占到 $60\%\sim70\%$，因此是影响挤压饲料特性的主要因素。碳水化合物根据其分子质量大小、结构及理化性质差异常可分为淀粉、纤维、亲水胶体及糖四类，它们在挤压过程中的变化及作用各不相同。

1. 淀粉 挤压作用能促使淀粉分子内 1,4-糖苷键断裂而生成葡萄糖、麦芽糖、麦芽三糖及麦芽糊精等低分子质量产物，致使挤压后产物淀粉含量下降。但挤压对淀粉的主要作用是促使其分子间氢键断裂而糊化。淀粉的有效糊化使挤压处理不仅改善了饲料的营养，而且有利于饲料黏结成型，从而提高饲料加工品质。

淀粉在挤压过程中糊化度的大小受挤压温度、物料水分、剪切力、螺杆结构，以及在挤压膨化机内的滞留时间、模头形状等因素影响。一般规律是高水分、低温挤压使淀粉部分糊化，低水分、高温挤压有利于提高淀粉的糊化度，且使淀粉部分裂解为糊精。

淀粉有直链淀粉与支链淀粉之分，它们在挤压过程中可表现出不同的特性。就膨化度而言，总的趋势是淀粉中直链淀粉含量升高则膨化度降低。据报道，50％直链淀粉与50％支链淀粉混合挤压可得到最佳的膨化效果。另外，来源不同的淀粉其挤压效果也存在差异，小麦、玉米、大米中的谷物淀粉具有较好的膨化效果，块茎淀粉不仅具有很好的膨化性能还具有十分好的黏结能力。

2. 纤维　包括纤维素、半纤维素和木质素，它们在饲料中通常充当填充剂起成型的支撑作用。用于挤压的纤维原料及挤压采用的设备和工艺条件不同，对挤压过程中纤维数量的变化文献报道虽有差异，但均表明纤维经挤压后其可溶性膳食纤维的量相对增加，一般增加量在3％左右。这种结果是挤压过程中的高温、高压、高剪切作用促使纤维分子间价键断裂，分子裂解及分子极性变化所致。因此，采用挤压手段开发膳食性纤维无疑是一个很好的方法，但对动物是否同样具有调整保护肠道作用尚未见报道。

饲料工业中的纤维原料主要有玉米、饼粕、糠麸及糟渣。在挤压过程中纤维主要影响挤压饲料的膨化度，其规律一般是膨化度随纤维添加量的增加而降低，但不同来源的纤维或纤维纯度不同均对膨化度的影响有明显差异。其中，以豌豆和大豆纤维的膨化能力为好，它们在以淀粉为主原料的饲料中添加量达到30％对最终产品的膨化度也无显著影响，而像燕麦麸及米糠，由于它们含有较高的蛋白质及脂肪，其膨化能力就很差。

3. 亲水胶体　胶体主要用于水产饲料的生产，通常有阿拉伯胶、果胶、琼脂、卡拉胶、海藻酸钠等亲水胶体，它们经挤压后成胶能力将普遍下降。在挤压过程中其亲水特性还将影响常规的挤压条件，降低挤压产品的水分蒸发速率及冷冻速率，提高产品的质构性能。对于一个特定的产品，在选择亲水胶体时要慎重考虑胶体的黏稠性、成胶性、乳化性、水化速率、分散性、口感、操作条件、粒径大小及原料来源等因素。

4. 糖　糖具有亲水性，在挤压过程中将调控物料的水分活度，从而影响淀粉糊化。挤压的高温、高剪切作用使糖分解产生羰基化合物，从而与物料中的蛋白质、游离氨基酸或肽发生美拉德反应，影响挤压饲料的颜色。另外，在挤压过程中添加一定量的糖能有效降低物料的黏度，从而提高物料在模口出口时的膨化效果，这一点对控制水产饲料的沉浮性有一定的帮助。因此，在挤压饲料中糖除了起提供能量作用外，主要是作为一种风味剂、甜味剂、质构调节剂、水分活度与产品颜色调控剂，使用的糖通常有蔗糖、糊精、果糖、玉米糖浆、糖蜜、木糖和糖醇。

（二）对蛋白质的影响

蛋白质受挤压膨化机腔内高温、高压及强机械剪切力作用后，表面电荷重新分布且趋向均一化，分子结构伸展、重组，分子间氢键、二硫键等次级键部分断裂，最终变性。这种变性使蛋白酶更易进入蛋白质内部，从而提高消化率。但就蛋白质品质而言，不同的挤压条件对其影响不一，这主要取决于挤压过程中有效赖氨酸的损失，总的趋势是在原料水分低于15％，挤压温度高于180℃的条件下，挤压时水分含量越低，温度越高，赖氨酸损失越大，蛋白质的生物学效价就越低。挤压引起的赖氨酸有效性降低主要归结于饲料中一些还原糖或其他羰基化合物与赖氨酸ε - NH_3发生美拉德反应所致，而生成赖氨酸丙氨酰的可能性较小。适当改变挤压工艺条件，如降低饲料中葡萄糖、乳糖等还原糖含量，提高原料水分含量就可有效减少美拉德反应的发生。有试验结果表明，在原料水分为 15%、挤压温度为 150 ℃、转速为 100 r/min 的条件下挤压，产品的蛋白质的生物学效价与未处理原料相比得到显著提高。

（三）对脂肪的影响

挤压作用会使甘油三酯部分水解，产生单甘油酯和游离脂肪酸，因此从单纯处理来看，挤压过程将降低油脂的稳定性，但就整个产品而言，挤压产品在储存过程中游离脂肪酸含量的升高显著低于未挤压样品，这主要归结于挤压使饲料中的脂肪水解酶、脂肪氧化酶等促进脂肪水解的因子失活。

脂肪及其水解产物在挤压过程中能与糊化的淀粉形成络合物，从而使脂肪不能被石油醚萃取。这种络合物的形成使脂肪不易从产品中渗出而给产品一个很好的外观。这种络合物在酸性的消化道中能解离，因此也不影响脂肪的消化率。

脂肪对饲料的质构、成型、适口性等作用较大，但从总体看脂肪的存在不仅影响最终挤压产品的质量（主要是膨化度），甚至可能影响整个挤压过程的顺利进行。例如，对脱脂大豆粉的挤压，其脂肪的含量不应该超过 1%；在饲料工业的膨化料生产中，单螺杆挤压膨化机油脂含量在 0~12% 时，对挤压效果无明显影响；当含量为 12%~17% 时，每增加 1% 的油脂，产品的容重就增加 16 g/L，添加量继续增大则效果更差；当超过 22% 时则产品就失去了一般挤压的特性。因此，单螺杆挤压应以含油量低的原料为好，当饲料油脂含量超过 12% 时，应选用双螺杆挤压膨化机进行生产。

（四）对维生素、矿物质及风味物质的影响

维生素在加工过程中能否保留下来，很大程度上取决于加工条件。挤压过程中，热敏性维生素，如维生素 B_1、叶酸、维生素 C、维生素 A 等是最容易受到破坏的几种维生素，而其他维生素，如烟酸、维生素 H、维生素 B_{12} 比较稳定。从生产方便性看，挤压之前添加维生素优于挤压后添加，但必须超量添加以克服挤压过程中维生素部分损失对动物营养的影响。有资料报道，在挤压之前添加维生素，不仅挤压过程中会对维生素产生破坏，而且挤压之后，产品在储存过程中维生素的损失也会加快。所以挤压物料的维生素可能在挤压之后添加更为经济。

挤压过程中，矿物质一般不会被破坏，但是具有凝固特性的新聚合物的形成可能会降低某些矿物质的生物效价，如植酸可能与锌、锰等络合，形成不为动物消化的化合物。

由于挤压时的高温、高水分将分解风味物质，且具有挥发性的风味物质在模头口将随水蒸气一起蒸发而大部分散失。因此，对加工过程中风味剂的添加都采用挤压后添加。

（五）对有害物质和微生物的影响

挤压膨化过程不仅可有效地降低抗胰蛋白酶、脂肪氧化酶、黄曲霉毒素等在饲料中的抗营养因子含量，在以油菜籽饼粕、棉籽粕为原料的饲料挤压膨化过程也会分解芥子苷和棉酚，降低其有害成分的含量。此外，对于饲料原料中常见的有害微生物，如大肠埃希氏菌、沙门氏菌等，通过挤压膨化可将其中的绝大部分有害微生物杀灭。

第二节　挤压膨化技术的应用

挤压膨化技术是集混合、搅拌、破碎、加热、蒸煮、杀菌、膨化及成型为一体的新型加工技术，其工艺简单、能耗低、成本低、无"三废"产生，具有多功能、高产量、高品质的特点。挤压膨化技术的迅猛发展，对非粮型饲料的加工具有重要意义。

一、挤压膨化技术对饲料的作用

（一）对全脂大豆和豆粕的作用

一定操作条件下的挤压不仅能有效地使大豆中的抗营养因子，如抗胰蛋白酶、脲酶等失活，而且其高温、高压、高剪切力的瞬时作用有利于蛋白质变性、淀粉糊化、大豆油细胞破裂，从而使三者的消化率提高。许多研究表明，挤压可显著提高大豆的饲养价值。例如，全脂大豆经膨化后蛋白质及氨基酸的消化率明显高于生大豆；膨化使大豆代谢能含量显著提高，无氮浸出物、粗脂肪和蛋白质的消化率也分别得到了提高；全脂大豆的膨化处理比爆化、微波或烘炒处理所得的大豆产品具有更高的可消化能值、粗蛋白质可消化率及中性洗涤纤维可消化率等。

另外，与传统的豆粕加油脂型饲料相比，挤压全脂大豆不仅在饲养效果上具有优越性，在饲料加工中也克服了添加油脂对生产设备的要求及产品质量的影响，更为可取的是全脂大豆通过挤压能有效消除其中一些使动物特别是早期断奶仔猪过敏的因子，如 β-伴球蛋白（β- conglycinin）和球蛋白（glycinin），从而解决了饲喂豆粕加油脂型饲料引起的仔猪消化紊乱、肠黏膜炎症、仔猪下痢的问题。该结果使挤压全脂大豆或豆粕应用于仔猪饲料具有豆粕加油脂型饲料无可比拟的优越性。因此，挤压全脂大豆或豆粕在乳仔猪饲料中得到了普遍的应用。

需要特别指出的是，挤压大豆或豆粕的加工质量指标不能仅以脲酶活性小于 0.4 来衡量，还要考虑蛋白质碱溶指数指标（一般建议不小于 75％），来避免加工条件过度造成有效赖氨酸的失活，而使大豆或豆粕的营养价值降低的现象。

（二）对羽毛的作用

羽毛类角蛋白资源丰富，价格低廉。羽毛类不仅粗蛋白质含量高达 80％以上，是一种潜在的蛋白质饲料，而且其胱氨酸含量也较高（6％～7％），用于饲料可减少价格昂贵的蛋氨酸的添加量。因此，开发羽毛类角蛋白资源，使之成为饲料原料意义重大。

羽毛类角蛋白由于分子间高含量二硫键的交链作用很难被动物消化，但利用挤压膨化机挤压腔高温、高压、高剪切力的环境及挤压过程中外加添加剂的方法进行羽毛挤压膨化，就可使羽毛在消化率达到饲用要求（胃蛋白酶的消化率＞75％）的同时，各种氨基酸生物学效价与高压水解羽毛粉无差异，从而不仅克服了传统高压水解或酸碱水解所需设备投资大、能耗高、劳动强度大、环境污染严重等缺点，而且初步实现了羽毛加工连续化的生产工艺，为资源的合理利用提供了新的开发途径。

有试验表明，羽毛经挤压膨化后可显著提高其可消化性，其机理在于角蛋白二硫键降解，蛋白质结构松展，蛋白质体外消化率高。还发现：①挤压温度、转速和入机水分对挤压产品有效胱氨酸含量的影响较大，产品中有效胱氨酸含量随挤压温度的提高而降低，所以生产中在不影响消化率的前提下应尽量降低挤压膨化机的温度，提高转速，入机水分在 25％左右；②挤压过程中添加对有效胱氨酸有明显保护作用的添加剂，能使有效胱氨酸留存率得到大幅提高。

（三）对米糠的作用

新鲜全脂米糠不易储存，因此提高米糠储存性，防止其变质是合理利用米糠的前提条件。从早期发表的文献至今，可知防止米糠变质的方法大致可分为热处理和化学药物处理两大类，目的都是钝化米糠中含有的多种酶，同时将米糠中的微生物和虫卵杀死，以有效抑制酶的作用和控制外界污染。

高温、高压、高剪切力的挤压膨化是防止米糠变质的有效方法。有试验证明，挤压能明显降低米糠中游离脂肪酸的含量，挤压温度越高，热敏性较强的脂肪酶被钝化程度越大，则储存过程中米糠游离脂肪酸的含量就越低，但较高的挤压温度同时也会更大程度地破坏米糠内天然的抗氧化物质，如维生素 E，因此一般建议温度为 120～130 ℃挤压米糠，既可以使解脂酶、过氧化酶有效失活，又能使米糠内天然抗氧化物质受损减少，从而延长米糠的保鲜期。

另外，膨化过程中原料米糠含水量的提高会提高储存过程中脂肪酸值，对过氧化值的影响不是太大。因此，结合加工的方便性，米糠挤压膨化建议直接用低含水量的原料米糠为好，不必另加水。

（四）对蓖麻粕的作用

蓖麻粕是蓖麻榨油后的残渣，含有丰富的蛋白质（含量为 32％～35％）。蓖麻蛋白质组成中球朊占 60％、谷朊占 20％、白朊占 16％，不含或含少量难吸收的醇溶蛋白，所以绝大多数可以被动物吸收利用。其赖氨酸含量比豆粕低 40％左右，蛋氨酸含量又比豆粕高出 40％以上，两者配合使用，正好达到氨基酸互补的作用，所以单从蛋白质角度考虑，蓖麻粕应该是一种优质的植物性蛋白质。但蓖麻粕中因含有蓖麻碱、变应原、毒蛋白和血细胞凝集素等有毒物质，且毒性很强，故未经处理的蓖麻粕长期以来被当作燃料或肥料使用，这实在是一种资源的浪费。

由于蓖麻粕在制油过程中经热处理，毒蛋白、血细胞凝集素等热敏性毒性成分已变性脱毒，故蓖麻粕的去毒主要针对蓖麻碱和变应原，前者对热稳定而后者为糖蛋白，需高温高压方能变性。而挤压膨化过程就伴随着高温、高压、高剪切力的综合作用，且可以加入化学脱毒剂来增强脱毒效果，有许多试验已证明挤压膨化是一种非常有效并可以实现工业化生产的加工方法，蓖麻碱、变应原的脱毒率都可达到 90％以上，并经肉鸡饲养试验表明，前期、中期、后期分别加 3％、6％、9％的膨化蓖麻粕对肉鸡生长无不良影响；生长猪试验表明，前期加 5％的膨化蓖麻粕对猪无不良影响，后期加 16％的膨化蓖麻粕对猪的生长也无不良影响。以上结果表明，挤压膨化蓖麻粕是一种营养价值良好的饲料资源。

（五）对田菁籽粉的作用

田菁是一年生豆科植物，主要产于福建、浙江、江苏、台湾、广东、河南、河北等地，资源丰富。田菁种子提取胚乳经加工后可制成田菁胶，余下的都是田菁籽粉。田菁籽粉的蛋白质含量在40%左右，氨基酸水平优于棉籽饼，是极有开发前景的饲料蛋白质资源，但未经处理的田菁籽粉由于含有少量毒性物质而不能直接用作畜禽饲料，若经蒸炒、酸水解、挤压膨化等处理，则可以成为优质的畜禽蛋白质饲料来源。台湾学者研究分析认为，处理后田菁籽粉中主要是生物碱、鞣质等的含量发生了很大变化。

二、挤压膨化技术在秸秆饲料化中的应用

我国农作物秸秆资源十分丰富，但长期以来未得到合理的开发和利用。由于农作物秸秆质地粗硬，适口性差、消化率低、营养价值不高，因此目前只有少部分用作牛、羊等反刍动物的粗饲料。秸秆通过挤压膨化加工后可提高采食量和消化率。最近几年，运用秸秆挤压膨化技术取得了较好的饲喂效果。

（一）秸秆挤压膨化原理及设备

秸秆挤压膨化技术是新兴的饲料加工技术。挤压膨化的原理是将秸秆加水调质后输入专用挤压膨化机的挤压腔，依靠秸秆与挤压腔中螺套壁及螺杆之间相互挤压、摩擦作用，产生热量和压力，当秸秆被挤出喷嘴后，压力骤然下降，从而使秸秆体积膨大。

生产膨化秸秆的主要设备是螺杆式挤压膨化机，其主要由进料装置、挤压腔体、检测与控制系统及动力传动装置等部分组成。挤压腔体是挤压膨化机的关键组件，由挤压螺杆、筒体和喷头组成。螺杆的螺距与螺纹深度都是沿轴线变化的，挤压腔容积逐渐变小，以增加压力。

挤压膨化机工作时，在挤压腔内与螺杆、螺套壁及秸秆之间挤压、摩擦、剪切，产生110℃以上的高温水蒸气，使秸秆细胞间及细胞壁内各层间的木质素熔化，部分氢键断裂而吸水，木质素、纤维素、半纤维素发生高温水解；秸秆被挤出喷头的喷嘴后突然减压，高速喷射而出，由于喷射方向和速度的改变而产生很大的内摩擦力，加上高温水蒸气突然散发而产生的膨胀力，因此导致秸秆撕碎乃至细胞游离、细胞壁疏松、表面积增大。这种饲料在家畜消化道内与消化酶的接触面扩大，从而使家畜对秸秆的消化率和采食量明显提高。

（二）加工工艺

秸秆挤压膨化加工的工艺流程为：秸秆→清选→粉碎→调质→挤压膨化→冷却→包装。

1. 清选 指采用手工方法去除秸秆中的砂石、铁屑等杂质，以防止损坏机器和影响膨化质量。

2. 粉碎 将秸秆喂入筛片孔径为3.0～6.0 mm的锤片式粉碎机进行粉碎，以减小秸秆粒度，使调质均匀及膨化产量提高。粉碎时，筛片孔径要稍小些。孔径小，粉碎秸

秆粒度细，表面积大，秸秆吸收蒸汽中的水分也快，有利于进行调质，也使膨化产量提高。但粉碎得过细，造成电耗高，粉碎机产量低。实践表明，粉碎粒度控制在 3.0～4.0 mm 为好。

3. 调质 将粉碎的秸秆放入调质机中调质，根据不同农作物秸秆含水量的大小，合理加水调湿并搅拌均匀，使秸秆有良好的膨化加工性能。调质后的秸秆含水量不要过低也不要过高，含水量过低，秸秆间的剪切力和摩擦力大，膨化机挤压腔升温迅速，秸秆易出现炭化现象；含水量过高，挤压腔温度和压力过小，膨化不连续，影响膨化质量。调质后玉米秸秆的含水量应控制在 20%～30%，豆类秸秆的含水量应控制在 25%～35%。

4. 挤压膨化 将调质好的秸秆由料斗输入挤压膨化机的挤压腔，在螺杆的机械推动和高温、高压的混合作用下，完成挤压膨化加工。加工时，挤压腔的温度应控制在 120～140 ℃，挤压腔压力应控制在 1.5～2.0 MPa。

5. 冷却 秸秆膨化后，应置于空气中冷却，然后再装袋包装。如果膨化后立即包装，此时膨化秸秆的温度较高（一般在 75～90 ℃），包装袋中间的秸秆热量很难散失，会产生焦煳现象，影响其营养价值及适口性。

（三）产品营养成分分析

膨化和未膨化豆类秸秆与膨化和未膨化玉米秸秆的营养成分对照见表 4-1。由表 4-1 可知，挤压膨化加工对秸秆中的粗蛋白质和粗脂肪等营养物质的含量基本上没有影响，而影响动物消化吸收的粗纤维和酸性洗涤纤维的含量（以干基计）有不同程度的下降，容易吸收的无氮浸出物含量却得到提高。膨化后豆类秸秆的粗纤维和酸性洗涤纤维含量比未膨化的豆类秸秆分别降低了 17.67% 和 9.20%，无氮浸出物增加了 31.54%。膨化后玉米秸秆的粗纤维和酸性洗涤纤维含量比未膨化的玉米秸秆分别降低了 8.02% 和 3.37%，无氮浸出物增加了 9.83%。

表 4-1 膨化和未膨化豆类秸秆与膨化和未膨化玉米秸秆和营养成分对照（%）

品名	未膨化豆类秸秆	膨化豆类秸秆	未膨化玉米秸秆	膨化玉米秸秆
水分	10.51	10.40	8.42	8.07
灰分	4.52	5.07	9.47	8.17
粗蛋白质	4.80	4.87	5.45	5.26
粗脂肪	0.46	0.45	0.75	0.78
粗纤维	52.23	43.00	32.68	30.06
无氮浸出物	30.72	40.41	47.20	51.84
酸性洗涤纤维	65.23	59.23	46.85	45.27

（四）产品特点

1. 利于微生物生长，提高消化率 农作物秸秆经挤压膨化处理，由于受热效应和机械效应的双重作用，秸秆被撕成乱麻状，纤维细胞和表面木质得以重新分布，为微生物的生长繁殖创造了条件，使家畜对秸秆的消化率得以提高。

2. 适口性好，采食率高　秸秆膨化后，质地疏松、柔软，有芳香味，改善了饲料的风味，可替代部分饲料，提高家畜采食率，降低饲料成本，能取得较好的经济效益。

3. 便于储存和运输　经过挤压膨化处理的秸秆堆放总体积较原体积减少 40%～50%，为储存和运输提供了方便。

◆参考文献

姜正安，2000. 挤压膨化水产饲料的要点 [J]. 粮食与饲料工业，1：27-28.

第五章
发酵技术及其应用

第一节　发酵技术

发酵是指微生物在一定的培养环境中生长并生成代谢产物的过程。原本发酵只是指微生物在厌氧条件下，有机物不能完全氧化为一些代谢产物而获取能量进行生长的过程，不过现在把微生物的好气培养也归入发酵。随着人类对微生物认识的加深，微生物资源的开发日益深入，发酵工业提供了越来越丰富的产品，为人们生活质量的提高做出了重大贡献。

一、发酵技术的发展史

发酵工程起源很早，但它的蓬勃发展只有近几百年的历史，其发展大致经历了以下几个时期。

（一）天然发酵时期

人们对发酵技术的认识主要来自厌氧发酵，如利用酵母菌、乳酸菌生产乙醇、乳酸和各种发酵食品。在这个时期人们对"发酵"的本质仍是一知半解，当时人们主要依靠经验进行家庭作坊式生产，生产中经常会被杂菌污染，因此这个时期称为天然发酵时期。主要产品是食品，如各种饮料酒、酱、醋、腐乳、酸乳等。

（二）纯种培养发酵时期

1680年，荷兰博物学家安东·列文虎克（Anthonie van Leeuwenhock）制造了显微镜，证明了大量活的微生物的存在。1857年，巴斯德证明了乙醇是由活的酵母发酵得到的，随之发明了著名的低温杀菌法，挽救了法国葡萄酒酿造业，使其免受酸败之灾，巴斯德因此被称为"发酵之父"。1872年，布雷菲尔德（Brayfield）创建了霉菌纯粹培养方法，其被称为近代细菌学之父。1897年，毕希纳发现磨碎的酵母仍能使糖发酵生成乙醇，证明了任何生物都可以产生发酵物质。

第一次世界大战爆发时，德国需要大量用于制造炸药的硝酸甘油，从而使甘油发酵工业化了。英国制造无烟炸药的硝化纤维需要大量的优质丙酮，促使德国人发明了亚硫酸盐法生产甘油，使得发酵工程由食品工业向非食品工业发展。

（三）通气搅拌发酵时期

1929 年，英国弗莱明（A. Fleming）发现青霉素，并确认青霉素对伤口感染有很好的治疗效果。1941 年，美国、英国两国合作对青霉素作了进一步的研究和开发，开始进行表面培养，1 L 扁瓶或锥形瓶内装 200 mL 麦麸培养基可产出青霉素 40 U/mL；1943 年，采用了沉浸培养，5 m³ 发酵液能产生青霉素 200 U/mL；采用通气搅拌液体深层培养，100~200 m³ 发酵液可以产生青霉素 5 万~7 万 U/mL。青霉素发酵生产需要氧气，通气搅拌液体深层发酵技术的建立使需氧菌的发酵生产实现了大规模工业化。青霉素发酵生产的成功，为人类医疗保健事业做出了巨大贡献。同时，也给发酵工程带来了第 2 个转折点，推进了链霉素、全霉素、新霉素等抗生素发酵工业迅猛发展。

（四）代谢控制发酵时期

1950—1960 年，随着基础生物科学即生物化学、酶化学、微生物遗传学等学科的飞速发展，再加上新型分析方法和分离方法的发展，1956 年，日本木下祝郎发明了谷氨酸发酵技术，在 DNA 分子水平上，微生物变异株通过代谢调节，控制微生物的代谢途径，进行最合理的代谢，积累大量有用的发酵产物。这种发酵技术在赖氨酸等一系列氨基酸及核苷酸物质发酵生产中得到了广泛应用，而且在抗生素等次级代谢产物的发酵中也得到了广泛应用。它标志着发酵工程第 3 个转折点的到来：切断支路代谢，酶的活力调控，酶的合成调控（反馈控制和反馈阻遏），解除菌体自身的反馈调节，突变株的应用。

（五）基因工程时期

1980 年之后，随着细胞融合技术、基因操作技术等生物技术的发展，发酵技术又取得了突飞猛进的发展。打破了生物种间障碍，能定向地制造出新的有用的微生物；增加微生物体内控制代谢产物产量的基因拷贝数，可以大幅度地提高目标产物的产量；将动物、植物或某些微生物特有产物的控制基因植入细胞中，并快速、经济地大量生产这些产物；将具有不同性能的多种质粒植入，使新菌株以非粮食物质为原料进行发酵生产；人类基因组测序完成后向功能基因组学转变——功能基因及其表达产物的获得。另外，微生物、动植物、藻类等细胞大规模培养都表明，发酵工程进入了又一个新的时期——基因工程时期。

二、饲料发酵技术

饲料发酵是指用活菌制剂发酵饲料原料，提高饲料利用性能的饲料加工方法。活菌制剂中含芽孢杆菌、乳酸菌、酵母菌等，一般采取厌氧发酵的方式。供发酵的原料，如米糠、谷糠、秸秆、泔水、牧草、棉籽壳、花生壳、各种饼（粕）、豆渣、甘薯渣、啤酒糟及鸡粪等，可供制作猪、鸡和牛羊配合饲料。

饲料发酵技术具有以下特点：①提高利用率，降低饲养成本。将饲料中的纤维素等难消化的大分子物质降解为小分子糖类、氨基酸、小肽、生物酶等，可以提高饲料营养和消化率。②脱毒解毒，提高适口性和采食量。发酵过程降解饲料有毒有害物质，提高饲料安全性，可用发酵棉籽饼（粕）和菜籽饼（粕）替代豆粕。发酵饲料气味醇香，适口性好。③提高免疫力。补充肠道有益菌群，抑制有害菌，维护肠道微生态平衡，建立肠道免疫屏障。④减少粪便排放量，减少有害气体生成。⑤提升肉质风味，使肉品鲜美可口。

（一）饲料发酵技术常用菌种及生长条件

工业发酵微生物包括细菌、放线菌、酵母和霉菌。饲料工业常见的细菌包括枯草芽孢杆菌、乳杆菌、醋酸菌等，适当的生长温度为 30～37 ℃，适合 pH 为 7.0～7.2；常用的放线菌适当的生长温度为 25～30 ℃，适合 pH 为 7.0～7.2；常用的酵母包括啤酒酵母、假丝酵母和红酵母，适当的生长温度为 24～32 ℃，适合 pH 为 3.0～6.0；普通霉菌有黑曲霉、米曲霉、白地霉和木霉，适当的生长温度为 25～30 ℃，适合 pH 为 3.0～6.0。酵母或细菌等单细胞真菌可以生产单细胞蛋白，多细胞丝状真菌可以产生菌体蛋白。

（二）菌种培养

从现有的发酵培养方法看，菌种培养基本上分为两种类型：表面发酵培养法和液体深层发酵培养法。表面发酵培养方法是指将微生物接种于基质的表面上进行的培养方法。按使用的培养基种类不同，表面发酵培养法又分为固体表面发酵培养法和液体表面发酵培养法。液体深层发酵培养法是微生物细胞在液体培养基深层（需氧或厌氧）中进行培养的方法。

1. 表面发酵培养法　此种方法指的是将微生物接种于灭过菌的固体或半固体或液体培养基上，在一定的培养条件下进行培养。多数情况下需氧菌在固体或液体培养基表面上形成微生物膜，而霉菌或放线菌又容易长入固体基质中。经过一定时间的培养，菌体代谢产物或扩散到培养基中，或滞留于细胞内，或两者均有，依产生菌和产物的特性而定。液体表面发酵培养法曾用于青霉素生产初期和某些酶的生产，因产量低、易污染、劳动强度大，现已被液体深层发酵培养法所代替。固体表面发酵培养至今仍在某些品种的生产中采用，如农用赤霉素的生产，采用稳定的生产菌种（如藤仓赤霉P-3），以麦苏作为固体发酵载体进行发酵，糖的转化率和生产量均较高，生产成本低，其发酵结果优于液体深层发酵培养的结果。纤维素酶、某些糖化酶的工业化生产仍采用固体表面发酵培养法，固体栽培技术是人工生产冬虫夏草的方法之一。固体表面发酵培养法具有投资小、所需生产设备少、简便易行、适于品种的小型化生产等特点。继续深入研究开发固体表面发酵培养工艺，有益于发酵工业的发展。

2. 液体深层发酵培养法　这是微生物细胞在液体深层中进行厌氧或需氧纯种培养的过程，需氧液体深层发酵培养的供氧方式有振荡培养和深层通气（带搅拌）培养两种。其培养的基本过程：菌种→孢子制备→种子制备→发酵→发酵液预处理→提取和精制→成品检验→成品包装。

（1）菌种　从自然界土壤样品中分离获得能产生代谢产物（初、次级代谢产物）或具备某种转化能力的微生物，再经过分离纯化和菌种选育等工作，获得的有工业化生产价值的菌种投入发酵生产。优良的菌种应保持其自身生长繁殖速度较快、能大量地生物合成目的产物、其发酵过程易于控制等特点。一般来说，生产菌种经过多次移植时会发生变异而退化，故在生产过程中必须经常进行菌种的选育工作，采用自然分离和诱变育种等手段可保持和提高菌种的生产能力及产品质量。此外，还必须重视菌种的保藏工作，一般以低温法保藏的菌种遗传特性稳定，很少发生变异。

（2）孢子制备　这是发酵过程开始的一个重要环节。制备孢子时，先是将处于休眠状态的冷藏孢子通过严格的无菌操作技术将其接种于灭过菌的固体斜面培养基上，按生产工艺要求进行培养。但这样培养出来的孢子数量还是有限的，为了获得大量的孢子以供生产需要，可将孢子直接接入种子罐进行菌体繁殖。为满足发酵罐接种量要求，必须进一步采用较大面积的固体培养基，如小米或麸皮培养基进行扩大培养。

（3）种子制备　这一培养过程的目的是使孢子发芽、生长繁殖，以获得足够数量的菌体，供发酵罐接种用。种子制备有两种形式：一是从摇瓶培养开始，再接入种子罐中进行逐级扩大培养；二是孢子直接接入种子罐开始种子培养，再进行逐级扩大培养。种子制备是否需从摇瓶培养开始和种子扩大培养级数的多少，取决于生产菌种的遗传特性、生产规模和生产工艺特点。种子制备一般在种子罐（小型发酵罐）中进行，扩大培养级数一般为二级。种子制备过程中要定时取样做无菌检查、细菌浓度测定、菌丝形态观察、生化指标分析，确保种子质量后方可移种。

（4）发酵　这一过程的主要目的是使微生物能积累大量的代谢产物，是整个发酵工程的中心控制环节。因是纯种的深层发酵，所以在发酵开始之前，所用的培养基和相应设备必须先进行灭菌，要采用无菌接种技术，通入的空气必须要净化除菌，发酵过程中补加的各种料液和消沫剂要高温灭菌，总之要使发酵过程始终处于纯种培养状态。发酵过程中用于过程控制的物理、化学与生物学参数主要有菌体形态和浓度、各种基质浓度、溶解氧浓度、发酵液的 pH、发酵液黏度、培养温度、通风量、排气中的 CO_2 含量、发酵产物浓度等。微生物代谢产物的生物合成过程复杂，尤其是抗生素等次级代谢产物生物合成更为复杂，至今仍有许多生物合成过程中的环节不十分清楚，微生物代谢产物又是涉及初级代谢和次级代谢的多基因控制产物。由于影响发酵效果的因素错综复杂，因此要想获得预期的发酵效果，需要各方面密切配合和严格操作。

（5）提取和精制　发酵结束后，发酵液即进行预处理、产品的提取和精制，利用某些物理、化学方法将发酵产物制备成符合产品质量要求的成品。在提取前，需将发酵液进行过滤分离，将菌丝体和发酵上清液分开。若产物在滤液中就要将滤液进行进一步的预处理，除掉部分杂质，以利于以后提取；如产物在菌体内，通常先用有机溶媒进行萃取，然后采用相应的方法进行精制。

（6）成品检验　发酵产品为药品时，就要按《中国药典》上的质量标准对产品进行逐项检验分析，包括产品的外观性状检查、产品鉴别、有关物质检查、含量检定、毒性试验、热原试验、无菌检查、升降压物质试验等。非医药用的微生物产物按各行业的质量标准逐项进行产品的质量分析。

（7）成品包装　微生物发酵产物一般有大包装和小包装两种包装方法，应依产品的稳定性采用不同的包装材料和包装形式，如产品的吸湿性强，要采用防湿包装材料。

（三）发酵饲料的营养成分变化

主要包括：微生物发酵饲料中可溶性蛋白质的比例增加了 20％～30％；微生物发酵饲料的中性洗涤纤维含量下降了 10％～20％；微生物发酵饲料中乳酸菌的数量达到 10^{10} CFU/g，中性蛋白酶活性达到 150 U（1g，干重）、纤维素酶活性达到 170 U（1g，干重）以上；微生物发酵饲料中危害菌的数量控制不超过 10^3 CFU/g；微生物发酵乳酸含量达到 3％，饲料 pH 平均为 4.5；蛋白质消化率增加了 9％，总氮含量增加了 7％，尿素氮含量减少 12％，进一步证明了微生态发酵饲料可提高蛋白质的消化率。

（四）发酵饲料的作用机理

1. 生物屏障作用　有益的细菌通过竞争性抑制，可防止有害微生物在肠黏膜附着和繁殖。微生物之间的相互作用，使得一个生态系统现有的微生物可以防止新的生物入侵。例如，嗜酸乳杆菌与猪小肠上皮的亲和能力很强，从而减少了大肠埃希氏菌与肠上皮接触的机会。

2. 化学屏障作用　通过有益微生物（主要是乳酸菌分类）生产有机酸，如乳酸、丙酸、醋酸，可降低消化道 pH，抑制其他病原微生物的生长（当 pH 为 4.5 时，大肠埃希氏菌和沙门氏菌可以扩散），维持或恢复肠道微生物区系平衡，达到预防疾病的目的。在消化道增加的有机酸和/或 pH 的降低还能促进矿物元素钙、磷、铁等的吸收及利用。

3. 抑菌物质的产生　许多乳酸菌和链球菌可以产生细菌素，如乳酸链球菌肽等，这些多肽物质可以抑制沙门氏菌、志贺氏杆菌、绿脓杆菌和大肠埃希氏菌等其他有害细菌生长。一些乳酸菌，如嗜酸乳杆菌和保加利亚乳酸杆菌，能产生少量的过氧化氢，从而抑制许多细菌，特别是革兰氏阴性致病菌的增长。此外，一些有益微生物可以产生酶，如双歧杆菌和乳酸杆菌产生的细胞外糖苷酶可以防止细菌毒素对上皮细胞黏附和入侵。

4. 营养作用　直接饲用的有益微生物发酵菌能改善肠道代谢，促进动物生长和增加体重。乳酸杆菌通过分泌多种消化酶（淀粉酶、蛋白酶、脂肪酶等）来促进营养物质的消化和吸收；酵母既可以产生氨基酸、维生素（维生素 B_1、维生素 B_2、烟酸、泛酸、叶酸、维生素 C、生物素、维生素 K 等），也可以促进植酸酶的生产，提高单胃动物对磷的利用率。

5. 防止有害物质的产生　直接饲用微生物可以促进营养物质的消化和吸收，减少氨气和其他腐败物质的产生；可以减少粪便、门静脉中氨气的含量，以及肠道中甲酚、吲哚等中腐败物质的含量，减少粪便臭味，净化环境；可改善肠道内部环境，使其形成一个生物屏障，防止有害物质和废物被吸收。

6. 提高机体免疫力　微生物发酵饲料中的有益微生物可以作为一种非特异性免疫调节因子，通过细菌本身或细胞壁成分刺激并激活宿主的免疫细胞，提高吞噬细胞的活力。直接饲喂微生物发酵饲料，通过体液免疫和细胞免疫可改善畜禽抗体水平，增强免疫功能，杀死入侵的病原细菌，防止疾病的发生。

三、饲料发酵工艺

(一)微生物发酵工艺过程

微生物代谢类型很多,不同微生物对同一种物质进行发酵或者同一种微生物在不同条件下培养所得产物均不相同。微生物代谢产物已知的有 37 类,其中 16 类属于药物。

菌体对数生长期所产生的产物,如氨基酸、核苷酸、蛋白质、核酸、糖类等,是菌体生长繁殖所必需的,这些产物称为初级代谢产物。许多初级代谢产物在经济发展上相当重要,分别形成了各种不同的发酵工业。

在菌体生长静止期,某些菌体能合成一些具有特定功能的产物,如抗生素、生物碱、细菌毒素、植物生长因子等。这些产物与菌体生长繁殖无明显关系,称为次级代谢产物。次级代谢产物多为低分子质量化合物,但其化学结构类型多种多样,据不完全统计多达 47 类。

根据微生物对氧气的需求、发酵采用的方式、发酵过程的动力学等可以将微生物发酵工艺分为不同的种类。按照微生物对氧的需求将发酵分为好氧发酵、厌氧发酵和兼性厌氧发酵三大类;按照发酵过程的动力学中产物生成与碳源利用消耗关系,发酵过程分为菌体增长与碳源利用相平行的Ⅰ型(耦联型)、菌体生长与产物合成是分开的或只有部分联系的Ⅱ型(混合型)和菌体生长停止后产物才开始形成的Ⅲ型(非耦联型)。

微生物发酵最常见的分类是按照发酵方式的不同将发酵过程分为间歇发酵、连续发酵和流加发酵 3 种类型。

1. 间歇发酵 间歇发酵又称为分批发酵,是指发酵过程中营养物和菌种一次加入进行培养,直到结束后放出,中间除了空气进入和尾气排出外,与外部没有物料交换。它是传统生物产品发酵常用的发酵方式,除了控制温度、pH 及通气以外,不进行任何其他控制。

分批发酵的具体操作是首先对种子罐进行高压蒸汽空罐灭菌,之后投入培养基进行高压蒸汽灭菌,然后接入用摇瓶等预先培养好的种子进行培养。在种子罐开始培养的同时,以同样程序进行主培养罐的准备工作。对于大型发酵罐,一般不在罐内对培养基灭菌,而是利用专门的灭菌装置对培养基进行连续灭菌。种子培养达到一定菌体量时,即转移到主发酵罐中。发酵过程中要控制温度和 pH,对于需氧微生物还要进行搅拌和通气。主罐发酵结束即将发酵液送往提取、精制工段进行后处理。

分批发酵的优点是操作简单、投资少,运行周期短、染菌机会减少,生产过程、产品质量较易控制。缺点是发酵初期营养物过多时会抑制微生物的生长,而发酵的中后期又因为营养物质的减少而降低培养效率。迄今为止,分批培养是常用的培养方法,广泛用于多种发酵过程。

2. 连续发酵 连续发酵是指以一定的速度向发酵罐内添加新鲜培养基,同时以相同的速度让培养液流出,从而使发酵罐内的液量维持恒定,微生物在稳定状态下生长。连续发酵使用的反应器既可以是搅拌罐式反应器,也可以是管式反应器。在搅拌罐式反应器中,即使加入的物料中不含有菌体,但只要反应器内含有一定量的菌体,在一定进料流量范围内,就可实现稳态操作。罐式连续发酵的设备与分批发酵设备无根本差别,一般可用原有发酵罐改装。根据所用罐数，罐式连续发酵系统又可分单罐连续发酵和多罐连续发酵。

连续发酵的稳定状态可以有效地延长分批培养中微生物细胞的对数期。在稳定的状态下，微生物所处的环境条件，如营养物浓度、产物浓度、pH 等都能保持恒定，微生物细胞的浓度及其生长速度也可维持不变，甚至还可以根据需要来调节生长速度。与分批发酵相比，连续发酵的优点主要表现在可长期连续进行，生产能力高；缺点是操作控制要求高、投资高、易被杂菌污染、微生物菌种易变异。

连续发酵在工业发酵中的应用不多见，只应用于菌种的遗传性质比较稳定的发酵，如乙醇发酵等。目前，主要用于实验室进行发酵动力学研究，如发酵动力学参数的测定、过程条件的优化试验等。

3. 流加发酵　流加发酵也称补料分批发酵或半连续发酵，是指在微生物分批发酵中，以某种方式向培养系统补加一定物料的培养技术。它是介于分批发酵和连续发酵之间的一种发酵技术，同时具备两者的部分优点，是一种在工业上比较常用的发酵工艺。

采用补料分批发酵，通过向培养系统中补充物料，可以使培养液中的营养物浓度较长时间地保持在一定范围内，既保证微生物的生长需要，又不造成不利影响，从而达到提高产率的目的。补料分批发酵根据补料方式不同可分为单一补料分批发酵和反复补料分批发酵两种类型。单一补料分批发酵是在开始时投入一定量的基础培养基，到发酵过程的适当时期，开始连续补加碳源或（和）氮源或（和）其他必需基质，直到发酵液体积达到发酵罐最大操作容积后，停止补料，最后将发酵液一次全部放出。反复补料分批发酵是在单一补料分批发酵的基础上，每隔一定时间按一定比例放出一部分发酵液，使发酵液体积始终不超过发酵罐的最大操作容积，从而在理论上可以延长发酵周期，直至发酵产出率明显下降时才最终将发酵液全部放出。

与传统的分批发酵相比，流加发酵具有对无菌要求低，菌种变异、退化少，适用范围更广等优点。因此，补料分批发酵技术在生产和科研上被广泛运用，包括单细胞蛋白、氨基酸、生长激素、抗生素、维生素、酶制剂、核苷酸、有机酸等几乎整个发酵工业。

（二）发酵技术控制

1. 温度控制　菌体生长对温度最为敏感，这是由于促使生物体代谢反应的酶对温度敏感，参加反应的酶活跃了，菌体的代谢就旺盛，菌株生长也就良好。

温度对发酵产物的影响是多方面且复杂的，主要体现在：细胞生长，在一定范围内，随着温度的上升菌体的生长代谢速度加快；产物形成，产物形成速度与温度密切相关，温度过高或过低都会造成生产速度下降；生物合成方向，同一生产菌在不同的发酵温度下会产生不同的代谢产物。

一般微生物的生长繁殖与代谢产物合成时的温度是不同的，菌种不同，其发酵过程的各阶段对温度的需求也不同。因此，一个菌株在发酵前应首先弄清楚其培养条件，以及各代谢阶段的温度要求。例如，青霉素菌生长最适温度为 30 ℃，合成时最适温度为 24.7 ℃；乳酸球菌生长最适温度为 34 ℃，合成时最适温度为 30 ℃。

2. pH 控制　菌体生长繁殖及代谢物的产生与积累都与 pH 的变化密切相关。生产菌株在投产前都必须要弄清楚 pH 对其产物形成的影响，以便进行合理调控。

pH 对菌株生长的影响主要在 3 个方面：①影响菌体的形态、大小、菌丝长度等；②影响细胞膜的电荷状态，引起膜的渗透性改变，从而影响代谢物的分解和合成；③对某些生物合成途径有明显影响。

最适 pH 的选择与调节有：①最适发酵 pH 的选择。将初始基质 pH 调成不同的梯度，并维持发酵过程中的 pH，然后检查菌体在各阶段的生长量，生长量高的即为其最适 pH。因此，产物形成的最适 pH 要通过测试产物量来确定。②通过补料控制 pH。当发酵液中的 pH 和氨氮含量均低时，可通过补加氨水来提高 pH 和氮的含量，若 pH 较高而氨氮含量较低，则补加 $(NH_4)_2SO_4$ 可达到既补氮又降低 pH 的目的。

3. 溶氧控制　在好氧深层培养中，氧气的供应往往是发酵能否成功的重要限制因素之一。通气效率的改进可减少空气的使用量，从而减少泡沫的形成和杂菌污染的概率。

溶氧是需氧发酵控制最重要的参数之一。由于氧气在水中的溶解度很小，在发酵液中的溶解度也很小，因此需要不断通风和搅拌，才能满足不同发酵过程对氧气的需求。溶氧的高低对菌体生长和产物的形成及产量都会产生不同的影响。如谷氨酸发酵，供氧不足时，谷氨酸积累就会明显降低，产生大量乳酸和琥珀酸。需氧发酵并不是溶氧浓度越高越好。溶氧浓度高虽然有利于菌体生长和产物合成，但太高时反而抑制产物的生成。

最适溶氧浓度的高低与菌体和产物合成代谢的特性有关，这是由试验来确定的。根据发酵需氧要求不同可分为三类：第一类，有谷氨酸、谷氨酰胺、精氨酸和脯氨酸等谷氨酸系氨基酸，它们在菌体供氧充足的条件下，产量才最大，如果供氧不足，氨基酸合成就会受到强烈的抑制，大量积累乳酸和琥珀酸；第二类，包括异亮氨酸、赖氨酸、苏氨酸和天冬氨酸，即天冬氨酸系氨基酸，供氧充足可得最高产量，但供氧受限，产量受影响并不明显；第三类，有亮氨酸、缬氨酸和苯丙氨酸，仅在供氧受限、细胞呼吸受抑制时，才能获得最大量的氨基酸，如果供氧充足，产物形成反而受到抑制。

4. 泡沫控制　泡沫对发酵过程产生多种不利影响，是影响发酵过程的主要因素之一。

发酵过程中产生过多持久的泡沫会给发酵带来很多不利影响，主要有：①减少发酵的有效容积，若不加以控制，过多的泡沫通过排气管溢出，造成发酵液流失；②过多的泡沫可能从罐顶的轴封渗出罐外，增加了染菌的概率；③使部分菌体黏附在罐盖或罐壁上而失去作用；④泡沫严重时，影响通气搅拌的正常进行，妨碍代谢气体的排出，对菌体呼吸造成影响，甚至使菌体代谢异常，影响生产率。

发酵过程中泡沫的控制主要有 3 条途径：①通过调整培养基中的成分（如少加或缓加易起泡沫的原料）或改变某些物理化学参数（如 pH、温度、通气和搅拌）或改变发酵工艺（如采用分次投料）来控制，以减少泡沫形成的概率；②采用机械消泡或消泡剂来消除已形成的泡沫；③采用菌种选育的方法，筛选不产生流态泡沫的菌种，来消除起泡的内在因素。

常用的一些消泡剂有：

（1）天然油脂　天然油脂（如豆油、菜油、鱼油等）是最早应用的消泡剂，其来源容易、价格低、使用简单，一般来说没有明显副作用。

（2）高碳醇、脂肪酸和酯类　高碳醇是强疏水弱亲水的线型分子，在水体系里是有效的消泡剂。

（3）聚醚类　聚醚类消泡剂种类很多，我国常用的主要是甘油三羟基聚醚。其以甘油为起始剂，由环氧丙烷或环氧乙烷与环氧丙烷的混合物进行加成聚合而制成的。

（4）硅酮类　最常用的是聚二甲基硅氧烷，也称二甲基硅油。其表面能低，表面张力也较低，在水及一般油中的溶解度低且活性高。

5. 菌体（细胞）浓度和基质对发酵的影响及其控制

（1）菌体（细胞）浓度对发酵的影响及控制　菌体（细胞）浓度（简称"菌浓"）是指单位体积培养液中菌体的含量。菌浓与菌体生长速度直接相关，其大小在一定条件下不仅反映菌体细胞的多少，而且还反映菌体细胞生理特性不完全相同的分化阶段。

控制菌体（细胞）浓度，可以通过控制培养基中营养物质的含量来实现，首先确定基础培养基配方中有适当的配比，避免产生过浓（或过稀）的菌体量。然后通过中间补料来控制，如当菌体生长缓慢、菌浓太低时，则可补加一部分磷酸盐，促进菌体生长，提高菌浓；但补加过多，则会使菌体过量生长，超过临界浓度，对产物合成产生抑制作用。

另外，CO_2对菌体生长和产物形成也有较大影响，它可影响细胞膜的结构、细胞膜的运输效率、细胞生长受抑制和形态发生变化。反过来，CO_2浓度又受到菌体的呼吸强度、发酵液的流变性、通气搅拌程度、外界压力和设备规模等多种因素的影响。因此，可以利用菌体代谢产生的CO_2量来控制生产过程的补糖量，以控制菌体的生长和浓度。

（2）基质对发酵的影响及控制　基质即培养微生物的营养物质，主要有碳源、氮源和磷酸盐三大类。

①碳源对发酵的影响及控制

A. 迅速利用的碳源　如葡萄糖、蔗糖等，迅速参与代谢、合成菌体和产生能量，并产生分解产物，有利于菌体生长，但有的分解代谢产物对产物的合成可能产生阻遏作用。

B. 缓慢利用的碳源　如多数为聚合物、淀粉等，为菌体缓慢利用，有利于延长代谢产物的合成时间，特别有利于延长抗生素的分泌期，也为许多微生物药物的发酵所采用。

在工业上，发酵培养基中常采用含迅速和缓慢利用的混合碳源。

②氮源对发酵的影响及控制

A. 迅速利用的氮源　如氨基（或铵）态氮的氨基酸（或硫酸铵等）、玉米浆等。容易被菌体利用，能促进菌体生长，但对某些代谢产物的合成特别是某些抗生素的合成产生调节作用，影响产量。

B. 缓慢利用的氮源　延长代谢产物的分泌期、提高产物的产量；但一次投入也容易促进菌体生长和养分过早耗尽，致死菌体过早衰老而自溶，缩短产物的分泌期。

发酵培养基一般选用含有快速和慢速利用的混合氮源，还要在发酵过程中补加氮源来控制浓度。补加有机氮源，如酵母汁、玉米浆、尿素；补加无机氮源，如氨水或硫酸铵。

③磷酸盐对发酵的影响及控制　磷是微生物菌体生长繁殖所必需的成分，也是合成代谢产物所必需的。微生物生长良好所允许的磷酸盐浓度为 0.32～300 mmol/L，次级代谢产物合成良好所允许的磷酸盐最高平均浓度仅为 1.0 mmol/L。对磷酸盐浓度的控制，一般是在基础培养基中采用适当的浓度。

6. 发酵时间对发酵的影响及其控制　随着微生物发酵的进行，发酵培养基中的营养被不断消耗，微生物发酵产物随着营养的消耗从产生到增加到一个最大值。随着菌体细胞趋向衰老自溶，后期产物生产能力相应地减慢或停止，甚至下降。因此，确定微生物发酵的终点、控制发酵时间，可以减少能源的消耗、提高设备的使用率，对提高产物的生产能力和经济效益是很重要的。

在实际生产中，确定发酵周期及准确判断放罐时间，需要综合考虑经济因素、产品质量因素和特殊因素。

四、饲料发酵设备及机械

我国发酵饲料大都以固态发酵工艺为技术路线，主要经过接种、混合固体发酵、烘干处理和后处理 4 个生产工段。因此，常用的发酵饲料加工设备都以这 4 个工段的工艺要求为标准进行配套，各工段加工和衔接设备对工艺要求的适应性强弱对产品质量有着重要的影响。

（一）混合设备

混合是对原料进行接种的过程，同时加入有利于菌种繁殖的营养配料。发酵菌种、原料、配料的混合均匀度对固态发酵的效果起关键作用。目前，国内使用的混合机按照工作方式可分为间断式混合机和连续式混合机。

1. 间断式混合机　间断式混合机主要以双轴混合机和单轴混合机（图 5-1）为主。该种混合机采用转动的桨叶进行搅拌，可有效破坏原料与菌种的叠合层，减少离析状况。为适应发酵饲料高水分、黏性大的特性，减少动力消耗，对搅拌桨叶作了新的设计，适当减少搅拌桨叶面积，增加液体喷淋系统。改进后混合机的混合均匀性好、排料顺畅、辅助时间短，比较适合发酵饲料生产的要求。该种设备的优点在于单批次产量

图 5-1　双轴混合机和单轴混合机

（资料来源：高翔，2014）

大，混合均匀度好，结构简单，易于操作；缺点是能耗较大，不能连续操作，难以实现集成控制。

2. 连续式混合机 连续式混合机（图 5-2）的结构主要由供料器、管型壳体、转轴、桨叶和电机组成。物料通过进料口按固定输送量送入混合机，辅料或添加剂按配比通过辅料口定量输送进入混合机，电机带动混合机轴旋转，轴上桨叶将物料向前方翻动、抛起，反向桨叶与正向桨叶使物料形成一定对流将物料进行混合，最终将物料向出口输送，物料输送过程中完

图 5-2 连续式混合机
（资料来源：高翔，2014）

成混合，实现边进边出的连续作业。其优点是结构简单，占地面积小，可实现连续混合作业，容易实现无人作业；缺点是对原料、配料定量输送的要求很高，否则混合均匀度难以保证。

混合均匀度是影响产品质量的因素之一，应尽量使菌液均匀分布在原料中，以保证物料发酵均匀。除了发酵本身的技术外，物料的计量和输送精度是该系统的关键技术。在混合机内，相同的操作条件下，混合两种差别较大的物料会有不同的混合运动状态，有相互离析的倾向。由于原料的粒径比菌种粉的粒径大得多，因此容易沉积在混合机的底部，产生离析现象。在原料与菌种混合过程中同时加入液体，可降低混合物的流动性，有利于减少离析作用。在实际操作中，利用定量液体喷射设备把具有一定黏度的营养液，如糖蜜和水一起连续加入（喷入）原料中或将液体菌种直接喷射在物料表面，可取得较理想的效果。

（二）固态发酵设备

固态发酵是发酵饲料生产环节中最重要的工序，其设备运行的可靠性、适用性直接决定产品的品质和产量。培养微生物的发酵设备必须具备微生物稳定生长繁殖的条件，以获得稳定的质量和产量。目前，我国根据物料的周转形式将固态发酵分为静态式固态发酵和动态式固态发酵。静态式固态发酵的优点是占地小、操作方便、产量大，国内小型饲料企业一般采用这种方式。缺点：一是热量、氧气和其他营养物质的传递困难，从而导致物料内部温度、湿度、酸碱度和菌体生长状态不均匀，物料品质难以保证；二是这种方式大都人工作业，劳动强度大，易受杂菌污染。动态式固态发酵是通过固定容器进行发酵，能实现一定程度的自动化，发酵环境好，可以进行多种工艺操作，产品品质稳定；但设备造价高，维护不便。

1. 静态式固态发酵 静态式固态发酵根据物料布设方式的不同分为平地堆放式固态发酵、池式固态发酵、槽式固态发酵 3 种。物料发酵堆放高度为 0.5~0.8 m，堆放量为 200~400 kg/m²，场地面积根据实际情况可大可小，为了保温通常搭建薄膜式暖棚。

（1）平地堆放式固态发酵 平地堆放式固态发酵（图5-3）是目前中小型发酵饲料生产企业采用最多的方式。这种方法有足够空间就能实施作业，技术要求低，简便易行。但开放式的发酵环境，极易受到人为因素的影响。此外，平地堆放式固态发酵的物料周转，如装卸、搬运、翻料等完全需要人力进行，工人生产劳动强度极大，易将外界杂菌带入车间，这些不利因素对成品品质能造成极大影响。

图5-3 堆放式固态发酵
（资料来源：高翔，2014）

（2）池式固态发酵 池式固态发酵（图5-4）是将物料置于水泥砌面的地坑中进行固态发酵。地坑深度通常为1 m左右，宽度为2～5 m，呈长条状，地坑四壁做防水处理。这种方法减少了人为污染，利于保温，容易产生稳定的发酵环境。但是由于物料搬运困难，工人操作的劳动强度依然很大。由于地坑修建和物料周转十分烦琐，因此这种方式只适用于产量不大的生产企业，我国的饲料生产企业目前较少采用。

（3）槽式固态发酵 槽式固态发酵（图5-5）结合了平地堆放式固态发酵和池式固态发酵的优点。在地面砌墙规划成若干条发酵槽，墙高为1.2～1.5 m，墙体间隔为2.0～2.5 m，长度为15～30 m。这种方法使发酵生产条件有了较大的改善，尤其是大槽发酵利用两平行的墙体形成发酵区间，墙体上可安装布料、翻料设备，实现一些简易的机械化操作。但由于技术限制，因此这些设备需要工人现场操控，一定程度上影响了发酵环境。另外，发酵槽底层的物料仍然很难处理，残留物料不易清理，易霉变。物料最后的搬运工作仍然十分繁重。

图5-4 池式固态发酵
（资料来源：高翔，2014）

图5-5 槽式固态发酵
（资料来源：高翔，2014）

2. 动态式固态发酵 动态式固态发酵是将物料放在有机械动力的容器中能实现间断或连续的运动状态，由电气控制物料的周转，强化了传热和传质，自动化程度相对较

高，物料品质好，易实现自动化控制
和无人操作；但机械结构相对复杂，
灭菌消毒比较困难，产量大时所需设
备比较庞大，投资大。目前，我国常
见的动态式固态发酵设备有皮带式固
态发酵设备和车阵式固态发酵设备，
下面主要以皮带式固态发酵设备为例
进行简单介绍。

皮带式固态发酵设备（图 5-6）
是将物料放置于透气的尼龙材质皮带
上，料层高度为 $300\sim400$ mm，由链
轮机构拖动皮带缓慢运动，将物料直
接由混合接种端送到后续工段，物料

图 5-6　皮带式固态发酵设备
（资料来源：高翔，2014）

在输送时完成发酵过程。为节省场地空间，皮带由上往下可分成若干层，设备内部通常
有加温、排风、监测等部件。该设备动力结构简单，运行稳定可靠，内部环境调节设备
使发酵环境稳定，扩大规模较方便，投资相对不高。由于皮带式发酵是连续生产，因此
应变能力差，一旦出现故障会使整条生产线停产。此外，皮带输送易产生漏料等现象。
目前，国内一些大中型饲料企业，如宁波中瑞科技发展有限公司、山东海跃海洋开发有
限公司等使用此设备。

3. 干燥设备　干燥设备是通过加热使含水量较高的物料中的水分汽化逸出，以获
得所需含水量的物料。固态发酵后的饲料含水量通常在 $40\%\sim45\%$，必须使用干燥设
备将其水量降至 13% 以下，以利于保存和运输。干燥设备的选型需要通过干燥试验
掌握物料特性，了解物料所含水分的特点，绘制干燥曲线和干燥速度曲线，选择干燥设
备的种类和参数，制订操作方案。由于干燥温度对发酵饲料酶的活性有一定影响，因此
在干燥时需严格控制加热温度。目前，我国常用的干燥方式有流化床干燥、滚筒式干燥
和气流干燥。

（1）流化床干燥　将散状物料置于孔板上，空气加热后送入流化床底部经分布板与
物料接触，物料颗粒在气流中呈悬浮状态，犹如液体沸腾一样，这种干燥方式又称沸腾
干燥。在流化床干燥中，气流与物料能够充分混合，表面蒸发概率高，大大强化了两相
间的传热和传质。因此，床层内的温度比较均匀，且具有很高的热容量系数（或体积传
热系数），一般可达到 $8\,360\sim25\,080$ kJ/（$m^3\cdot h\cdot ℃$），生产能力高。此外，流化床干燥
的干燥速度快，物料在流化床里停留的时间可按工艺进行调整，产品含水量要求有变化
或原料含水量有波动时都适用。缺点是当物料黏性较大时，容易黏附在孔板上，随着物
料的黏聚干化堵塞气孔，使干燥效率大大降低。目前，有的企业在流化干燥机内部加装
正反转搅拌机构，一定程度上解决了孔板堵塞的问题。

（2）滚筒式干燥　具有干燥强度高、功率消耗低、结构简单、易于维护等优点，在
饲料工业中应用非常普遍。其主体为略微倾斜转动的滚筒，物料在抄料板的带动下在滚
筒中翻动，利用自由落体运动使物料在滚筒中向前翻动并与热空气接触，热空气蒸发并
带走物料中的水分，最后物料由出料口排出，饱和湿空气由引风机排出。滚筒式干燥的

主要优点是连续操作、处理量大、干燥速度快；缺点是设备笨重，黏性物料容易黏附在转筒壁和抄料板上，热空气不容易与其接触，影响干燥效率。

（3）气流干燥　是对流传热干燥的一种，也称"瞬间干燥"。在气流干燥过程中，物料在加热气体中分散，同时完成输送和干燥两种功能，特别适合粉末状或小颗粒等体积质量较轻的物料干燥作业。这种类型的设备适用于含水量小于等于 40％的物料，如果干燥成品要求含水量较低时，可采用二级气流干燥。气流干燥的优点是对流传热系数和传热温差大，干燥器的体积小，干燥速度快，物料停留时间短，可在高温下干燥，热利用率高，设备紧凑，结构简单，可以完全自动控制；缺点是气流在系统中的压降大，管壁与物料摩擦易磨损，在处理有黏性的物料时容易被黏附、被腐蚀。

第二节　发酵技术的应用

一、发酵饲料在畜禽生产中的应用

（一）在反刍动物生产中的应用

赵华等（2004）用氨基酸发酵剂发酵饲料饲喂泌乳牛，试验组每头泌乳牛平均日产标准乳 21.68 kg，未饲喂发酵饲料的对照组每头泌乳牛平均日产标准乳 19.47 kg，试验组比对照组提高产奶量 11.4％，差异极显著。张乃锋等（2004）的肉羊饲喂试验表明，苹果发酵饲料能够提高肉羊增重速度（平均日增重比对照组提高 2.08％），提高肉羊对疾病的抵抗力。

（二）在猪生产中的应用

何谦等（2008）给仔猪饲喂发酵饲料后动物肠道中大肠埃希氏菌数量降低，而肠道优势乳酸菌群数目上升。Ort 等（2018）通过试验发现，发酵后的基础日粮中游离磷比发酵前提高了 63.5％，提高了植酸磷的可利用水平，因而可减少植酸酶的使用，降低饲料成本。发酵后蛋白质被乳酸菌降解利用，成为小分子的胨或肽，更有利于仔猪的消化吸收。Kobashi 等（2008）给仔猪饲喂液体发酵饲料后发现，液体发酵饲料会引起肠道内乳酸菌数量的增加，这就暗示液体发酵饲料可能减少有害菌的数量。

（三）在家禽生产中的应用

张桂荣等（2008）在肉鸡日粮中适当添加玉米秸秆粉发酵饲料，不仅降低了饲料成本，而且由于减少投药量而改善了鸡肉品质，为生产绿色肉鸡产品提供了一个有效途径。朱立国（2007）在用发酵饲料对肉鸭的饲养试验中表明，发酵饲料可以提高鸭肉的适口性、降低料重比、提高屠宰性能、降低饲料成本等。

（四）在水产养殖中的应用

Luo 等（2004）在石斑鱼配合饲料中用发酵豆粕部分替代鱼粉的研究结果表明，饲料中添加 14％发酵豆粕后，石斑鱼的增重率与对照组比较没有显著差异，以后随着发酵豆粕添加量的上升，增重率显著下降。周国忠（1996）在鱼饲料中补加35％瘤胃饲料后，精饲料的节省量可观，这对节粮养鱼有很大的经济价值，很适于在水产养殖中推广应用。

二、秸秆发酵饲料的制备

（一）背景和意义

我国每年玉米种植面积约0.2亿hm^2，年产玉米秸秆超过5亿t。玉米秸秆是非常宝贵的生物资源。其中不仅蕴含着与普通粮食基本相当的总能（每3～4 kg无棒甜玉米秸秆发酵饲料的能量相当于1 kg玉米的能量，黄玉米秸秆与甜玉米秸秆相比能量降低30％），并且还含有许多对畜禽生长发育有益的营养物质，经过专业的发酵菌种加工工艺处理后，能够产生并积累大量的微生物菌体蛋白及有益的代谢产物，如氨基酸、有机酸、免疫球蛋白、维生素、消化酶、活化的微量元素和多种促生长因子，可开发成为成本低廉、效益可观的新型饲料资源。然而，目前农作物秸秆中仅有不足10％用于饲料加工，且主要用于饲喂牛、羊等反刍动物。其余的大部分秸秆被用来烧柴做饭，甚至在田间被直接焚烧，不仅造成严重的资源浪费，而且污染环境。如果把全国的玉米秸秆通过科学的发酵工艺加工处理来制作饲料，每年可获得相当于4 000万t的饲料粮，可节约全国饲料粮的50％，并带来可观的经济效益。

实践证明，发酵处理能够显著提高秸秆的营养价值，简单易行、省工省时，便于长期保存和长距离运输，既能充分利用资源，又能节省饲料粮，降低养殖成本，并且能够提高畜禽的免疫力和抗应激能力，降低发病率和死亡率，提高养殖的经济效益，因此具有十分广阔的市场前景。

（二）项目技术路线与工艺流程

以全国高科技农业循环产业发展中心微生物研究所自主研发为例，采用先进的微生物技术和高效率的农业机械设备，将新鲜的秸秆经过揉搓粉碎、添加秸秆发酵饲料专用菌种，然后压缩装袋密封进行厌氧发酵操作流程（图5-7），能加工生产出优质的猪、鸡、鸭、鹅、牛、羊等畜禽用秸秆发酵饲料。

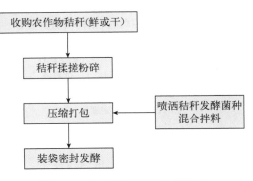

图5-7　秸秆发酵饲料操作流程

1. 揉搓粉碎　秸秆揉搓技术集切段、揉搓、破节于一体，解决了铡草机铡切秸秆后仍存在硬结和坚硬秸秆表皮的问题，适用于玉米秸秆青贮、黄贮。与传统铡切秸秆相比，玉米秸秆机械挤丝揉搓改传统横切为纵切成丝，提高了玉米秸秆的柔韧度和膨胀度，适口性好，家畜采食率可达100％。

2. 混合菌种　按1 kg秸秆发酵剂发酵秸秆250 kg的比例使用。先将发酵剂倒入30～35 ℃的温水中充分混合（夏季可用凉水），然后用新喷壶（喷雾器）将发酵剂均匀地喷洒在物料上，要一边喷洒一边翻倒，使之喷洒均匀。

3. 压缩打包　为满足秸秆的储存、运输及发电时上料的需要，各种松散牧草和秸秆要进行中、高密度打包。

4. 发酵　原理是通过有效微生物的生长繁殖使分泌的酸量增加，秸秆中的木聚糖链和木质素聚合物酯链被酶解，促使秸秆软化，体积膨胀，木质纤维素转化成糖类。连续重复发酵又使糖类二次转化成乳酸和挥发性脂肪酸，使 pH 降低到 4.5～5.0，抑制了腐败菌和其他有害菌类的繁殖，达到秸秆保鲜的目的。其中所含淀粉、蛋白质和纤维素等有机物降解为单糖、双糖、氨基酸及微量元素等，促使饲料变软、变香而更加适口。最终使那些不易被动物吸收利用的粗纤维转化成能被动物吸收的营养物质，提高了动物对粗纤维的消化率、吸收率和利用率。

（三）加工设备

1. 秸秆揉搓机　秸秆揉搓机由机架机构、送料机构、压扁切丝机构、揉搓机构、动力及传动系统电器控制机构 6 部分组成，其结构简图分别见图 5-8 和图 5-9。

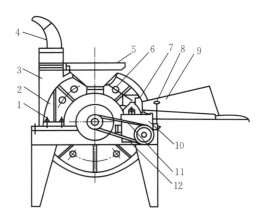

图 5-8　秸秆揉搓机结构横切面

1. 定盘固定螺径　2. 定盘　3. 上壳
4. 出料口　5. 料斗　6. 磨片固定螺栓
7. 进料架　8. 变速手柄　9. 进料槽
10. 变速箱　11. 三角带
12. 变速箱固定螺栓
（资料来源：徐东等，2011）

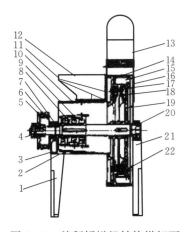

图 5-9　秸秆揉搓机结构纵切面

1. 支腿　2. 下机壳　3. 机架　4. 主轴　5. 大发带轮
6. 轴承　7. 前轴承序　8. 刀体　9. 动刀片　10. 上机壳
11. 调节插板　12. 料斗　13. 出料口　14. 定盘
15. 风扇　16. 上护罩　17. 定磨片　18. 动磨片
19. 动盘　20. 轴承　21. 下护罩　22. 磨片固定螺栓
（资料来源：徐东等，2011）

（1）工作原理　电动机通过皮带、链轮、链条、齿轮等的传动，带动送料辊及切丝辊，达到进料、挤压、切丝的目的；再通过皮带轮变速传动后，直接带动揉搓机主轴转动，完成揉搓功能。秸秆经送料盘进入接斗后，引导秸秆进入压扁切丝机构，压扁切丝机构的送料辊接触到秸秆后将其卷入开始自动进料，并与切丝辊共同作用，对秸秆进行挤压切丝。切丝辊将其纵向切为 2～3 mm 的长丝后，由后送料辊送往揉搓箱进行揉搓，揉搓机构有机组合排列的锤片在主轴带动下进行高速旋转，对经过切丝后的秸秆进行击打、撕裂、粉碎，并通过揉搓板进行揉搓，借助高速抛掷作用，将揉搓好的秸秆饲草经出料口送出机体外。电器控制系统的磁力驱动器属安全保护装置，若电动机出现过载、电流过大，揉搓机就会自动关机，以保护电机不被烧坏。

（2）故障原因及排除　排除故障时，必须关闭总电源。常见的故障是不进料或进料不畅，采取以下两种方式进行故障排除：①送料辊与切丝辊间隙过大或过小引起的送料切丝机构不进料。若间隙过大，则使上料辊不能充分接触和挤压秸秆，不能产生摩擦力。若间隙过小，则预留的空间小于挤压后秸秆的厚度而使其难以通过。排除的方法是根据秸秆粗细情况将送料辊与切丝辊间隙调整到适宜位置。②送料切丝机构传动皮带过松，造成打滑导致不进料的排除方法是将张紧轮后移，使其压紧皮带，拧紧螺栓即可重新正常工作。

2. 秸秆压缩打包机

（1）结构　是首先把秸秆等生物质原料粉碎压缩制成高效环保燃料或饲料，然后进行自动打包的设备，其结构示意图见图5-10。

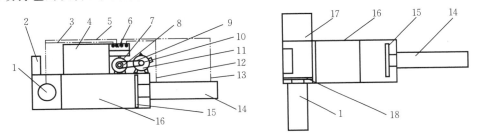

图5-10　秸秆压缩打包机结构示意图

1. 送包油缸　2. 控制箱　3. 送包进油管　4. 进料箱　5. 送包回油管　6. 液压油交换器　7. 液压油泵
8. 油泵皮带轮　9. 三角皮带　10. 电机皮带轮　11. 电动机　12. 压缩回油管　13. 压缩进油管
14. 压缩油缸　15. 压缩活塞　16. 料箱　17. 装袋口　18. 送包活塞

（资料来源：刘卫华等，2013）

（2）使用优点

① 自动化程度高、生产效率高、价格低、耗电量少、经济效益好。

② 物料适应性强，可广泛用于牧草、水稻、小麦、玉米秸秆、稻壳、花生壳等生物质原料打包。

③ 结构紧凑、使用方便、操作简单、性能可靠、自动化程度高、用工少。

④ 成型后的草捆体积小而紧凑，并且草捆内松外紧，透气性好，经打包后，体积可缩小2/3以上，可大大减少草场的占地面积。装卸运输方便，可充分利用运输工具的运输能力，一般运输能力可提高2~3倍，可节约劳动力及运输费用50%以上，解决了运输过程中因超高超宽带来的不安全问题等。

参考文献

高翔，虞宗敢，周荣，2014. 我国常用发酵饲料加工设备概述 [J]. 粮食与饲料工业，12（9）：47-51.

高月淑，许敬亮，袁振宏，等，2016. 半纤维素酶添加对碱处理甘蔗渣结构及酶解的影响 [J]. 化工进展，35（S1）：270-275.

何谦，吴同山，李岩，等，2008. 发酵饲料对规模化猪场断奶仔猪生产性能的影响 [J]. 畜牧与兽医，40 (6)：62-64.

刘卫华，朱虹，沈启扬，等，2013. 秸秆压缩打包机研究 [J]. 农业装备技术，39 (4)：13-14.

刘洋，2017. 中国甘蔗渣综合利用现状分析 [J]. 热带农业科学，37 (2)：91-95.

吴兆鹏，谭文兴，蚁细苗，等，2016. 甘蔗渣的饲用价值及其作为饲料应用的研究进展 [J]. 中国牛业科学，42 (5)：41-45.

徐东，王玉林，2011. 玉米秸秆饲草机械加工技术 [J]. 当代农机，3：72-74.

张桂荣，秦广军，王旭，等，2003. 肉仔鸡饲喂玉米秸秆粉发酵饲料初探 [J]. 中国家禽，14：20-21.

张乃锋，刁其玉，屠焰，等，2004. 果渣生物发酵和肉羊饲喂效果的研究 [J]. 中国草食动物科学 (S1)：134-137.

赵华，张玲，张娜，2004. 利用氨基酸发酵剂发酵饲料饲喂泌乳牛试验 [J]. 中国奶牛，3：27-28.

周国忠，1996. 人工瘤胃发酵饲料养鱼试验 [J]. 兽药饲料添加剂，3：7-9.

朱立国，2007. 肉鸭微生物发酵饲料的工艺研究及应用 [D]. 西安：西北大学.

Kobashi Y, Ohmori H, Tajima K, et al, 2008. Reduction of chlortetracycline-resistant *Escherichia coli* in weaned piglets fed fermented liquid feed [J]. Anaerobe, 14 (4)：201-204.

Luo Z, Liu Y J, Mai K, 2004. Partial replacement of fish meal by soybean protein in diets for grouper epinephelus coioides juveniles [J]. Journal of Fisheries of China, 28 (2)：75-81.

Ort S B, Aragona K M, Chapman C E, et al. 2018. The impact of direct-fed microbials and enzymes on the health and performance of dairy cows with emphasis on colostrum quality and serum immunoglobulin concentrations in calves [J]. Journal of Animal Physiology and Animal Nutrition, 102 (2)：e641-e652.

Saqib A A N, Whitney P J, 2011. Differential behaviour of the dinitrosalicylic acid (DNS) reagent towards mono- and di-saccharide sugars [J]. Biomass and Bioenergy, 35 (11)：4748-4750.

Shelke S K, Chhabra A, Puniya A K, et al. 2009. *In vitro*, degradation of sugarcane bagasse based ruminant rations using anaerobic fungi [J]. Annals of Microbiology, 59 (3)：415-418.

Zadrazil F, Puniya A K, 2015. Studies on the effect of particle size on solid-state fermentation of sugarcane bagasse into animal feed using white-rot fungi [J]. Bioresource Technology, 54 (1)：85-87.

第六章
酶法技术及其应用

第一节　酶法技术

　　酶是动物机体活细胞产生的一种具有高效生物催化活性的蛋白质，在机体内发挥着重要作用，能将各种大分子营养物质分解成可供机体吸收利用的小分子营养物质。研究表明，饲料中添加外源酶制剂，不仅不会影响内源酶活性，还能加快营养物质的吸收利用并进一步降低饲料成本。酶制剂作为一种新型高效的饲料添加剂，在提高畜禽生长性能和减少环境污染方面已经得到了饲料工业界的一致认可，同时也为各种新原料在饲料工业中的应用提供了可能。

一、酶法生产饲料的意义

　　对饲料中添加酶制剂的研究最早始于 20 世纪中叶。50 年代，Jensen 等将酶添加到鸡日粮中发现，其可以改善鸡的生产性能。70 年代，美国把微生物酶制剂添加到大麦饲料中，取得了显著效果，并引起了普遍重视，由此出现了世界上首个商品饲用酶制剂。但由于对其认识不足，因此相对于其他工业用酶饲用酶制剂发展速度缓慢，在饲料中大量应用酶制剂是从 90 年代开始的，且发展极为迅速，欧洲 90% 以上的饲料中添加了 β-葡聚糖酶，而世界范围内以大麦和小麦为基质的禽饲料中酶制剂添加率为 60%，猪饲料中酶制剂添加率达到了 80%。随着人们对动物营养学、饲料学研究的深入和集约化养殖的形成，饲用酶制剂的良好前景得以体现；同时，分子生物学和基因工程技术的发展，使饲用酶制剂的规模化廉价生产成为可能。饲用酶已成为世界工业酶产业中增长速度最快、势头最强劲的一部分。

　　目前，世界上生产用酶多达 300 多种，饲用酶近 20 种。其中，木聚糖酶、β-葡聚糖酶、植酸酶、α-半乳糖苷酶、β-甘露聚糖酶、蛋白酶和淀粉酶等是重要的几种饲用酶，它们多为消化性的水解系列酶。在饲料中使用酶制剂可以达到以下几个目的：消除饲料中的抗营养因子，如植酸酶和半纤维素酶可降解饲料中的植酸、木聚糖和葡聚糖等；补充动物内源酶，如蛋白酶、脂肪酶等。我国是畜牧业大国，在畜牧业中推广应用这些新产品有着更为重大的意义。第一，可以缓解饲料资源短缺问题。我国养殖业产品的产需处于刚性增长态势，到 2020 年我国饲料需求量预计将达 2.5 亿 t，饲料粮缺口将逐渐增加，应用饲用酶可消除饲料粮中的抗营养因子，提高饲料转化率，节约饲料资源。第二，减轻环境污染。应用酶制剂可大大减少畜禽排泄物中有机物、氮、磷等的排出量，从而大幅度减少它们对土壤和水体环境的污染。第三，提供更为安全的动物产品。一方面，酶本身是一种蛋白质，是由生物产生的天然产物，无任何毒副作用、无残留，已被公认为"绿色"添加剂；另一方面，它还具有预防动物疾病、改善动物健康的作用。在饲料中应用酶制剂可减少抗生素等对人体有害的饲料添加剂的使用，对获得优质、安全的动物产品有重要意义。

二、饲用酶及酶制剂

饲用酶的作用主要有 3 个方面：一是补充动物自身消化酶分泌的不足，防止生产性能下降；二是添加动物体内缺乏的植物细胞壁物质分解酶和植酸酶等，扩大动物对饲料养分的利用范围，提高动物对非常规饲料的利用率；三是提高营养物质特别是氮和磷的消化利用，有效减少饲料成分大量排放造成的养殖业环境污染。应用于饲料中的酶有淀粉酶、蛋白酶、纤维素酶、半纤维素酶、果胶酶、脂肪酶及植酸酶等。这些酶主要来源于微生物（包括细菌、真菌、酵母）发酵物，部分来源于植物组织和动物组织（或消化液）。

1. 饲用酶制剂的分类

（1）根据饲料中所含酶的种类，饲用酶制剂主要可分为两类：消化性酶制剂和非消化性酶制剂。

① 消化性酶制剂　饲料中常用的消化性酶制剂有 α-淀粉酶、糖化酶、酸性蛋白酶和中性蛋白酶，主要辅助动物消化道酶系作用，将淀粉和蛋白质降解为易被吸收的小分子物质。

② 非消化性酶制剂　主要包括木聚糖酶、果胶酶、甘露聚糖酶、β-葡聚糖酶、纤维素酶等非淀粉多糖酶和植酸酶。非淀粉多糖酶通过破坏植物细胞壁，分解纤维素、半纤维素和果胶等非淀粉多糖（non-starch polysaccharides，NSP），既把这些不可利用的多糖分解成可被消化吸收的小分子糖类，又可以暴露被细胞壁保护的淀粉蛋白等，使其被更充分地吸收和利用，同时降低因可溶 NSP 造成的黏稠食糜的黏度。植酸酶催化植酸盐的水解反应，使其中的磷以无机磷的形式游离出来，可提高饲料中磷和其他养分的利用率。

（2）根据产品中所含酶的种类，饲用酶制剂一般可分为单一酶制剂和复合酶制剂。目前，市场上的商品饲用酶制剂大多数以复合酶制剂的形式销售，如溢多酶、保安生等。一般来说，复合酶制剂比单一酶制剂效果好，但并不意味着复合酶制剂中酶种类越多越好。复合酶制剂有两种，多数由几种单一酶混合调制而成，还有一种是由一种微生物产生含多种酶系的复合酶制剂，后者具有很好的发展前途，是饲用酶制剂发展的方向。与饲用单一酶制剂相比，复合酶制剂中存在多种酶，其中主要为非淀粉多糖酶，某些产品还含有一些外源消化性酶，如蛋白酶、淀粉酶等；复合酶制剂中各种酶发挥着互相补充、相辅相成的效果，在各种酶共同作用下，动物饲料中一些抗营养因子被破坏，因而可以促进动物生长，提高动物免疫力，增进动物健康。大量试验表明，将复合酶制剂添加到不同动物种类的不同基础日粮中均有显著作用，动物生产性能都有一定程度的提高。

(3) 根据酶作用的日粮底物，饲用酶制剂可分为以下几类：

① 低黏度日粮用酶制剂　适用于常规玉米-豆粕日粮的酶制剂，其主要酶种是消化性酶种及木聚糖酶、果胶酶和甘露聚糖酶等。

② 高黏度日粮用酶制剂　适用于大麦、小麦等麦类作物，以及麸皮、米糠等谷物副产品用量较多的日粮。以木聚糖酶、β-葡聚糖酶等半纤维素酶为主，主要是解决动物肠道黏度的问题。

③ 高纤维日粮用酶制剂　指稻谷、糟渣、草粉等含量较高的日粮，其主要酶种是纤维素酶、果胶酶及木聚糖酶等，主要作用是消除纤维对营养物质的屏障作用。

(4) 根据酶活含量的高低及在饲料中的添加量，饲用酶制剂可分为普通酶和浓缩酶两大类。

普通酶添加量一般为 1~2 kg，浓缩酶添加量多为每吨配合饲料 100~500 g。浓缩酶由于添加量小、相对单位使用成本低、占用饲料配方空间小等优点，发展速度很快，多数饲用酶制剂厂家均推出了相应产品，甚至有厂家推出了添加量为每吨配合饲料 5~25 g 的超浓缩饲用酶制剂。

2. 饲用酶的作用

(1) 补充内源酶的不足，激活内源酶的分泌　外源酶有助于改善消化道内环境，如平衡内源酶的分泌，减少肠黏膜细胞的脱落，减少维持需要。不仅如此，外源酶制剂的添加还能改变消化部位，使某些物质的消化场所由盲肠转移到小肠，减少后肠微生物发酵，提高饲料转化率和动物的生产能力。

(2) 改善日粮品质，提高日粮消化率　大麦、小麦、稻谷等谷物饲料，含有 β-葡聚糖、戊聚糖等抗营养因子，造成动物对这些饲料转化率下降、生长不良，以及产生黏粪、污染环境，因此严重制约了这类谷物在饲料中的应用。饲用酶制剂在饲料中的应用会适当降低日粮营养水平，但对肉鸭和蛋鸡的生产性能不会有显著影响。粮食加工副产品与适当的外源酶联合使用可获得最佳养分利用率，瑞士和其他欧洲国家已广泛使用这些加工副产品。在瑞士，酶制剂的应用使猪饲料成分的 60%、家禽饲料成分的 30%来自粮食加工副产品。目前，在集约化生产中大多数肉仔鸡日粮中都会添加碳水化合物酶，以改善日粮品质，提高日粮营养物质的消化利用率。

(3) 消除饲料原料非淀粉多糖类抗营养因子，提高动物生产性能　酶的功能主要是通过消除饲料中抗营养因子、改善动物机体的消化机能来实现的。抗营养因子主要是集中在植物细胞壁与细胞间质中的纤维化多糖、基质性多糖及成壳物质、植酸等。单胃动物几乎不能产生降解抗营养因子的酶，饲料中有针对性地添加一些复合酶可以消除抗营养因子。例如，大麦、小麦等饲料中含有较多的非淀粉多糖，非淀粉多糖通过多种方式影响饲料的营养价值和动物对饲料的消化吸收作用。饲料中水溶性淀粉多糖使食糜水分含量增加，黏度增大，进而使肠道内容物体积和黏度增加，排空速度减慢，肠道中微生物大量繁殖，分解利用食糜中的养分，影响了动物对饲料的消化和对养分的吸收。日粮中添加饲用酶后，饲料中的抗营养因子能得以消除。消化道食糜黏度的下降使得养分和内源消化酶能够自由扩散、充分接触，便于消化酶发挥作用。

(4) 参与动物内分泌调节，提高机体代谢水平　酶制剂可显著提高畜禽胰岛素样生长因子-1（insulin-like growth factor-1，IGF-1）水平。饲用酶作用于日粮中的碳水化合物，可能改变其结构，产生一些对机体具有调节作用的活性物质，增进某些代谢激素（三碘甲状腺原氨酸、人生长激素、促甲状腺激素、IGF-1等）的活性、提高机体代谢水平、促进蛋白质的合成、抑制蛋白质的分解，从而提高畜禽的生产性能。此外，酶制剂还有抑制有害微生物繁殖和提高机体免疫力的功能。国外科研人员的研究表明，病原菌细胞表面或绒毛上具有类丁质结构（植物凝血素质），它们能识别动物肠壁细胞上的"特异性糖类"受体，并易与之结合，并在肠壁上发育繁殖，导致肠道疾病的发生。糖结构的多变性是决定结合作用的关键，由于病原菌的结合受体具有特异性，因此当肠道中存在一定量的与这些病原菌结合受体结构相似的寡糖时，寡糖就会竞争性地与病原菌结合，从而减少病原菌与肠黏膜上皮细胞结合的机会，使其得不到所需的营养而处于饥饿状态，甚至引起死亡，从而失去致病力。据报道，外加的甘露糖可同时与上皮细胞的甘露糖受体结合，当甘露糖达一定浓度时，可使肠道上皮的甘露糖受体位点饱和，即使病原菌已附在肠黏膜上皮上，甘露糖也可将它吸附下来，即甘露糖可竞争性地吸附病原菌。王玲和张惠玲（2000）也报道，添加酶制剂能使肉鸡粪便中的大肠埃希氏菌数量降低48%。

（5）改善动物产品品质　熊国平等（2000）报道，在猪日粮中添加500 IU k91的植酸酶用以替代饲料中75%的磷酸氢钙，能提高屠宰率、胴体瘦肉率及后腿比例。高峰等（2003）研究表明，添加0.1%和0.296%的复合酶制剂能显著提高蛋鸡的产蛋率、降低破蛋率和增加平均蛋重。

（6）促进营养物质的消化吸收，减少环境污染　袁磊等（2001）研究表明，一个万头猪场每天排出的粪尿量约为20 t，其中钙和磷的含量分别达到17.0%和16.76%。在饲料中添加酶制剂，如蛋白酶和植酸酶等，可以减少日粮钙、磷的添加量，从而降低畜禽氮、磷和其他矿物元素的排放量，有利于保护环境。此外，在黏性谷物的饲料中添加非淀粉多糖（NSP），可降低食糜和排泄物的黏度，改善蛋壳清洁度，同时避免垫料含水量过高和有害菌的大量繁殖，从而改善养殖环境。

3. 饲用酶的选择和使用

（1）针对畜禽内源消化酶分泌不足选择使用消化酶　对于猪和家禽，在一些特殊的生长发育阶段和饲养管理条件下会出现内源消化酶分泌不足。选用适当的消化酶弥补内源消化酶的不足，可以提高畜禽生产力和饲料转化率。肉仔鸡的采食量远大于蛋用雏鸡，但两者胰腺消化酶的分泌量近似。在同样的消化酶水平下肉仔鸡要处理更多的食糜，在肉仔鸡日粮中补加外源性消化酶可能更有效。

温度和酸碱度是影响酶作用效果的两大环境因素，各种酶都具有各自最适宜（具有最大活性）的，甚至是维持其结构和性质稳定性的环境温度及酸碱度。家禽和猪肠道酸碱度及温度相差较大，适用于猪的酶制剂品种或酶活数量不一定适用于家禽。同一类酶（如蛋白酶）可能有不同的来源和性质，如有植物、细菌和真菌来源，不同来源的同一类酶也可能有不同的环境适应性。例如，就酸碱度而言，地衣芽孢杆菌分泌的蛋白酶的稳定pH为8~11，最适pH为10.5，这对于家禽就毫无意义；枯草杆菌分泌的蛋白酶的稳定pH为6~9，最适pH为7.5；木瓜蛋白酶的稳定pH为3.5~8，最适pH为5~7。来源不同的单酶因其适宜的作用温度、pH、底物等不同，所以应考虑不同来源的单酶之间的协同性问题。在猪和家禽日粮中添加外源酶对内源消化酶的分泌有一定的促进作用。

（2）针对目标底物（日粮类型）选用酶制剂种类　酶作用底物的特异性，使得饲用酶制剂要发挥优良的效果，在应用时就必须考虑饲料原料的特性。不同饲料原料的组成和化学结构都有特殊性。在小麦和黑麦中主要的非淀粉多糖是阿拉伯木聚糖，而在大麦和燕麦中除了阿拉伯木聚糖外主要是 β-葡聚糖，豆科种子中主要是果胶。由此可见，用于小麦-豆粕型饲料的酶应主要是木聚糖酶、果胶酶和纤维素酶，而用于大麦-豆粕型饲料的则主要是 β-葡聚糖酶、果胶酶、木聚糖酶和纤维素酶。对任一底物的降解都是多种酶协同作用的结果。例如，单一的木聚糖内切酶不能完全降解木聚糖，还需要其他多种酶的协同作用才能彻底降解木聚糖。由于日粮中含有多种多样的非淀粉多糖，因此需要更为广泛的酶谱去降解这些底物。

植物饲料原料中的植酸相对上述碳水化合物而言比较简单，它具有固定的化学结构和特性，在植酸酶的使用方面要考虑的因素也就简单得多。

（3）根据目标底物含量确定酶制剂的适宜用量　在日粮中使用非消化酶类的目的在于提高饲料中畜禽依靠内源酶不能消化的物质的利用率或消除其抗营养作用。若底物量过少，添加酶制剂就不会产生明显的改进效果；若底物量过多，添加的酶制剂的量或酶活性不充足，则所能降解的底物数量有限，效果也不佳。这就要求底物与酶制剂用量之间应有适宜的比例关系，根据目标底物含量确定添加酶制剂的用量。

目前，外源酶制剂尚不能完全降解经过强大的内源消化酶消化后的剩余物。即使添加了外源酶制剂，养分的消化率仅提高 2%～4%，大多数未消化的部分则随排泄物排出体外。添加外源酶制剂后产生的能量效应，大多数来源于包被养分（如淀粉、蛋白质、脂肪等）的释放。因此，我们不能指望添加外源酶制剂来完全降解日粮中的底物。

饲用酶制剂中绝大多数酶活力大小的度量还没有统一的标准。由于测定所选用的酸碱度、温度和底物对酶活力测定结果的影响很大，表现出从酶活力指标难以判断饲用酶制剂的质量优劣，具有相同酶活力的产品其使用效果差异较大。

4. 饲用酶制剂添加技术及其特点　为了实现饲用酶制剂的科学添加，人们进行了许多研究和探索。早期添加的是固体饲用酶制剂，一般在配合饲料制粒前的混合工艺中投入混合设备。这种将固体饲用酶制剂在饲料混合工艺中进行添加的方式，设备投资小、操作简单、实施方便，饲用酶制剂成分在配合饲料产品中分布均匀。然而混合均匀后的饲料经过制粒工艺后，由于受到制粒机的高温、高压和高强度搓擦等机械加工作用，饲用酶制剂就会遭到显著破坏，酶活性损失严重，给饲料工业带来了不必要的经济损失。

随着饲料工业科学技术的不断向前发展，饲用酶制剂出现了液体添加形式，主要有前置添加和后置添加两种形式。

前置添加是在混合、制粒前的调质器或熟化器中添加，而后置添加是在制粒机的环模外、后熟化或冷却筛分后添加。前置添加由于酶的热敏问题没有得到很好的解决而比较少见。后置添加是液体酶制剂常用的添加方式，常见的有直接添加酶制剂悬浊液（或胶体）、酶制剂液体喷雾添加和酶制剂液体真空添加 3 种形式。因为该方式可以使酶制剂和热敏性微量组分免受制粒机之类加工设备的高温、高压和高机械作用力的损害，所以大大提高了饲料产品的质量，安全、可靠，目前应用较为广泛。

酶制剂液体添加形式及应用和发展主要决定于其自身的优缺点。

（1）优点　提高饲料产品质量，降低其生产成本，可以缩短产品存放周期，减少营养损失，能够显著降低交叉污染的概率，减少酶制剂等微量组分的残留损失，改善生产环境，减少粉尘污染。

（2）缺点　添加工艺相对复杂，需要专用机械设备，生产成本增加，饲料产品价格提高，对中小型饲料生产方式适应性不强，比较适合大中型饲料企业的批量生产。

5. 饲用酶制剂机械设备　我国在这方面的研究及应用起步于 20 世纪 80 年代。液体添加剂的机械设备种类不多，生产厂家很少，到现在为止，机型种类不如国外多。以 LC-50 型喷涂机为代表的立式离心雾化喷涂机和以国外某公司早期产品 DMwT 系列为模型的卧式液体喷涂机，是常见的液体添加剂机械设备。某研究院研制的 LC-50 立式液体喷涂机（图 6-1）是我国在吸收国外先进技术的基础上自行研制的。主要是通过锥形盘雾化液滴，与饲料薄层帘相碰撞完成液体添加剂的均匀喷涂添加，多用于油脂的添加。

某公司生产的 SYPL15 差重式连续液体喷涂机（图 6-2），采用差重批次计量原理，用静态称重法来保证动态的连续式计量精度，以确保流动固体物料与液体喷涂量的准确性。其工作原理是成型饲料经过差重式流量秤计量后，经螺旋输送入倾斜滚筒，受滚筒的转动，在成型饲料翻转并前移的同时进行喷涂。

 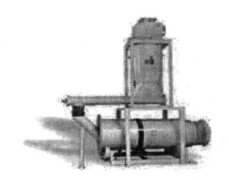

图 6-1　LC-50 立式液体喷涂机　　　　　图 6-2　SYPL15 差重式连续液体喷涂机

另外，某公司生产的 SYTZ（15、30、60）系列间歇式液体添加系统（图 6-3）也主要是用于饲料中间歇式油脂、糖蜜等液体营养成分的添加。系统配有微电脑自动控制系统，罐内温度及液体有关工作参数均可实现自动控制，是一种机电一体化产品。其他类型的液体喷涂机，置于制粒或膨化工序后面，用于如膨化料和颗粒饲料的油脂、酶制剂、维生素、风味剂、着色剂、抗氧化剂、氨基酸等液体的表面喷涂添加。液体喷涂精确度较高，自动化程度高，操作维护方便，但颗粒饲料破损率较高。

某公司生产的 SYPG-100 滚筒式液体喷涂机（图 6-4），专为颗粒饲料成品后喷涂目的而设计。它利用滚筒使物料不停地运动，高压喷嘴喷出雾状液体与颗粒表面充分接触，以保证喷涂的均匀率、颗粒表面的吸收率及光洁度和耐水性，主要用于颗粒饲料产品冷却后的喷涂。这种机型内置 PLC 微电脑，不仅可实现齿轮泵的自动控制和喷头的自动结合，还可以根据设定的输入参数自动检测喂料量、自动调整添加液体量等，比较适合颗粒饲料油脂、糖蜜、活性酶、有机酸等添加剂的表面喷涂添加。

图 6-3　间歇式液体添加系统　　　图 6-4　SYPG-100 滚筒式液体喷涂机

　　1999 年，甘肃省动物营养研究所提出了一种较为简单、实用的酶制剂添加方法：在颗粒饲料制粒后，伴随颗粒冷却将酶制剂与稀释保护剂以喷涂方式添加进去，并以同样方式喷涂油脂加以保护。其中，喷涂的酶制剂为商品酶制剂与稀释保护剂的混合黏稠液体，可用玉米粉等调和制成。保护油脂稍微加热后喷涂效果更好，但是这种方法喷涂均匀率比较差，且保护剂有可能因为颗粒翻滚而不能完成酶制剂的保护。

第二节　酶法技术的应用

一、对秸秆饲料的处理

　　在秸秆饲料的使用和转化过程中，大多会添加纤维素酶和木聚糖酶针对秸秆的主要成分纤维素和半纤维素进行处理。这两种酶不仅有助于秸秆中主要成分糖化的催化，而且对动物的消化也起着积极的作用。陈荣珠等（2013）指出，纤维素酶加入饲料不仅有利于饲料的吸收，而且能提高动物的免疫力。赵政等（2019）以高含水量的春季玉米秸秆为原料，进行添加乳酸菌和纤维素酶的青贮饲料发酵试验，证明在发酵过程中添加乳酸菌和纤维素酶，可有效防止青贮饲料腐败、提高青贮饲料的营养品质，纤维素酶的用量为 0.30% 时效果最佳，此时腐败率低于 1.4%、粗蛋白质含量为 3.49%、氨态氮与总氮质量比为 6.60、丁酸含量为 0、中性洗涤纤维含量为 11.48%、酸性洗涤纤维含量为 7.02%、酸性木质素含量为 1.42%。

二、对茶渣的处理

　　酶法提取茶渣蛋白质的原理是利用蛋白酶能对茶渣蛋白质进行修饰和降解的功能，

使茶渣蛋白质部分降解，肽链变短，分子质量变小。蛋白质酶在水解蛋白质的同时也能将与蛋白质相连的其他物质水解，从而提高茶渣蛋白质的溶出率。其基本工艺流程为：茶叶→加水（配成一定的液固比）→调节 pH→加酶振荡提取→加热钝化酶→离心分离→蛋白质提取液。酶法提取不会引起营养物质的破坏，改善了蛋白质的营养价值和功能性质。茶渣蛋白质经蛋白酶部分水解不仅溶解性和营养价值得到提高，而且茶渣蛋白质特定肽链的降解还可能产生具有多种活性的生物活性肽，因此酶法提取有助于拓宽茶渣蛋白质的应用范围。

利用茶叶深加工后产生的废弃茶渣提取茶渣蛋白质，经风味蛋白酶酶解以制备茶渣蛋白质水解产物，并将其作为饲料添加剂添加到仔猪饲料中，当添加量为 0.5%～1.0%时，酶解产物能有效提高仔猪的生长性能，改善仔猪的机体免疫能力，提高胰和十二指肠中消化酶的活性。

三、对锦鸡儿（柠条）的处理

锦鸡儿，豆科，落叶灌木，旱生，在内蒙古自治区有五六个种，通称为柠条。其嫩枝、叶和花为羊和骆驼所喜食，可用于放牧或将其粉碎成粉，饲喂家畜，这是内蒙古中西部地区农牧民的实践经验。在内蒙古中西部，能够加工草粉作为畜禽粗饲料利用的锦鸡儿有 3 个种，即小叶锦鸡儿、中间锦鸡儿和柠条锦鸡儿。柠条草粉的饲用价值很高，虽属多纤维饲料、适口性差、饲料消化率和饲料转化率较低，但却是很有发展潜力和前景的天然绿色粗饲料资源。在多纤维的柠条草粉中，直接添加适量的酶制剂添加剂的方法有 2 种：一是直接添加法，即体内酶解。就是将酶制剂直接添加到饲料中饲喂畜禽，通过酶在畜禽体内进行催化，来提高饲料消化率和饲料转化率。这种方法使用简便、易行，可用单一的酶制剂（如纤维素酶、半纤维素酶和木质素酶等）或混合酶制剂。混合酶制剂是将蛋白水解酶与淀粉酶等混合而成，或是由细菌发酵而生成混合酶制剂，2 种均具有较好的效果。二是体外酶解法。即先将底物用酶制剂酶解后再喂畜禽，提供酶作用时所需的一定条件，如调酸（pH）、控温，使酶与底物充分酶解，最大限度地发挥酶的活力（如青贮型和微贮型秸秆发酵剂），以获得最终的理想产物。这种方法效果明显，但对养殖场（户）来说，需具备一定的条件和设备。酶制剂应以粉状为最佳，以便于采用某一种载体（如柠条细草粉），将某一种单一或多种酶制剂稀释后，再通过搅拌机（或人工）均匀地直接添加在饲用的柠条草粉或混合饲料中。在饲料中无论采用哪种方法、添加何种酶制剂，只有按照不同饲料和不同畜禽的生长发育时期，有针对性地确定适宜的酶制剂和添加量，才能充分发挥酶制剂的有效作用，降低生产成本。如"多酶宝""采禾秸秆发酵剂""鸿龙复合酶制剂"每千克的零售价为 10 元左右，一般添加量为 1～3 kg/t，每吨柠条草粉添加酶制剂的成本仅增加 1.0～3.0 元，对柠条草粉销售价格影响不大，但效果显著。

酶制剂添加剂均具有活性高、性能好、稳定性强、有效期长等优点，以添加酶制剂的柠条草粉或压制成颗粒饲喂畜禽，不仅可提高其消化率和转化率，而且可以延长其保鲜期。

为提高柠条草粉的适口性，一是可将柠条草粉与青贮饲料（如玉米青贮）或多汁块根饲料、青干草或精饲料混合饲喂，或在饲喂柠条草粉时加入 2%～5%的玉米面或 1%～2%的豆饼水，来提高畜禽的采食率和柠条草粉适口性。待畜禽采食习惯后，可根据需要，再单独饲喂柠条草粉。二是要按照畜禽营养原理和不同畜禽不同生长发育时期对营养的需要（即饲养标准），以及当地饲料资源情况及所饲喂的精粗饲料种类营养成分，制订出满足畜禽营养需要，粮耗和成本最低的科学而合理的饲料配方，确定不同畜禽不同生长发育时期柠条草粉的适宜添加量，这是饲料加工厂和养殖场（户）从事生产经营的核心问题。三是可在加入柠条草粉的饲料中加入适量的腐植酸钠（以含黄腐酸 60%的腐植酸钠质量为最好），效果更佳，可有效地减少畜禽胃肠疾病，提高畜禽免疫力和抗病力。

四、酶制剂在畜禽生产中的应用

在柠条草粉或添加柠条草粉的饲料中添加适量的酶制剂是可行的。美国于 1983 年在断奶仔猪料中加入淀粉酶、蛋白酶及纤维酶进行试验。结果发现，酶能使仔猪增重，饲料转化率显著提高。据 Pearse Lyons 博士于 1987 年的试验研究，在含有未加工大麦的猪日粮中加入 β-葡萄糖酶，饲料转化率提高了 7%，母猪日粮（含大麦）中加入 β-葡萄糖酶，所产仔猪断奶时体重增加。美国用 895 头仔猪进行的 13 次试验表明，在以大豆为主的日粮中添加胃蛋白酶，1～5 周龄仔猪增重可提高 10%～40%，饲料转化率提高 80%～110%。美国还在含有大麦的日粮中，在粗纤维含量较高的情况下添加酶制剂，结果雏鸡的增重提高了 11.6%～17.5%，并降低了饲料消耗，以每磅*添加 1 g 酶制剂的效果最好，可使大麦的营养价值接近于玉米。美国在 325 头育肥牛日粮中添加酶制剂的试验表明，凡加喂酶的牛，各组日粮平均增重较对照组提高 7%。

苏联在育肥猪日粮中添加 4% α-淀粉酶后，试验组育肥猪增重比对照组提高 8%，节约饲料 9%～12%。他们在早期断奶仔猪日粮中添加不同品种的酶制剂：1 组为对照组，2 组添加 0.01%淀粉糊精酶制剂，3 组添加 0.01%淀粉蛋白酶制剂，试验时间为仔猪 20 日龄断奶后至 2 月龄。结果表明，2 组、3 组仔猪平均活重分别比对照组提高 16%和 14.6%。2 月龄至 4 月龄，试验组停喂酶制剂，结果生长强度比对照组低；4 月龄后，试验组再次加入酶制剂，试验组育肥猪的活重明显超过对照组。消化试验表明，添加酶制剂的日粮有机物质消化率为 79.59%，而对照组为 77.29%，除无氮浸出物外，其他如粗蛋白质、粗纤维和粗脂肪等的消化率均比对照组高，其中以试验 2 组消化率为最高。

苏联用枯草杆菌发酵制成的 α-淀粉酶对肉用仔鸡进行了试验，从 1 日龄开始至 56 日龄结束，α-淀粉酶添加量分别为 0.04%、0.2%和 0.4%。结果表明，以添加 0.4% α-淀粉酶的效果最好，可以提高增重 8%，料重比降低 7%。苏联也在牛的日粮中添加酶制剂，还在舍饲、放牧条件下用 20～25 日龄的犊牛进行过 3 次试验。结果表明，在犊牛日粮中添加酶制剂能加速犊牛生长，增重提高 5.5%～20.1%，降低饲料消耗 5.5%～16.7%。

＊　磅为非法定计量单位。1lb=0.453 592 37 kg。——编者注

　　我国研究人员发现，在断奶仔猪日粮中添加酸性蛋白酶，能促进仔猪生长，每头每天添加 1 g 酸性蛋白酶的试验组断奶仔猪增重效果最明显，比对照组高 19.4%。酸性蛋白酶的适宜 pH 为 2.5～4.0，这与仔猪胃内 pH 相近。因此，添加酸性蛋白酶有利于提高饲料中蛋白质的可消化性。在淀粉酶试验组中，以每头每天添加淀粉酶 1 g 的增重速度为最高，其中 45 日龄和 60 日龄 2 个试验组增重率分别比对照组提高 20.3% 和 19.2%，增重差异极为显著。

　　综上所述，添加蛋白水解酶和淀粉酶比其他酶效果好，但日粮的特性对添加酶制剂也有一定影响：当日粮蛋白质含量低于 10%（平均 9.7%）时，添加酶制剂可使畜禽增重平均提高 10%，饲料消耗降低 8%；当日粮蛋白质含量高于 10%（平均 11.1%）时，添加酶制剂平均仅提高 3%，饲料消耗平均也只降低 2%。

➡**参考文献**

陈荣珠，张明亮，蔡少丽，等，2013. 浅谈纤维素酶及其应用 [J]. 农产品加工（学刊）(4)：55 - 58.

高峰，杨育才，王小红，等，2003. 植酸酶替代产蛋鸡日粮中磷酸氢钙的研究 [J]. 兽药与饲料添加剂，8（4）：6 - 7.

王玲，张惠玲，2000. 复合酶制剂对肉雏鸡消化机能的影响 [J]. 饲料工业，9：32 - 33.

熊国平，王淑云，王小颜，等，2000. 植酸酶替代无机磷饲喂肉猪试验报告 [J]. 江西畜牧兽医杂志（3）：8 - 9.

袁磊，朱立贤，宋志刚，等，2001. 应用植酸酶降低粪磷排放量的研究 [J]. 28（3）：10 - 11.

赵政，陈学文，朱梅芳，等，2009. 添加乳酸菌和纤维素酶对玉米秸秆青贮饲料品质的影响 [J]. 广西农业科学，40（7）：919 - 922.

Lyons T P, 1987. Biotechnology in the feed industry [C]. Nicholasville, Kentucky, USA：Alltech Technical Publications.

第七章
其他技术及其应用

第一节 脱壳技术及应用

一、脱壳技术

油料皮及壳的存在会使副产品饼粕中含有一些对动物生长不利的成分，如硫苷、植酸等，使其营养价值大大降低。脱壳是菜粕进行深度开发利用必不可少的前处理工艺。对脱壳菜粕进行深加工，可得到饲料蛋白质等一系列极有价值的产品。

（一）脱壳技术分类及脱壳原理

1. 撞击法脱壳 撞击法脱壳（碰撞脱壳）工作原理：物料籽粒在高速运动时突然受到碰撞阻碍而产生碰撞力，利用这个碰撞力可使物料籽粒外壳破碎，达到脱壳的目的。碰撞脱壳法典型的设备为利用离心力碰撞脱壳的离心脱壳机，其由1个高速转动的甩料盘和固定在甩料盘四周的阻板组成。当亚麻籽进入甩料盘，将获得一个较大的离心力，在离心力的作用下亚麻籽高速碰撞壁面，其外壳因碰撞而产生裂缝。当亚麻籽弹开壁面时，由于亚麻籽外壳和亚麻仁因其本身的物理弹性不同，从而获得不同的运动速度，亚麻仁的弹性小获得的速度小，亚麻籽外壳弹性大获得的速度大，亚麻仁和壳之间有速度差，亚麻仁阻止了亚麻籽外壳迅速向外运动，亚麻仁会在裂缝处裂开，从而使得壳仁分离，实现亚麻籽的脱壳。此法适用于仁壳结合力小、仁壳间隙大且外壳较脆的籽粒脱壳。影响碰撞脱壳法的因素有籽粒的水分含量、甩料盘的转速、甩料盘的结构特点等。

2. 碾搓法脱壳 碾搓法脱壳（摩擦脱壳）原理：运用磨料在摩擦物料时产生的摩擦力与剪切力使物料外壳破碎，达到脱壳的目的。当前碾搓法脱壳典型的设备为碾米机，其由1个固定的筛网和1个转动的磨石组成。当物料籽粒经过进料口进入筛网和磨石的间隙中，磨石转动就会使物料籽粒在筛网的作用下受到因磨石重力给物料的挤压力，因磨石转动给物料的摩擦力和因磨石上的磨纹给物料的剪切力，物料籽粒外壳在挤压力、摩擦力和剪切力的共同作用下产生裂纹直到破裂，最后实现壳仁脱离，进而达到脱壳的目的。碾搓法脱壳的影响因素有物料籽粒的水分含量、磨石材料、磨石转速、磨石和筛网的工作间隙、磨石上磨纹的形状和物料籽粒的均匀度等。

3. 剪切法脱壳　籽粒在固定刀架和转鼓间受到相对运动着的刀板的剪切力作用时，外壳被切裂并打开，实现外壳与籽仁的分离。其典型设备为由刀板转鼓和刀板座为主要工作部件的刀板剥壳机，在刀板转鼓和刀板座上均装有刀板，刀板座呈凹形，带有调节机构，可根据籽粒的大小调节刀板座与刀板转鼓之间的间隙。当刀板转鼓旋转时，与刀板之间产生剪切作用，使物料外壳破裂和脱落。该法主要适用于棉籽，特别是对带绒棉籽的剥壳，效果较好。由于其工作面较小，故易发生漏籽现象，重剥率较高。影响因素有原料水分含量、转鼓转速的高低、刀板之间的间隙大小等。

4. 挤压法脱壳　挤压法脱壳靠1对直径相同、转动方向相反、转速相等的圆柱辊调整到适当间隙，使籽粒通过间隙时受到辊的挤压而破壳。其典型设备是对辊式杏核脱壳机。籽粒能否顺利地进入两挤压辊的间隙，取决于挤压辊及与籽粒接触的情况。要使籽粒在两挤压辊间被挤压破壳，籽粒首先必须被夹住，然后被卷入两辊间隙被挤压破壳。当籽粒质量较小可以忽略时，在 $\alpha<\varphi$（α 为啮入角，φ 为挤压辊与籽粒表面间的摩擦角时）为挤压辊夹住籽粒的条件。两挤压辊间的间隙大小是影响籽粒破碎率和脱壳率高低的重要因素。辊式剥壳机适合于壳较坚硬的物料的剥壳。

5. 搓撕法脱壳　搓撕法脱壳是利用相对转动的橡胶辊筒对籽粒进行搓撕作用而进行脱壳的，2只胶辊水平放置，分别以不同转速相对转动，辊面之间存在一定的线速差，橡胶辊具有一定的弹性。其摩擦系数较大，籽粒进入胶辊工作区时，与两辊面相接触，如果此时籽粒符合被辊子啮入的条件，即啮入角小于摩擦角，就能顺利进入两辊间。此时，籽粒在被拉入辊间的同时，受到两个不同方向的摩擦力的撕搓作用。另外，籽粒又受到两辊面的法向挤压力的作用，当籽粒到达辊子中心连线附近时法向挤压力最大，籽粒受压产生弹性-塑性变形，此时籽粒的外壳也将在挤压作用下破裂，在上述相反方向撕搓力的作用下完成脱壳过程。影响脱壳性能的因素有：线速差、胶压辊的硬度、轧入角、轧辊半径、轧辊间隙等。

6. 摩擦法脱壳　对于千粒重较大的物料颗粒，可采用直接接触法脱壳；而对于千粒重较小的物料颗粒，即使是调节间隙也不能使物料与设备都直接接触，如谷物等。其脱壳去皮采用碾米机。碾米机的核心部分是碾白室。糙米进入碾白室，主要靠米粒与米粒间、米粒与碾米机构造（铁辊、米筛、米机盖、米刀）间的擦离作用剥离米皮。

（二）新型脱壳技术

受提高原有产品质量及新产品开发的需要，需要脱壳的物料种类越来越多，而应用成熟的设备与方法不能解决上述问题，因而各种新的方法不断涌现。

1. 压力膨胀法　原理是先使一定压力的气体进入籽粒壳内，并维持一段时间，以使籽粒内外达到气压平衡，然后瞬间卸压，内外压力平衡被打破，壳体内气体在高压作用下产生巨大的爆破力而冲破壳体，从而达到脱壳的目的。主要影响因素有充气压力、稳定压力维持时间、籽粒的含水量等。

2. 能量法　原理是让籽粒进入一个高压高温环境中经受一定时间的高压高温作用，使大量热量聚集于籽粒壳内，随后籽粒瞬间脱离高温高压环境，此时聚集在籽粒壳与仁间的压力瞬时爆破，实现脱壳的目的。

3. 真空法　将籽粒放在真空爆壳机中，在真空条件下，将具有相当水分的籽粒加热到一定温度，在真空泵的抽吸下，籽粒吸热使其外壳的水分不断蒸发而被移除，其韧性与强度降低，脆性大大增加；另外，真空作用又使壳外压力降低，壳内部处于较高压力状态。壳内的压力达到一定数值时，就会使外壳爆裂。

4. 激光法　指用激光逐个切割坚果外壳。用这种方法几乎能够达到 100% 的整仁率，但因其费用昂贵、效率低下等原因，很难得到推广。

5. 超声波法　采用超声波发生器产生大于 20 kHz 的超声波作用在籽粒外表面上，经冲击、碰撞、摩擦等多种力综合作用进行破壳。可应用于破碎结构不太坚硬的坚果，如花生、瓜子等。

6. 电击式　菜籽在高水压的作用下机械变形，可实现脱皮。

7. 复合型　利用不止一种脱壳原理，将其有机地组合在一起，以克服和弥补单一脱壳机的不足，实现籽粒的高效脱壳。

脱壳技术可提高饼粕的经济价值和使用价值。张麟（2014）指出，油菜籽经脱壳制油，可将菜粕的粗蛋白质含量从 35%～40% 提高到 45%～48%（N×6.25，干基），且颜色外观改变，抗营养因子减少，喂饲的适口性改善，使脱壳菜粕成为可代替豆粕的优质饲用蛋白质资源。蓝峰等（2012）设计的油茶果脱壳清选机构，实现了油茶果快速脱壳和壳籽快速分离，且具有效果好、结构简单与性能稳定等特点。余礼明等（2012）研制的油料籽脱壳与分离设备，结构简单、工艺合理、技术指标先进，其脱壳率为 85%，仁中含壳率为 4%，壳中含仁率小于 1%。

（三）物料脱壳工艺

物料原料经清理，除去大小杂物及瘪籽，干燥处理至含水量＜8% 并进行冷却后，送入脱壳机进行脱壳加工；脱壳后的仁壳混合物再送入仁壳分离机进行仁壳分离，一次分离出的籽粒即可达到要求的技术指标，能直接送后工序膨化、浸出制油。另外，分离出的壳中还含有少量碎仁，还需要进行筛选，筛选后的壳可达到要求的技术指标，筛下的碎仁也送后工序制油（图 7-1）。

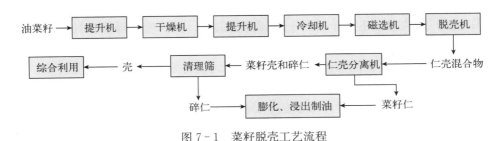

图 7-1　菜籽脱壳工艺流程

（四）脱壳设备

发达国家在花生脱壳方面的研究起步较早，脱壳技术与设备较先进。20 世纪 80 年代初，美国的 LIANG 公司研制了一种脱壳设备，该设备能够在对物料尺寸分级的同时对其进行破壳。美国的 Prussia 和 Verma（1981）又试图通过碰撞的机理研制一种新型脱壳设备。目前，国外一些技术先进的国家，已经实现了花生脱壳的机械化。自 20 世纪 60 年代以来，我国虽已有多种花生脱壳设备面世，但在脱壳技术研究方面一直没有大的突破，脱壳部件的研制仍处于 20 世纪 90 年代初的技术水平，在改善脱壳性能、有效降低花生破损率等方面始终没有实质性的突破。

（五）发展我国花生脱壳技术与设备的建议

在花生生产过程中，花生脱壳是一项要求严格、耗时较多的作业。目前，国内所用的多是传统机械式花生脱壳设备，尽管在研究与改进中性能得到不断改善，但是机械脱壳花生破损率仍然很高。针对现有花生脱壳技术与设备普遍存在的问题，在今后研制与推广应用过程中，应努力做到以下两方面。

1. 加强脱壳工艺与脱壳机理研究　加强花生脱壳工艺和脱壳机理研究，在对不同脱壳工艺和不同脱壳机理进行系统比较和研究的基础上，提出先进、实用的脱壳技术和脱壳机理，为开发花生脱壳设备奠定理论基础。

2. 加强脱壳部件参数试验与优化设计　国内花生脱壳技术与设备的生产厂家多、机型多，但现有设备还不完善、不成熟，制造成本高，存在性能不稳定、脱壳率低、破损率高等问题，直接影响到花生脱壳技术与设备推广应用及健康发展。解决以上诸多问题，进一步提高生产率，需要在花生脱壳设备关键部件的参数试验与优化设计方面有所突破。

二、脱壳技术在饼粕类饲料中的应用

油料皮和壳的存在会使副产品饼粕中含有一些对动物生长不利的成分，如硫苷、植酸等，使其营养价值大大降低。而脱壳技术可以简化制油工艺，避免有害物质和抗营养因子进入油中，从而提高产品质量，改善饼粕品质，有利于制油副产品（饼粕）的开发利用，提高其经济价值和使用价值。

棉籽是我国的重要油料之一。在制油前必须除去外壳，因为棉籽属带壳油料，棉籽含壳量为 40%～55%，而壳中含油量仅为 0.3%～1.0%，且棉壳坚硬。棉仁中不仅含有 30%～40% 的油脂，还含有 31%～38% 的蛋白质，提油后所得棉粕具有很高的饲用价值。当棉仁中含壳量过多时，会降低棉粕中的蛋白质含量，影响饲用价值。除去棉壳不仅可减少油分损失，提高棉粕质量，而且能增大设备处理量，减轻设备磨损。

油菜籽含 12%～19% 的壳，壳中含有 30% 以上的粗纤维，菜籽中绝大部分的芥子碱、色素、植酸、单宁等抗营养因子也主要存在于菜籽壳中。带壳压榨的菜籽饼粕含有抗营养因子，不仅使菜籽饼的适口性差，而且降低了矿物物元素的利用率。油菜籽脱壳制油，不仅可以有效改善菜油的品质和色泽，还可将菜籽粕的粗蛋白质含量从 35%～40% 提高到 45%～48%（N×6.25，干基），且颜色改变，抗营养因子减少，喂饲的适口性改善，使脱壳菜粕成为可代替豆粕的优质饲用蛋白质资源。油菜籽脱壳后制油，还可以使制油设备磨损减缓，使用寿命延长，处理能力提高，精炼工艺简化，能耗降低，有利于提高菜油和菜籽粕的经济价值及使用价值。

花生饼粕是以脱壳花生果为原料，经压榨或浸提去油后的副产品。花生饼粕中含有丰富的活性成分——黄酮类、氨基酸、蛋白质、鞣质、糖类、三萜或甾体类化合物等，花生饼粕中 Mg、K、Ca、Fe、Na 和 Zn 含量较高，是很好的矿物质营养源。花生饼粕中粗蛋白质含量为 $47\%\sim55\%$，与豆粕中的蛋白质含量接近，比大豆蛋白更易吸收。花生饼粕含有的抗营养因子比豆粕少。花生饼粕的代谢能是粕类饲料中可利用能量水平最高的，适口性很好，适合作为禽、畜、水产饲料的植物性蛋白质原料。

第二节　超高压技术及应用

一、超高压技术

在我国高压技术领域，把超过 100 MPa 的压力称为超高压，具有超高压的环境称为超高压环境。超高压环境一般只能在一定范围、一定容器内实现，也有在空间爆炸瞬间产生的超高压。能承受超高压的容器称为超高压容器，常把产生与维持超高压的一系列技术称为超高压技术。

（一）发展历程

火药的发明，为火炮的出现提供了必要条件。在火炮发射时，点燃后的弹药在炮筒内会产生很高的压力，使炮弹加速。这时炮筒成了一个瞬时的压力容器，这个压力在当时来说可被称为超高压。

在 18 世纪末，Perkins 公司进行了一项试验，用来确定水的可压缩系数。在这项试验中，他采用了一个火炮炮筒作为压力容器，试验时的压力达到了 200 MPa。

1869—1894 年，Amagat 和 Caillete 进行了一系列超高压技术的研究，这些工作奠定了超高压技术的科学研究基础。他们所做试验的最高压力是 300 MPa。

1887 年，Geologe Spring 公司在研究早期地下矿物质的形成过程中，所进行的试验压力为 600 MPa。1953—1954 年，ASEA 和 GEC 研制人造金刚石，那时要研究制造出人造金刚石必须建立 5 000 MPa 的压力。而就目前情况来讲，5 000 MPa 的压力也仍然是一个超出想象的压力值。

超高压技术发展的早期，由于技术落后等原因，超高压相关设备制造比较困难，大大限制了超高压技术在食品科学领域中的应用。直到 20 世纪 80 年代，美国、日本和欧洲等发达国家及地区才加大超高压技术的研究力度，相关技术及设备也得到了发展和大范围的应用，引起了科研工作者和消费者的极大关注。我国超高压技术的研究始于 20 世纪 90 年代中期，起步较晚，基础薄弱，但取得了一些有价值的研究成果，为超高压技术在我国的发展及应用打下了坚实基础。

（二）作用机理

超高压技术，又被称为高静压技术，一般是指将密封于柔性容器内的饲料置于以水或其他液体作为传压介质的压力体系中，采用 100 MPa 以上的压力处理饲料，在超高压加工过程中，饲料在液体介质中被压缩，超高压产生的极高静压不但能影响细胞的形态，还能使那些能形成生物大分子立体结构的氢键、离子键和疏水键等非共价键发生变化，改变其空间结构，使之发生某些不可逆的变化，该过程也可被用来改善饲料的组织结构。由于超高压处理的温度较低，与传统的食品热处理工艺相比，具有减少饲料营养成分流失和保持饲料色、香、味等特点，因此超高压技术被认为是饲料加工和保藏新技术中最有潜力的一种。

在超高压下，饲料中的小分子（水分子）之间的距离要缩短，而蛋白质等大分子组成的物质仍保持球状，这时水分子等小分子就要产生渗透和填充效果，进入并黏附在蛋白质等大分子基团内的氨基酸周围，使蛋白质等饲料中生物大分子链在加工压力由超高压降为常压后被拉长，从而导致其全部或部分立体结构被破坏，这样便改变了蛋白质的性质（简称为"变性"）。超高压同样能导致酶全部或部分立体结构被破坏，这样便使酶失去活性（简称为"失活"）。微生物也是由蛋白质组成的，由于在超高压下蛋白质会变性，因此微生物因内部组织被破坏而死亡。另外，在超高压下，饲料中某些物质的分子会穿透组成微生物的细胞膜，致使微生物的细胞膜遭受损坏，甚至被彻底破坏，从而可以达到灭菌消毒的目的（简称"灭菌"）。超高压对细菌孢子的影响主要是在压力被释放的瞬间，此时被加压的液体以极高的绝热速率运动，对细胞组织产生很大的冲击。根据这种观点，加压与卸压不断交替进行对孢子的灭杀效果远比纯粹的超高压要好得多。

此外，饲料产品中的糖度、盐离子浓度、含水量、饲料组成和pH等因素都不同程度地影响微生物的生存繁殖，所以超高压与其中一些条件，如产品的pH、温度、化学添加剂、包装袋中的分压及气调等恰当地结合起来就可以获得更好的灭菌消毒效果，特别是对孢子的灭杀，也可进一步获得更好的保藏效果。

（三）特点

超高压处理基本是一个物理过程，其进行产品加工具有的独特之处在于它不会使物料的温度升高，而只是作用于非共价键，共价键基本不被破坏，所以对物料原有的色、香、味及营养成分的影响较小。这也是超高压技术在目前各种物料杀菌、加工技术领域所独具的特点：瞬间压缩、作用均匀、时间短、操作安全、耗能低、污染少，能更好地保持产品的原风味和天然营养，通过组织变性，得到新物性产品。

二、超高压技术在蛋白质类饲料中的应用

（一）在大豆蛋白中的应用

大豆中含有 40% 蛋白质和 20% 油脂（以干基计算），是一种营养丰富的食品原料。大豆蛋白的 80% 是由盐溶性的 11S 大豆球蛋白、7S 的 β-伴球蛋白和 γ-伴球蛋白组成的。除此之外，大豆蛋白还含有少量的 2S α-伴球蛋白、9S 球蛋白和 15S 球蛋白等。目前，国内外在大豆蛋白超高压加工方面开展了较为深入的研究。其中，Omi 等（1999）将大豆种子浸入蒸馏水中，在 300 MPa、20 ℃ 条件下对其处理 0～180 min。研究发现，0.5%～2.5% 的种子总蛋白溶入蒸馏水中，而经超高压处理的样品与未经超高压处理的样品相比，两者在形状、颜色、尺寸方面没有明显变化。随着压力的增加，种子蛋白在蒸馏水中的溶解度逐渐增大。进一步对溶解的蛋白质进行分析，其主要成分是分子质量为 27 ku 和 16 ku 的 7S 球蛋白；而在 700 MPa 超高压时，11S 球蛋白和 2S α-

伴球蛋白也开始溶入蒸馏水中。

李汴生等（2004）对高压处理后大豆分离蛋白溶解性和流变特性的变化及其机理进行了研究。经 400 MPa、15 min 高压处理，低浓度大豆分离蛋白溶液中蛋白质的溶解性显著提高。经超高压处理后，大豆分离蛋白溶液的表观黏度增加，其储存模量 G' 和损耗模量 G'' 也随着处理压力的提高而增大。在低于超 400 MPa 高压处理时，大豆分离蛋白分子发生一定程度的解聚和伸展，蛋白质电荷分布加强，颗粒减小。使高压处理大豆分离蛋白分子结构的改变是导致其有关理化性质发生变化的根本原因。

张宏康等（2001）研究了超高压条件下大豆分离蛋白溶液的凝胶特性，发现只有在大豆分离蛋白溶液质量分数达到一定值后才能形成凝胶，且凝胶强度随着大豆分离蛋白溶液中的蛋白质含量、温度及处理压力的增加而增强。与热处理形成的凝胶相比，超高压处理得到的凝胶强度大，外观更平滑、更细致。

毕会敏等（2004）研究发现，超高压处理使大豆分离蛋白膜液的稳定性提高，膜的抗张强度增大，断裂伸长率、透氧率减小，热水速溶率恒定，膜表面更加平滑、细致、透明。在试验范围内，最佳的处理条件为压力 400 MPa，保压时间 10 min。

（二）在花生蛋白中的应用

花生蛋白营养丰富，但溶解性、乳化性差而限制了其在食品工业中的开发应用。针对此现状，纵伟和陈怡平（2007）研究超高压处理压力、时间、浓度、pH 等多种因素对花生分离蛋白溶解性的影响。发现在压力为 100～500 MPa 时，在同一压力下，随加压时间的延长，花生分离蛋白的溶解性逐渐提高；在浓度为 1%～4% 时，花生分离蛋白的浓度越高，超高压处理后的溶解度就越大；在 pH 为 6～9 时超高压处理，花生分离蛋白的溶解性随 pH 的增加而增大。

第三节　辐照技术及其应用

一、辐照技术

辐照技术是利用射线的穿透性，杀死被照物表面或内部的各种微生物或昆虫，或者抑制其某些生理活动的进程，起到延长产品储存保鲜期的作用。由于射线没有残留，杀虫灭菌彻底，因此辐照产品卫生、安全、可靠；辐照加工属于冷加工，不会引起物料内部温度的明显增加，可以保持其香味、外观及品质；同时它又是物理加工，不需要添加任何化学药剂，且辐照处理可以改变某些食品的工艺质量，如辐照过的大豆制品更容易被人体消化吸收等。大豆制品多采用 ^{60}Co 辐照，既能符合安全标准，同时又能延长货架期。在大豆加工中，辐照技术一般可用于脱水或半脱水包装豆制品的杀菌保鲜。

（一）饲料辐照加工的安全性

饲料辐照是人类利用核技术开发出来的一项新型的饲料储存技术，其工作原理是经过一定剂量的电离射线（^{60}Co‐γ 线或 137Cs‐γ 线或电子加速器产生的电子束——最大能量为 10 MeV，或 X 线——最大能量为 5 MeV）的辐照，杀灭了饲料中的害虫，消除了饲料中的病原微生物及其他腐败细菌或抑制饲料中某些生物的活性和生理过程，从而达到饲料储存的目的。尤其是 γ 线或 X 线具有强大的穿透能力，对经过包装的饲料同样可以达到杀虫、灭菌的目的，并可以防止被病原微生物及害虫的再度感染，因而可以在常温下长期储存。

饲料辐照加工是采用 $^{60}Co - γ$ 线照射饲料，以达到灭菌的目的，不会产生辐照残留，如同食品的加热除菌和水的加氯消毒一样，是一个物理加工过程，不会对动物体造成损害。1980 年，国际原子能机构（International Atomic Energy Agency，IAEA）、联合国粮食及农业组织（Food and Agriculture Organization of the United Nations，FAO）、世界卫生组织（World Health Organization，WHO）的专家委员会在日内瓦宣告：10 kGy 以下平均剂量处理的任何食品都是安全的；1997 年 FAO/IAEA/WHO 高剂量研究小组宣告，超过 10 kGy 高剂量辐照的食品也是安全的；1999 年 10 月，FAO/IAEA/WHO 又发布了"不必要设置一个更高剂量上限"的结论，并指出"在当前技术可达到的任何剂量的处理下，这些食品都是安全的和具有营养适宜性的"。以这些法律法规、技术标准为依据，足可以认定辐照饲料是安全的。20 世纪 70 年代后，国外采用辐照灭菌方法对实验动物饲料进行加工已成为常规，我国上海、江苏等地也已采用辐照饲料饲养实验动物，试验结果均较为理想。

（二）饲料辐照加工的灭菌效果

辐照灭菌储存饲料技术的优越性有：辐照储存不需要加入添加物，与加热、冷冻等方法一样，是一种物理保存法，且属于冷处理技术，具有许多传统储存法不可比拟的优点：

1. 射线穿透力强　可对预先包装好的饲料通过剂量控制和辐照工艺进行均匀而彻底的处理，相比于热处理杀菌，辐照过程较易控制。

2. 冷加工　辐照处理是冷加工，可保持食品原有的鲜度和风味，有的甚至可提高食品的工艺质量。

3. 无残留　辐照饲料不会留下任何残留物。

4. 节省能源　与热处理、干燥和冷冻储存食品法相比，辐照处理的能耗可降低 50%～90%。

5. 可对包装好的饲料进行杀菌处理　消除了在饲料生产和制备过程中可能出现的严重交叉污染问题，且杀菌效果好。

6. 可适用于大规模加工　辐照灭菌速度快、操作简便、经济、省力，适于大规模加工。

（三）辐照灭菌对饲料营养成分的影响

动物饲料中营养物质的稳定性是不同的。一般来说，维生素的稳定性最差，蛋白质次之，微量元素最稳定。传统的灭菌方法大都对饲料营养成分造成较大的破坏，使其营养价值大大降低。

与高温高压灭菌法等传统方法对饲料营养成分造成严重破坏不同，辐照采用 γ 线照射饲料的方法灭菌，对饲料组织结构和营养成分的破坏均较小，基本可保持饲料的营养价值。

1. 对蛋白质的影响　蛋白质分子经辐照后会发生变性现象，如紫外线吸收光谱发生变化、蛋白质分子发生裂解及裂解后的小分子聚合、释放 H_2S、黏度和电泳性质有变化、形成羰基、结构和抗原性改变，以及蛋白质酶解能力的变化和氨基酸的破坏等。这些变化会使蛋白质的颜色发生改变，使核蛋白失去生物过程中的功能，以及使饲料的功能性质发生改变等。对辐照食品中蛋白质、氨基酸和酶解产物的分析，以及用辐照饲料饲养动物进行的研究都证明，经适宜剂量（50 kGy 以下）照射的食品，其蛋白质营养成分无明显变化，氨基酸组分恒定。

2. 对脂肪的影响　脂肪分子经辐照后会发生氧化、脱羧、氢化、脱氢等变化，产生典型的氧化产物、过氧化物和还原产物。它取决于脂肪的类型、不饱和程度、照射剂量、氧气的存在与否等。饱和脂肪一般是稳定的，不饱和脂肪则易氧化，氧化程度与照射剂量成正比。并且对许多植物油和鱼油进行辐照的结果表明，只有较大剂量（100 kGy 以上）辐照时，其物理性质，如熔点、折射率、介电常数、黏度和密度才发生显著变化。同时研究还表明，用 40～50 kGy 的射线辐照后，脂肪的同化作用和热能价值并不发生改变，营养价值毫无变化。

3. 对碳水化合物的影响　碳水化合物分子经辐照后相对比较稳定，只在大剂量辐照后才引起氧化和分解，如多糖类会放出 H_2、CO、CO_2 等气体，而且变得易于水解和松脆，黏度下降，熔点和旋光度下降，但主要还是引起光谱和多糖结构的变化。一般情况下，糖类对辐照是很稳定的，只要采用杀菌剂量照射，糖类的消化率和营养价值几乎不受到影响。使用 20～50 kGy 的剂量不会使糖类的食品质量发生变化，其营养价值并不因射线照射而改变。

4. 对维生素的影响　维生素分子对辐照较为敏感，特别是维生素 E 和维生素 K 对其更为敏感，水溶性维生素对其也较为敏感。水的间接作用对辐照有较大影响。如果在低氧或密封条件下辐照，敏感性会大大减弱。而维生素 B_3（烟酸）对辐照很不敏感，维生素 D 对辐照也相当稳定。

（四）辐照杀菌主要设备

1. 射线辐照杀菌设备　目前，世界先进的 γ 线农产品辐照杀菌设备主要采用动态步进方式。其主要由 γ 辐射源、辐射源升降系统、辐照室、农产品传输系统、剂量测量系统、通风系统、安全连锁控制系统等部分组成。其中，γ 辐射源的比活度一般为 0.74～4.44 TBq/g（20～120 Ci/g），辐照室屏蔽体外的剂量率不超过 2.5U Sv/h。在辐照杀菌设备的构件中，剂量测量系统进行辐射安全监测和工艺剂量监测，前者用于监测辐射源的工作状态，后者用于监测辐照场和农产品的剂量分布与剂量限值。安全连锁控制系统的功能：一是防止和避免对工作人员造成人身辐照事故；二是控制辐射加工过程中按工艺要求完成各种工况作业，确保操作安全和农产品辐照质量。目前，世界上 γ 线农产品辐照杀菌设备的类型和规格型号较多。关于 γ 线农产品辐照杀菌设备技术参数的制定，必须严格按照不同农产品物料的辐照工艺标准进行选择，设备选型时要按照规定选择。

2. 电子束辐照杀菌设备　电子束农产品辐照杀菌是指用电子加速器产生的电子束

对农产品进行辐照杀菌。设备构成包括三大部分：一是电子加速器、农产品传输系统、辐射安全连锁系统、农产品装卸和储存装置；二是供电、冷却、通风等辅助设备；三是控制室、剂量测量和农产品质量检验等设施。由于电子加速器产生的电子束具有辐射功率大、剂量率高、加工速度快、产量大、辐照成本低、便于进行大规模生产等许多优点，因此在农产品加工等领域得到了广泛应用。目前，世界上生产电子束农产品辐照杀菌设备的国家较多，其机型也多种多样，代表性的公司有美国 L-3/TITAN 公司、加拿大 NORDION 公司、英国 Amersham 公司、俄罗斯 MAYAK 公司、日本日新高压公司等。其中，美国 L-3/TITAN 公司生产的电子束农产品辐照杀菌设备，受到美国许多重要单位和国际组织的认可及支持，主要包括美国农业部、美国食品与药品管理局、美国卫生部、美国医学会等多个部门和世界卫生组织、联合国粮食及农业组织、国际食品法典委员会等。电子束农产品辐照杀菌设备的配置方式，有单电子束辐照杀菌配置和双电子束辐照杀菌配置。

二、辐照技术在大宗非粮型饲料资源加工中的应用

辐照处理是指采用离子射线对蛋白质原料进行处理，如 γ 线、高能电子束和 X 线等。辐照处理的最大优点是对营养成分的影响较小，可有效去除植物性蛋白质中的植酸、胰蛋白酶抑制剂等抗营养因子。

（一）在棉籽粕饲料加工中的应用

辐照处理能有效提高棉籽粕的饲用价值。Ebrahimi-Mahmoudabad 和 Taghinejad（2011）采用 15 kGy、30 kGy 和 45 kGy 不同强度的电子束处理棉籽粕后发现，棉酚含量与照射强度呈显著负相关。同时，电子束辐照还显著提高了棉籽粕的蛋白体外消化率。Shawrang 等（2011）采用 γ 线和高能电子束分别以 10 kGy、15 kGy、20 kGy、25 kGy 和 30 kGy 5 个不同能量强度对棉籽粕进行辐照时进一步证实，辐照能够显著降低棉籽粕中的游离棉酚（FG）含量，并发现 25 kGy 的辐照强度可以降低棉籽粕中棉酚至可被肉鸡安全利用的范围之内。

（二）在控制大豆霉变中的应用

大豆是我国植物油脂和植物性蛋白质的重要来源，在我国粮食及饲料生产中具有重要地位。然而，大豆在温度不当和湿度不当的条件下储存、运输均有可能造成霉变，一旦霉变将极大地影响其使用价值和经济价值。据统计，有超过 40 种的细菌、真菌及病毒可以感染大豆种子。一方面，霉变使大豆的表观特征发生改变，如表面出现霉斑、表皮发生褶皱；另一方面，霉变使大豆的化学成分发生变化，如油脂酸败、蛋白质变性。但最为严重的是霉菌在生长繁殖过程中产生了次级代谢产物，这些次级代谢产物（如黄曲霉毒素、T-2 毒素、呕吐毒素和 F-2 毒素）多具有致病和致癌作用。因此，大豆霉变后的主要危害来源是霉菌毒素。黄曲霉毒素是最常见也是毒性很强的霉菌毒素之一，对其进行脱除研究具有重要意义。

紫外线照射法和 γ 线辐照法是两种物理脱毒方法，它们均能有效控制和杀灭微生物

及真菌病原体。早期的报道表明，这两种方法对黄曲霉毒素均具有一定的降解能力，然而这些报道主要集中于单一技术对溶液中黄曲霉毒素降解的研究，而以粮食本身为研究主体的报道却并不多见，同时也并没有对这两种技术的耦合效应进行研究。

（三）在秸秆饲料加工中的应用

秸秆中不仅含有丰富的纤维、木质素、淀粉、粗蛋白质、酶等有机物，而且含有丰富的氮、磷、钾等营养元素，其所含营养成分不亚于粮食本身。我国有用农作物秸秆转化为畜禽饲料的传统，因此采用高效、方便、快捷的秸秆处理方法进行秸秆处理，是综合利用秸秆发展畜牧业的重要途径。然而，秸秆饲料中营养物质的稳定性是不同的。一般来说，维生素稳定性最差，蛋白质次之，微量元素最稳定。对饲料处理的传统方法大都对其中的营养成分造成较严重的破坏，使其营养价值大大降低；而化学处理方法的处理时间长，纤维素分解率和粗蛋白质的转化率较低，经化学处理后的秸秆饲料中维生素和氨基酸的含量较低，胰酶抑制因子即抗性蛋白难以变性，导致饲料转化率难以提高，杂菌含量较高，易腐烂，不易保存。2009 年 5 月 6 日，《一种通过 γ 射线辐照提高粗饲料利用率的方法》的发明专利指出，利用 γ 线超强的穿透能力打破坚固的植物细胞壁，释放细胞内水溶性还原总糖，提高秸秆饲料的营养价值，方法简单、易于操作。

辐照处理秸秆饲料的工艺步骤如下：

1. 粉碎　将秸秆粉碎成 1～5 cm 大小的秸秆颗粒。

2. 颗粒浸泡　首先对粉碎后的秸秆颗粒进行碱化处理或氨化处理，然后将处理后的秸秆颗粒在盐水溶液中浸泡 6～12 h。其中，盐水溶液中的盐为氯化钠，盐水溶液的质量百分比浓度为 2%～8%。

3. 颗粒脱水　将处理后的秸秆颗粒脱水至含水量为 5%～10%。

4. 秸秆颗粒的电子束射线辐照　将脱水后的秸秆颗粒通过电子加速器进行电子束射线辐照，辐照剂量为 15～20 kGy。

5. 颗粒化　将辐照处理后的秸秆颗粒通过造粒机制成所需大小的颗粒。

6. 筛分和包装　对秸秆饲料颗粒进行筛分和包装。

该处理方法中秸秆饲料的照射剂量较低，束能量转率高，吸收剂量高，饲料不存在辐照残留的风险，纤维素、半纤维素和木质素的破键和溶解效果好，秸秆中胰酶抑制因子即抗性蛋白易变性，饲料转化率高，且细菌含量少，易于储存。

第四节　高频电场技术及其应用

一、高频电场技术

高频电场加热（high frequency electric field heating）是利用高频电场的能量对电介质类材料进行的电加热。电介质类材料在高频电场的作用下，其分子和原子中正负电荷产生高频率的交替位移，分子和原子的热运动加剧，从而使材料得到加热。20 世纪 90 年代以来，我国的压缩空气净化设备制造行业得到了迅猛发展，设备的结构形式、工艺程序设计和产品检测手段都日趋完善。目前，压缩空气干燥的方法，基本上仍为冷冻法和吸附法两种。冷冻式干燥器的使用范围受到地区和场合的限制。例如，在我国北方寒冷地区长距离输送或生产领域要求高质量压缩空气的场合，不宜采用冷冻式干燥器。吸附式干燥器在我国使用较普遍，现在的设备结构形式和工艺程序设计都达到了历史最高水平。之所以取得这样的好成绩，与多年来科研、制造厂家和产品用户等做了无数次技术改进是分不开的。其中，研究较多的课题大都集中在：①使吸附式干燥器消耗最小的电能；②使吸附式干燥器消耗最少的再生气量；③提高吸附式干燥器的自动化操作水平。然而对于吸附式干燥器怎样缩短再生时间、延长工作周期的研究却较少。

二、高频电场技术在分离大豆蛋白中的应用

高频电场处理的基本原理是大豆蛋白都是通过肽键连接多个氨基酸构成的高分子有机化合物，氨基酸同时含有氨基和羧基，是两性电解质，其分子结构可用两性离子表示。实际上大豆蛋白分子在生物物理领域属于"有极分子"范畴，在没有外加电场的情况下，其分子排列顺序十分紊乱，呈电中性，对外不显电性。大豆籽粒在高频电场内接受适度电场作用（场强、频率、作用时间等），大豆蛋白分子的正负电荷受到交变电场力的作用，分子间相互摩擦，同时蛋白分子受到强烈的拉伸、撞击、挤压等作用并产生极化效应，大豆蛋白分子能发生降解和改性效应，使蛋白质分子部分降解和两性离子极化并与水分子极性离子异性相吸，依据外电场作用因素的变化，造成以极性分子形式存在的大豆蛋白分子部分降解或者空间结构改变，从而产生分子改性现象、酶激活或钝化、氮溶解指数提高或降低等一系列生物化学反应。如果控制高频电场处理剂量，则蛋白质分子降解、改性呈规律性变化。通过利用上述规律，在大豆分离蛋白生产中，一方面可以提高产品溶解性和得率；另一方面可为生产不同功能性的大豆分离蛋白提供关键技术措施。

在大豆分离蛋白生产工艺中，必须恰当地运用此项技术，既要利用高频电场对大豆蛋白分子进行降解与极化，又要避免大豆蛋白分子在电场内由于电场作用过度，导致分子内摩擦运动加剧，而产生过度热变性。$55 \sim 60 \ ℃$是大豆蛋白热变性的临界温度，这种热变性是大豆深加工中最常见、对加工品质影响最大的一种变性形式，至今尚没有确切、完整、系统的理论解释。一般认为大豆蛋白分子在 $55 \ ℃$ 以上温度作用下，肽链产生热振荡，使保持蛋白质空间结构的次级键（氢键 $C=O\cdots H-N$）受到破坏，导致由氢键连接而成的螺旋体折叠片的二级结构，甚至三、四级结构的次级键被破坏。肽链的舒展，使原裹在分子内部的疏水基团转移至分子表面，使蛋白质溶解性下降。例如，在常压下，用热蒸汽处理低温豆粕 10 min，蛋白质提取率降低 80% 左右。

虽然大豆蛋白热变性结果能产生某些有益功能（如提高凝胶性、钝化有害酶活性、易被水解、增加类面筋作用等），但在分离大豆蛋白生产提取蛋白质工艺过程中，则要求尽量减少大豆蛋白的热变性，提高大豆蛋白的溶出率。在高频电场增加大豆蛋白溶出率的过程中需合理控制处理条件。生物蛋白质大分子固有振动频率约为 $5 \times 10^{10} \ Hz$，此频率恰好相当于微波 $3 \times 10^8 \ Hz$ 至 $3 \times 10^{11} \ Hz$ 的范围。当电场频率与蛋白质分子固有频率相近发生共振时，功率转换率最高、发热量最大。为避免热效应导致大豆蛋白出现热

变性，同时在满足工作需要的前提下，避免增加屏蔽防护工作的人为障碍，应将分离大豆蛋白分子的设备工作频率控制在 5×10^6 Hz 至 8×10^6 Hz，场强 E$<$175 V/cm，泄漏场强为 $29.9\sim25.3$ V/cm。

近年来，中国科学家采用高频电场进行试验以提高豆粕和大豆分离蛋白的氮溶解指数及得率。在相同条件下，氮溶解指数提高了 $5.6\%\sim10.4\%$。经高频电场处理后所得大豆分离蛋白的纯度 $\geqslant90\%$、氮溶解指数 $\geqslant90\%$、产品得率 $\geqslant50\%$，效果十分明显。

参考文献

毕会敏，马中苏，闫革华，等，2004. 膜液的高压处理对大豆分离蛋白膜性能的影响 [J]. 食品科学，25（3）：49-51.

蓝峰，崔勇，苏子昊，等，2012. 油茶果脱壳清选机的研制与试验 [J]. 农业工程学报，28（15）：33-39.

李汴生，曾庆孝，彭志英，1999. 高压处理后大豆分离蛋白溶解性和流变特性的变化及其机理 [J]. 高压物理学报，13（1）：22-29

李高阳，丁霄霖，2008. 亚麻籽中氰化物定性定量方法的研究 [J]. 食品工业科技，29（6）：291-292.

余礼明，伍冬生，文友先，等，2002. 朱立学 3 油菜籽脱壳与分离设备研究 [J]. 中国粮油学报，17（5）：40-43.

张宏康，李里特，辰巳英三，2001. 超高压对大豆分离蛋白凝胶的影响 [J]. 中国农业大学学报，6（2）：87-91.

张麟，2004. 油菜籽脱壳与仁壳分离设备研究 [J]. 农业工程学报，20（1）：140-143.

纵伟，陈怡平，2007. 超高压处理对花生分离蛋白溶解性影响 [J]. 粮食与油脂（10）：16-17.

Azman M A，Yilmaz M，2005. The growth performance of broiler chicks fed with diets containing cottonseed meal supplemented with lysine [J]. Revue De Medecine Veterinaire，156（2）：104-106.

Ebrahimi-Mahmoudabad S R，Taghinejad-Roudbaneh M，2011. Investigation of electron beam irradiation effects on anti-nutritional factors, chemical composition and digestion kinetics of whole cottonseed, soybean and canola seeds [J]. Radiation Physics and Chemistry，80（12）：1441-1447.

Gamboa D A，Calhoun M C，Kuhlmann S W，et al，2001. Tissue distribution of gossypol enantiomers in broilers fed various cottonseed meals [J]. Poultry Science，80（7）：920-925.

Liener I E，1994. Implications of antinutritional components in soybean foods [J]. Critical Review of Food Science and Nutrition，34（1）：31-67.

Omi S，Fujiwara K，Nagai M，et al，1999. Study of particle growth by seed emulsion polymerization with counter-charged monomer and initiator system [J]. Colloids and Surfaces A：Physicochemical and Engineering Aspects，153：165-172.

Prussia S E，Verma B P J，1981. Cracking edible nuts with impulsive forces [J]. American Society of Agricultural Engineers，81：3543-3547.

Shawrang P，Sadeghi A A，Zareshahi H，et al，2011. Study of chemical compositions, anti-nutritional contents and digestibility of electron beam irradiated sorghum grains [J]. Food Chemistry，125：376-379.

Shawranga P, Mansouria M H, Sadeghib A A, et al, 2011. Evaluation and comparison of gamma - and electron beam irradiation effects on total and free gossypol of cottonseed meal [J]. Radiation Physics and Chemistry, 80 (6): 761 - 762.

Sterling K G, Costa E F, Henry M H, et al, 2002. Responses of broiler chickens to cottonseed and soybean meal based diets at several protein levels [J]. Poultry Science, 81 (2): 217 - 226.

第八章
大宗非粮型饲料原料加工及运用

第一节　油料副产品加工工艺与运用

饼粕是利用油料作物的籽实提取油脂后的产品。用压榨法提取油脂后的产品通称"饼"；用浸出法提取油脂后的产品通称"粕"。饼粕中含有丰富的蛋白质、油脂、淀粉、维生素和矿物质，适口性较好，易于消化，并且资源丰富，是目前使用最普遍的植物性蛋白质饲料原料。常用的饼粕类饲料有大豆饼粕、菜籽饼粕、棉籽饼粕、花生饼粕等。但这类饲料含有多种抗营养因子，使用不当容易引起畜禽中毒，这限制了其在生产中的大量应用。

一、大豆加工副产品

(一) 豆粕

豆粕是大豆经浸提或预压浸提制油工艺的副产品，为植物性蛋白质饲料的主要来源之一，占畜禽蛋白质饲料原料用量的60%以上。在我国，大约有85%的豆粕用于家禽和猪的饲养。豆粕中富含的多种氨基酸有促进家禽和猪摄入营养的作用。在不需额外加入动物性蛋白质的情况下，仅豆粕中含有的氨基酸就足以满足家禽和猪的需要。

1. 营养价值　豆粕中含蛋白质43%左右，含赖氨酸2.5%～3.0%、色氨酸0.6%～0.7%、蛋氨酸0.5%～0.7%，胡萝卜素含量较低，仅0.2～0.4 mg/kg，含硫胺素、核黄素各3～6 mg/kg，含烟酸15～30 mg/kg、胆碱2 200～2 800 mg/kg。豆粕中较缺乏蛋氨酸，粗纤维主要来自豆皮，无氮浸出物主要是二糖、三糖、四糖，淀粉含量低，矿物质含量低，钙少磷多，维生素A、维生素B$_2$含量较低。

2. 抗营养因子　大豆中各种抗营养因子会对动物的营养物质消化、吸收和利用产生不利影响，以及能使人和动物产生其他不良生理反应。不良生理效应会因抗营养因子的种类、含量，以及动物种类等的不同而有很大差异（表8-1）。

3. 去除抗营养因子的方法　到目前为止，以消除或钝化大豆抗营养因子和提高大豆营养价值为目的的加工方法可以概括为三大类：物理方法、化学方法和生物学方法。

物理方法是通过加热、加压和红外线加热及同位素辐射等物理作用使大豆抗营养因子失活的方法，包括蒸煮加热、蒸汽处理、微波处理、烘烤、挤压膨化和辐照处理等。化学方法是采用酸碱或其他化学物质使抗营养因子钝化或失活的手段。生物学方法主要使用来源于细菌或真菌的酶处理大豆，以达到消除或钝化抗营养因子目的。另外，还可通过发芽处理，即利用大豆在发芽过程中产生的一些酶来降解大豆中的抗营养因子。

表 8 - 1　大豆中抗营养因子对动物的生理效应

抗营养因子	生理效应
胰蛋白酶抑制因子	降低胰（糜）蛋白酶活性，动物生长速度迟缓，胰腺增生、肿大
大豆凝集素	肠壁损伤，免疫反应，增加内源氮的排放量和内源蛋白质的分泌量
抗原蛋白	免疫反应，影响肠壁的完整性
单宁	通过形成蛋白质-碳水化合物复合物，影响蛋白质和碳水化合物的消化
皂苷	溶血，影响肠道渗透性
植酸磷	与蛋白质和微量元素形成复合物，抑制微量元素的吸收
大豆寡糖	胀气、腹泻，影响养分消化
异黄酮	抑制生长，子宫增大
抗维生素因子	干扰动物对维生素的利用，引起维生素缺乏症

资料来源：Liener（1994）；李德发（2003）。

4. 发酵豆粕在饲料中的应用

（1）提高动物的生产性能　大豆蛋白经发酵时，产生的一些具有特殊生理活性的小肽能够直接被动物吸收，参与机体的生理活动，从而提高动物的生产性能。在生长猪日粮中添加少量的小肽后，能显著提高生长猪的日增重、蛋白质利用率和饲料转化率。在蛋鸡基础日粮中添加小肽后，产蛋率、饲料转化率显著提高，蛋壳强度也有提高趋势。小肽的参与可节省生产能耗，不需分解可直接满足需要，且对消化道产生保护作用，并协调各种养分的利用，更有利于最大限度地发挥动物的生产性能。另外，某些活性小肽，能使幼龄动物的小肠提早成熟，并刺激消化酶的分泌，提高机体的免疫能力。

（2）提高矿物质元素的利用率　在发酵过程中，大豆蛋白中植酸、草酸、纤维、单宁及其他抗营养因子含量显著降低，另外有些小肽由于具有金属结合性能，因此可促进钙、铁、铜和锌的被动转运过程及它们在体内的储存。施用晖等（1996）发现，在蛋鸡日粮中添加小肽后，血浆中铁、锌的含量显著高于对照组，蛋壳强度提高，小肽还能提高亚铁离子的可溶性与吸收率。给母猪饲喂小肽铁后，奶中和仔猪血液中有较高的铁含量。

（3）消除游离氨基酸的吸收竞争，使摄入的氨基酸更加平衡　游离氨基酸的吸收存在相互竞争的现象，如精氨酸和赖氨酸在吸收时相互竞争载体上的结合位点而发生颉颃作用。当完全以小肽的形式供给动物时，肽载体转运能力高于各种氨基酸载体转运能力的总和，赖氨酸的吸收速度不再受精氨酸的影响，氨基酸吸收平衡。

（4）增加氨基酸的摄入吸收量　蛋白质在体内消化后并不完全以氨基酸的形式吸收，可以小肽形式吸收。在肠道中，由于小肽的吸收具有耗能低、不易饱和，且各种小肽之间运转无竞争性与抑制性的特点，因此动物对肽中氨基酸残基的吸收比对游离氨基酸的吸收更迅速、更有效。

（5）加快蛋白质的合成　日粮氨基酸的供给形式影响动物体内蛋白质的沉积。当以小肽形式作为氮源时，整体蛋白质沉积高于相应游离氨基酸日粮或完整粗蛋白质日粮。肌肉蛋白质的合成率与动静脉氨基酸差异存在相关性。在吸收状态下，其差值越大，蛋白质的合成率越高。小肽的吸收迅速，吸收峰高，能快速提高动静脉的氨基酸差值，从而提高整体蛋白质的合成率。循环中的小肽能直接参与组织蛋白质的合成。大鼠肌细胞、牛乳腺表皮细胞及羊肌源性卫星细胞均能有效利用小肽，将其作为氨基酸的来源，用于合成蛋白质和细胞增殖。

（6）对免疫功能的影响　发酵豆粕中的异黄酮具有较强的抗菌活性，对人体常见的致病细菌和食品腐败细菌的最低抑菌浓度为0.24％，比未经发酵的豆粕中的异黄酮抗菌活性明显增强。将大肠埃希氏菌和鼠伤寒沙门氏菌接种到发酵基质中发现，两种菌在豆粕发酵环境中不能存活。用经微生物混菌发酵的豆粕与未经发酵的豆粕按不同比例混合，连续投喂异育银鲫30 d的结果表明，随着饲料中发酵豆粕添加量的上升，异育银鲫的增重量有所提高，各项非特异性免疫指标有所改善，谷丙转氨酶的活性出现线性下降趋势。与未经过发酵的豆粕相比，发酵豆粕具有一定的促进生长、增强非特异性免疫功能和改善肝功能的作用。

（二）大豆皮的加工方法与工艺

目前，主要存在3种大豆脱皮工艺，即热脱皮、温脱皮和冷脱皮。3种脱皮工艺在生产中各有相应的应用，可得到不同的豆粕蛋白含量（表8-2）。表8-3为热脱皮和冷脱皮在不同的水分含量条件下所消耗的能量比较。

表8-2　不同脱皮方法豆粕蛋白含量（％）

脱皮方法	大豆蛋白含量	豆粕蛋白含量	脱皮率
冷脱皮	35.2～35.6	45.5～47.0	2.5～3.5
温脱皮	35.2～35.6	47.0～48.0	5.0～7.0
热脱皮	35.2～35.6	48.0～49.0	7.0～8.0

表8-3　冷脱皮和热脱皮的能量消耗比较

项目	大豆水分（％）	冷脱皮		热脱皮	
		水分（％）	蒸汽（kg/t）	水分（％）	蒸汽（kg/t）
脱皮时，两种工艺的能量比较	13	10.5	112	10.5	97
	12	10.5	94	10.5	84
	11	10.0	84	9.5	78
在不脱皮时，两种工艺的能量比较	13	10.5	112	10.5	97
	12	10.5	67	10.5	84
	11	10.5	51	9.5	78

注：大豆温度为20℃。

热脱皮工艺和原料预处理、豆皮粉碎和豆粕破碎分离联合使用，根据不同的原粮大豆生产不同等级的豆粕,豆粕蛋白含量为48%、46%、44%,进行工艺调整,分别采取热脱皮、二次温脱皮、一次温脱皮或冷脱皮。其主要流程为:原粮→清理→调质干燥→脱皮→喷射干燥→破碎到1/2至1/4瓣热脱皮→破碎1/8瓣→冷脱皮→轧坯→浸出。豆皮经粉碎、进仓、并入计量绞龙;豆粕经计量、初破碎、分级、破碎、筛理、计量绞龙、出粕。热脱皮的工艺设计是以美国2号大豆为依据,颗粒直径在5~6.25 mm,含水量为9%~13.5%,即大豆从农田收割15 d左右的含水量。冷脱皮系统是将大豆在温度70~80 ℃下烘干4~6 h,降低含水量后再自然冷却24 h,破碎后直入冷脱皮系统,其设备有吸皮器、风管、风机、刹克龙、关风器、平面回转筛、二次吸皮器、豆皮粉碎机、皮蒸煮器。

二、油菜籽饼粕

(一)我国菜籽饼粕及其加工产品资源现状

菜籽又名油菜籽,是十字花科(Cruciferae)芸薹属(Brassica)植物油菜(Brassica campestris L.)的种子,《本草纲目》记载为"芸薹子",具有活血化瘀、消肿散结、润肠通便、破气行血等功效。油菜是世界上产量仅次于大豆的第二大油料作物,也是我国产量最大的油料作物和蜜源作物之一。国家粮油信息中心2015年8月14日的报告显示,2014—2015年我国夏季油菜籽产量为1 340万t,居世界首位。油菜主要分为白菜型油菜、芥菜型油菜和甘蓝型油菜三类。我国历史上主要种植白菜型油菜和芥菜型油菜,自20世纪50年代中期开始推广甘蓝型油菜,当前全国甘蓝型油菜面积约占95%,白菜型油菜约占4%,芥菜型油菜约占1%。自20世纪80年代以来,我国着力推广双低油菜,即通过育种方式使菜籽中的芥酸含量降低,并提高亚油酸、油酸含量,同时将饼粕中的硫苷等成分降低到允许的限度以下,培育出了一大批既优质又高产抗病的油菜新品种。我国油菜生产分布比较广泛,目前除北京、天津、吉林、海南外,其他27个省(自治区、直辖市)均有种植,其中产量居前5位的分别是湖北、安徽、四川、江苏和湖南。受国家严格进口油菜籽检疫政策的影响,近年来我国油菜籽进口量大幅度减少,但菜籽油进口量呈现增加态势,2007年以后油菜籽饼粕进口量也逐年增加。油菜籽饼粕是油菜籽加工生产的副产品,包括油菜籽饼和油菜籽粕。油菜籽饼粕中代谢能含量为8 144 MJ/kg,粗蛋白质含量为35%~40%,粗纤维含量为11%左右,粗脂肪含量为8%左右,其成分如表8-4至表8-6所示,是一种潜在的营养价值很高的植物性蛋白质资源,在蛋白质饲料原料的贸易量中位居第二,仅次于豆粕。

表8-4 油菜籽饼粕的营养成分(%)

营养成分	油菜籽饼	油菜籽粕
干物质	88.0	88.0
粗蛋白质	35.7	38.6
粗脂肪	7.4	1.4
无氮浸出物	26.3	28.9

（续）

营养成分	油菜籽饼	油菜籽粕
粗纤维	11.4	9.84
中性洗涤纤维	33.3	20.7
酸性洗涤纤维	26.0	16.8
粗灰分	7.2	7.3
钙	0.59	0.65
磷	0.96	1.02

资料来源：《中国饲料数据库》（第12版）。

表8-5　油菜籽饼粕中的氨基酸含量（％）

氨基酸	油菜籽饼（144个样品）[1]	油菜籽粕（43个样品）[2]
天门冬氨酸	2.15	2.32
苏氨酸	1.35	1.49
丝氨酸	1.35	1.56
谷氨酸	6.10	6.79
甘氨酸	1.56	1.70
丙氨酸	1.43	1.58
胱氨酸	0.76	0.87
缬氨酸	1.56	1.74
蛋氨酸	0.50	0.63
异亮氨酸	1.19	1.29
亮氨酸	2.17	2.34
酪氨酸	0.88	0.97
苯丙氨酸	1.30	1.45
赖氨酸	1.28	1.30
组氨酸	0.80	0.86
精氨酸	1.75	1.83
色氨酸	0.40	0.43
脯氨酸	1.80	1.96
总和	28.47	31.14

注：1. 干物质含量为88.0％，粗蛋白质含量为34.3％；

　　2. 干物质含量为88.0％，粗蛋白质含量为38.0％。

　　资料来源：《中国饲料数据库》（第12版）。

表8-6　油菜籽饼粕的矿物质及维生素含量

名　　称	含　　量
钠（％）	0.02～0.09
钾（％）	1.34～1.40

（续）

名　称	含　量
镁（%）	0.51
氯（%）	0.11
铁（mg/kg）	653～687
铜（mg/kg）	7.1～7.2
锰（mg/kg）	78.1～82.2
锌（mg/kg）	55.5～59.2
硒（mg/kg）	0.16～0.29
维生素 E（mg/kg）	54.0
维生素 B_1（mg/kg）	5.2
维生素 B_2（mg/kg）	3.7
泛酸（mg/kg）	9.5
烟酸（mg/kg）	160.0
生物素（mg/kg）	0.98
叶酸（mg/kg）	0.95
维生素 B_4（mg/kg）	7.2
胆碱（mg/kg）	6 700
亚油酸（%）	0.42

资料来源：《中国饲料数据库》（第 12 版）。

我国是世界油菜种植面积最广的国家，每年加工油菜籽产生的油菜籽饼粕产量约 700 万 t，但由于其含有硫苷及其分解产物、多酚、植酸等内源毒素或抗营养物质，长期以来只能作为低价的饲料或者肥料使用，限制了其在饲料中的添加量和价格，这不可避免地造成了资源的巨大浪费。目前对油菜籽饼粕的综合利用主要有以下几个方面：

1. 残余油脂的提取　随着油菜籽制油技术的不断革新，残存于油菜籽饼粕中的油量一般均可控制在 2% 以下，这使得其中残存的油脂类成分可利用的空间并不大。

2. 油菜籽蛋白质的提取　油菜籽饼粕中菜籽蛋白质含量为 35%～45%，是生产非食用性高蛋白质的重要天然材料。由于油菜籽饼粕中存在抗营养成分，因此要得到高纯度的菜籽蛋白质，必须经过一系列提取、纯化与制备。菜籽蛋白质作为优良的蛋白质资源，既可以作为动物的蛋白质来源，又可以用来开发成具有多种生物活性的肽类，将菜籽蛋白质添加到食品中，开发成复合高蛋白食品，在补充或强化营养作用的同时可以提高其制品的营养价值。菜籽分离蛋白经改性后具有良好的成膜性，在一定条件下，制成的天然可食用的保鲜膜，既安全、无毒，又具有优良的隔氧能力及抗水分迁徙性，可以广泛应用于食品和医药领域，具有极大的开发前景。菜籽蛋白质由于具有稳定的乳化性和持水功能，因此可减少制品在加工过程中的水分损失和脂肪溢出，以及作为脂肪替代物、增味剂、乳化剂和组织改良剂，用于食品工业的生产，使食品的口味和品质得到提高，优化食物结构。

3. 酚类成分的开发利用　虽然油菜籽饼粕中的酚类成分大多具有苦涩味，并且多酚类会与铁离子、蛋白质形成络合物而抑制铁和蛋白质的吸收，但是其良好的抗氧化活性使得油菜籽饼粕中的酚类成分具有开发成食品抗氧化剂、食品保鲜剂或者功能性食品添加成分的前景，从而能够更广泛地应用于食品、化工和医药领域。

4. 硫苷类成分的开发利用 硫苷及其降解产物虽然具有一定的毒性，但是作为植物受伤时的保护伞同样具有抗菌、抗炎等作用，还能吸引雄性昆虫降低其生殖作用，从而干扰昆虫的繁殖。因此，脱除硫苷的油菜籽饼粕可以作为动物饲料，富含硫苷的油菜籽饼粕可用以开发制取杀虫剂、杀菌剂或抗微生物制剂的生物原料。

5. 植酸与多糖类成分的开发利用 植酸在油菜籽饼粕中的含量相对较高，为3%～6%，和硫苷一样被认为是油菜籽饼粕中的主要抗营养成分。植酸的酸性较强，能够与游离脂肪酸或过氧化物相结合，从而具有很强的抗氧化活性，可作为食品工业中的抗氧化剂、保鲜剂和稳定剂。利用其与金属离子的螯合作用，可在酒类、饮料生产中作为除金剂。此外，国外有文献报道植酸还具有降血脂、防治结石和抗肿瘤等作用，这能够为其在医药工业中的开发应用提供基础。菜籽多糖具有良好的抗氧化作用，同时对脾淋巴细胞和T淋巴细胞具有明显的增殖活性，能够促进巨噬细胞增殖而表现出抗肿瘤活性。

（二）开发利用菜籽饼粕及其加工产品作为饲料原料的意义

疯牛病和口蹄疫在的肆虐，提高了人们使用肉骨粉等动物性饲料的警惕性，同时也增加了对植物性蛋白质饲料的重视程度。我国的动物性蛋白质资源有限，加之为了防止上述动物传染病传入我国，禁止和限制某些动物性饲料进口，因而动物性蛋白质来源匮乏，研制开发植物性蛋白质饲料已成为当务之急。

我国植物性蛋白质资源主要是饼粕类饲料。菜籽饼粕中含有35%～45%的粗蛋白质，氨基酸总量占其蛋白质总量的83.8%，氨基酸组成合理。其中，赖氨酸含量和大豆接近，而蛋氨酸含量比大豆还高，适用于补充谷物和许多缺乏这类氨基酸的豆类。另外，从营养效价上看（以酪蛋白为2.5计），菜籽浓缩蛋白为3.35%，比动物蛋白质的营养高。菜籽蛋白的生物价为91%～92%，消化率为95%～100%，均高于豆粕的75%。因此，菜籽饼粕是一种潜在营养价值很高的植物性蛋白质资源，其营养价值与脱脂大豆粕接近，其生物学效价和利用率甚至超过脱脂大豆粕。此外，菜籽饼粕还富含胆碱、生物素、烟酸、维生素 B_1、维生素 B_2、钙、磷、硒等，特别是无机磷含量高，便于动物吸收利用。因此，菜籽饼粕也是多种微量元素的来源。

菜籽饼粕的综合利用途径是：用溶剂将饼粕中的有害物质提取出来，饼粕沥干作饲用、食用或工业用。将有害物加以分离，提纯并找到合适的用途，用有害物合理利用创造的利润弥补饼粕处理费用，使产品的综合成本降低，在价格上具有更强的竞争力，才有可能使我国的油菜产业得到大力发展。油菜籽资源综合开发应用的研究对国计民生具有巨大的潜在意义，但从"六五"开始直到目前几十年的油菜项目中，只有品质育种、抗性、遗传、分析等研究项目，却没有油菜籽加工及综合利用的研究项目，菜籽蛋白质的大量浪费很少有人问津。我国饲料蛋白质资源缺口巨大，通过菜籽饼粕的饲用开发和综合利用，以蛋白质资源的开发研究为中心，一方面补充人类食用蛋白质的缺乏，推动畜、禽、渔业饲料工业的发展；另一方面带动，如植酸、单宁、磷脂、复合氨基酸等精细化工产品的综合利用，会对实现我国菜籽行业多效增值、推动菜籽优质高效产业化起到积极有效的作用，对提高农业和畜牧业的经济效益及发展循环经济大有裨益。

（三）菜籽饼粕及其加工产品作为饲料原料利用存在的问题

由于菜籽饼粕中含有硫苷、芥子碱、单宁、植酸等毒性成分或抗营养成分，因此其作为植物性蛋白质的利用受到了很大的限制，主要表现在：①阻碍蛋白质消化或代谢的抗营养物；②降低矿物质溶解性或干扰其利用的物质；③使某些维生素钝化或增加维生素需求的物质。

硫苷是一种阴离子，以钾盐的形式存在于菜籽饼粕中。硫苷本身及其分解物均具有毒性，也是一种抗营养成分，对饲用动物的肝脏和肾脏有毒害作用，使家畜的胃肠黏膜逐渐损伤；能引起饲用动物甲状腺肿大，从而造成动物生长发育速度迟缓，影响畜禽繁殖机能；严重影响饲料的适口性，使油菜籽饼粕难以作为优质饲料蛋白质资源被充分应用。菜籽饼粕中的酚类化合物很多，按其分子结构可分为非聚合酚类化合物和聚合酚类化合物。油菜籽饼粕中非聚合酚类化合物的含量一般为1.3%～1.8%，其中芥子酸的含量为69%～92%，是油菜籽饼粕中一种主要的酚酸。此类非聚合酚类化合物在空气中容易氧化而使菜籽饼粕的颜色呈棕褐色，影响外观质量；具有酸、苦、涩、辛辣等不良味道，从而影响菜籽饼粕饲料的适口性；菜籽饼粕中的酚酸可以与蛋白质结合，生成不溶性的结合蛋白，在动物体内无法被消化，降低蛋白质的消化利用率。芥子酸酯化后生成的芥子碱，会影响禽类的蛋品质。单宁化合物作为油菜籽饼粕中的聚合酚类化合物，在油菜籽饼粕中的含量一般为1.5%～3%，也是一种主要的抗营养因子。单宁可与胰蛋白酶、脂肪酶、α-淀粉酶结合而使它们失去活性，导致动物的生长机能减退；与粕中的蛋白质结合，形成不宜被消化的螯合物，降低蛋白质的利用率、消化能和代谢能；单宁还可以与碳水化合物、维生素、矿物质结合，从而降低油菜籽饼粕的营养价值；单宁也具有涩味和辛辣味，影响油菜籽饼粕的适口性。菜籽饼粕中含4%～8%植酸，植酸虽然不是菜籽饼粕的主要抗营养因子，但因其具有很强的螯合阳离子的作用，因为能与钙、镁、锌、铜、铁等金属离子结合，对这些有用的矿物质的吸收产生不利影响；同时，降低蛋白质、淀粉和脂质的消化利用率。菜籽饼粕中高纤维素水平不仅导致营养成分含量下降，如可消化蛋白质、蔗糖和寡聚糖含量降低；还会降低这些营养成分的利用率，使有效能偏低；高纤维素水平同时还损伤肠道形态，降低其功能，导致动物采食量下降。

因此，未经处理的菜籽饼粕虽可少量添加到家畜饲料中，但要想得到更充分的利用，全面发挥它的饲料价值，必须进行脱毒处理。从20世纪60年代开始，各国科学工作者对这一课题进行了大量的研究，并取得了一定的成效。研究结果表明，短期内切实可行、经济有效的途径还是通过有效的脱毒方法来生产高质量的蛋白质饲料。对抗营养因子的脱除是油菜籽饼粕饲用品质改良成功与否的必要条件。菜籽饼粕的脱毒方法主要有两大类：一类是使菜籽中的抗营养因子发生钝化、破坏或结合，从而消除或减轻其有害作用；另一类是将有害物从菜籽饼粕中提取出来，达到脱毒的目的。目前国内外对油菜籽饼粕的脱毒方法主要分为理化方法和生物学方法。理化方法处理油菜籽饼粕虽有一定的效果，但存在营养成分损失较多、成本较高、废液对环境污染严重等问题，不能充分利用资源。生物学方法有酶催化水解法和微生物发酵法。酶催化水解法通常采用植酸酶和木聚糖酶等处理油菜籽饼粕，但酶的价格昂贵，不利于推广。而微生物脱毒相对于其他方法具有成本低、操作简单、营养成分损失小等优点，成为研究的热点。有关微生物发酵油菜籽饼粕的研究虽已取得一定的成绩，但尚处于开发阶段。对发酵油菜籽饼粕的品质，以及对饲用动物产品的品质影响方面也缺少深入研究，使得微生物发酵油菜籽饼粕还不能广泛应用于畜禽生产中。

（四）菜籽饼粕及其加工产品的加工方法与工艺

1. 已有的加工方法 解决菜籽饼粕中的毒性问题，首先需从普遍无毒或低毒品种着手，其次就是采用物理、化学、生物学等方法进行脱毒。菜籽饼粕的脱毒方法大致可分为物理脱毒法、化学脱毒法、生物脱毒法及遗传育种脱毒法等（图8-1），各种脱毒方法可部分或全部脱除硫苷及其降解产物毒素。近年来通过制油工艺改进菜籽饼粕的脱毒工艺也已取得了进展。具体如下：

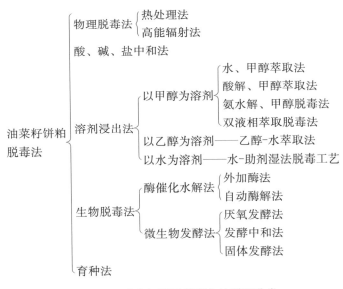

图8-1 油菜籽饼粕脱毒方法详细分类

（1）**物理脱毒法** 主要有热处理和高能辐射等方法。热处理能够降低菜籽饼粕中硫苷的含量，是菜籽饼粕脱毒的手段之一。湿法热处理要比干法热处理效果好。

（2）**酸、碱、盐中和法** 将浸出的油菜籽饼粕加热后用氨、氢氧化铵或硫酸等处理，可使硫苷及其分解产物降解后脱毒。硫酸铜溶液能催化硫苷分解，可以有效降低总硫苷含量。

（3）**溶剂浸出法** 是指利用水或有机溶剂进行脱毒的方法。Shahidi等（1988）开发了以甲醇/氨/水脱毒、己烷去脂的技术专利；我国学者徐世前和史美仁（1994）对上述专利进行了改进，采用加少量氢氧化钠代替氨，取得了较好效果。陆艳和胡健华（2005）采用单相溶剂添加表面活性剂对双低油菜籽冷榨饼进行脱毒，在其试验条件下，硫苷含量降为 0.43 mg/g，但对植酸的脱除效果不理想。何国菊等（2003）采用硫酸甲醇体系对菜籽饼粕进行脱毒，结果对硫苷、单宁、植酸均有较好的去除率。

（4）生物脱毒法　生物脱毒法有酶催化水解法和微生物发酵法等。

① 酶催化水解法　主要是通过酶降解油菜籽饼粕中的有毒有害物质，或在饲料产品中加入酶制剂增加动物体内的酶含量，提高其消化吸收率。刘玉兰和董秀云（1994）在油菜籽饼粕中添加天然硫苷酶制剂和化学添加剂水溶液，在适宜的温湿度条件下，油菜籽饼粕中的硫苷在硫苷酶的作用下，被迅速分解生成异硫氰酸酯、恶唑烷硫酮等有毒产物，这些有毒产物与油菜籽饼粕中原有的有毒分解产物与化学添加剂中的金属离子发生螯合作用后，形成了高度稳定的络合物，从而不被家禽吸收，达到脱毒的目的。

② 微生物发酵法　是近年来研究较多的方法，该方法较简便，设备投入少，脱毒范围广，有较理想的脱毒效果。目前所采用的菌株主要是霉菌中的曲霉和根霉，酵母中的白地霉、酿酒酵母，细菌中的乳酸菌，采用单菌或是多菌种复配。有研究者利用少孢根霉和曲霉发酵油菜籽粕，能够使硫苷降解率达 43.1%，植酸降解率达 42.4%。刘军和朱文优（2007）对单菌株、多菌株生料固态通风发酵进行研究，发酵后其硫苷降解率达 99.66%，粗蛋白质含量达 50.13%（干基），且色泽明显变浅，具有良好的香味及适口性。

（5）育种法　主要是通过遗传育种等方法选育抗营养因子含量低的油菜新品种。目前我国在低芥酸油菜育种方面已取得了较好的成绩，开发出了一系列双低油菜新品种，双低油菜的普及率也已达到 70% 以上。但油菜是十字花科植物，异花授粉，加之农业耕作模式是一家一户的小规模种植，因此影响了商品油菜籽的品质。

（6）与菜籽制油工艺相匹配的菜籽饼粕脱毒技术　国家粮食局科学研究院主持的国家"八五"科技攻关专题"提高油脂饼粕饲用效价技术研究"，开创了改变传统油菜籽制油工艺以提高饼粕饲用效价的新途径。该技术将脱毒与加工工艺结合，通过以下方式实现菜籽脱毒：①在制油车间内增加一个蒸烘设备，并且将制油的最后一道脱溶工序移到该设备内进行，即在该蒸烘设备内，在脱溶饼粕中添加脱毒剂并混合，然后直接用蒸汽处理，以便为化学脱毒提供所需的温度和水分，从而确保脱毒反应充分，最后再经干燥制得成品脱毒饼粕并输出。②在制油工序中加入脱毒机，将制油时得到的脱溶饼粕通过连接在脱溶机和脱毒机之间的输送机构直接输送至脱毒机内；同时将脱毒剂加入脱毒机内，在搅拌下脱溶饼粕与脱毒剂相互混合而得到混有脱毒剂的物料；混有脱毒剂的物料在脱毒机内充分搅拌，并借助脱溶饼粕自身的温度进行化学脱毒；脱毒后的饼粕由脱毒机内向外输出，直接得到成品脱毒饼粕。③应用菜籽本身的生物酶将硫苷定向水解，降解成低沸点的挥发性物质，随菜籽加工过程中，如蒸、炒等将其毒性成分脱除。

2. 需要改进的加工方法　我国在"六五""七五"期间均安排了许多攻关课题进行菜籽饼粕的直接脱毒技术研究，取得了一定的理论成果，并为后来的研究奠定了基础。但其生产成本高、工艺复杂、实用性差，饲料工业用户很难接受，至今很少被应用到饲料工业及养殖业生产中。利用微生物发酵菜籽产品，能有效地降解菜籽饼粕中有毒有害物质含量，改善蛋白质品质。但是经过微生物发酵后纤维素和植酸等物质的降解情况还仍需进一步研究，油菜籽饼粕品质的控制指标有待于进一步完善。

3. 工艺条件

（1）菜籽饼粕中菜籽蛋白和菜籽肽的提取与制备　菜籽饼粕的粗蛋白质含量一般为35%～45%，是优质的植物性蛋白质。菜籽蛋白质和菜籽肽是菜籽深加工的重要产品。从油菜籽饼粕中提取蛋白质主要有以下几种方法：

① 萃取法　包括水相萃取法和双向萃取法。水相萃取法主要是采用不同水相将蛋白萃取而出，然后在菜籽蛋白等电点附近将蛋白沉淀，再分离干燥制取菜籽分离蛋白。最常用萃取水相是稀碱、水、稀酸、氯化钠水溶液及六偏磷酸钠溶液等。水相萃取法具有工艺简单、成本低等优点，容易进行实际应用。但这种方法在菜籽蛋白的制备中往往得率较低。另外，此法还有废水不易处理、易造成环境污染等问题。双向萃取法是在提取菜籽蛋白的同时对有毒成分进行脱除，在提取较高质量菜籽毛油的同时，可得到高质量脱毒油菜籽饼粕。经过萃取后的油菜籽饼粕，硫苷脱除率在90%以上，所得油菜籽饼粕色浅味淡、流动性好、蛋白质含量高、质量优，可直接用作优质蛋白质饲料，并可进一步制取浓缩蛋白和分离蛋白。

② 水相酶解法　主要是利用各种生物蛋白酶将油菜籽饼粕中的蛋白质充分溶出，并通过改变蛋白质溶解性、乳化性和起泡性等性质，提高蛋白质营养价值和得率。

③ 有机溶剂法　将丙酮、乙醇等有机溶剂作为提取液，对油菜籽饼粕进行浸提。可以在提高蛋白质含量的同时脱除油菜籽饼粕中的硫苷、植酸和单宁等有毒物质或抗营养因子，还有改善产品风味、改变色泽等功效。但此法工艺复杂、成本高，并且有机溶剂对蛋白质营养价值有一定影响，工业化生产困难较大。

④ 膜分离技术　采用超滤、渗滤法，利用超滤膜对分离组分选择性，截留分子质量较大的各种蛋白质分子或相当粒径的胶体物质，而使溶剂和小分子物质透过，可将蛋白质浓缩和分离并保留在截留物中。此法是浓缩和提纯所有溶解蛋白质较简便的方法。

除上述方法外，国内外也有研究者采取比较新的方法提取油菜籽饼粕中的蛋白质，如超临界流体提取法、超声微波辅助法和反胶团萃取法。每种提取方法都有其优缺点，应根据分离纯化蛋白的不同目的采用合适的方法。

菜籽肽是菜籽蛋白经蛋白酶作用后再经过特殊处理得到的产物，不仅由许多分子链长度不等的低分子小肽混合物组成，而且还含有少量游离氨基酸、糖类和无机盐等成分，其氨基酸组成与菜籽蛋白几乎完全一致，且比菜籽蛋白含有更高的营养价值。菜籽肽不仅具有良好的酸溶性、低黏度、抗凝胶形成性，在体内消化吸收速度快、蛋白质利用率高等特点，而且具有低抗原性，不会产生过敏反应，具有良好的理化性质及生理活性，可作为运动营养剂、减肥食品、老年食品的添加剂。

当前获得菜籽生物活性肽的主要手段为先用酶法制备，再利用凝胶电泳、层析和高效液相色谱等方法进行分离纯化。酶水解蛋白质条件温和、安全性高、可控性强、可以规模化生产特定的肽。酶的选择是生产菜籽活性肽的关键，必须以菜籽蛋白的氨基酸组成和酶的作用专一性为参考，结合目标生成物的结构和序列加以选择。有研究显示，为了得到适宜的菜籽多肽，最好的方法就是选用复合蛋白酶，使之兼有外切肽酶和内切肽酶的两种活性。

（2）微生物发酵饲料　利用微生物发酵作用可改变粕类原料的理化性状，减少抗营养因子，产生对动物生长有益的成分，提高消化吸收率，增加适口性，延长储存时间；

可解毒脱毒，将有毒饼粕转变为无毒、低毒的优质饲料。不同微生物菌种对抗营养因子的降解能力有较大的差异，筛选优良的微生物菌种是影响菜籽饼粕脱毒效果和营养价值的首要步骤。影响菜籽饼粕微生物固态发酵的工艺参数主要有发酵温度、水分、pH、时间等。菜籽饼粕固态发酵的主要工艺流程大致有5个部分：菌种扩大培养、原料预处理、接种发酵、干燥灭活和成品包装。具体工艺流程如图8-2所示。

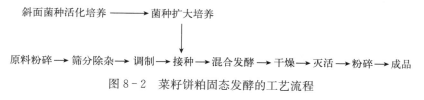

图8-2　菜籽饼粕固态发酵的工艺流程

潜在的工艺要求如下：

① 采用液态菌种、三级扩大培养、底物调制及优势互补的复合脱毒菌种的协调固态发酵方式，能有效利用底物中的营养组分，改善蛋白质质量，提高蛋白质含量，有效分解菜籽饼粕中的抗营养因子。

② 设置调制工序，即在菜籽饼粕中添加玉米粉或麦麸，目的是为了增加营养源，为菌种生产提供充足的碳氮源，有利于微生物发酵。

③ 从菌种库中获得的菌种一般要经过3次活化扩大培养，目的是让菌种从冷冻保藏的状态复苏并增殖到一定细胞数量。要进行这一过程，必须给菌种最佳的生存条件，将所需的营养物放在一起就构成了菌种扩大培养基。

④ 固态发酵车间的环境温度、湿度及料温，均设有自动控制及报警系统，以便为微生物生长繁殖创造最适宜的环境条件。

4. 菜籽饼粕固态发酵的主要设备　固态发酵工业化生产的常用方法有：发酵池法、大棚发酵法和编织袋法。所需的主要设备包括粉碎设备、混合设备、菌种培养设备、固态发酵设备、烘干设备等。

（1）粉碎设备　粉碎的主要目的是使包含在饼粕原料细胞中的淀粉颗粒能从细胞中游离出来，充分吸水膨胀糊化乃至溶解，为淀粉转化成可发酵性糖创造必要的条件。粉碎机按工作部件结构型式可分为锤式粉碎机和锤片式粉碎机。锤式粉碎机的优点是结构简单、易于更换筛板和锤片、对原料品种变化的适应性较强；缺点是运转时振动大、噪声大。锤片式粉碎机的主要特点是操作简单、粉碎粒度均匀、质量稳定、产量高，可满足不同粒度的需要。

（2）混合设备　将原料、各种辅料及菌种进行充分搅拌，使之混合均匀，以便发酵的顺利进行。混合机根据搅拌部件结构可分为螺旋混合机、犁刀式混合机等。螺旋混合机适用于粉体与粉体混合、粉体与液体混合、液体与液体混合；犁刀式混合机能在极短的时间内使物料均匀混合。

（3）菌种培养设备　菌种培养在发酵生产中是一项重要的工作，菌种的好坏决定发酵能否顺利进行，能否使毒素比较完全地被分解、转化。菌种扩大培养所需设备主要为斜面试管、三角瓶、摇床、种子罐、发酵罐等。菜籽饼粕的扩大培养常用的是机械搅拌发酵设备，该设备由罐体、搅拌器和冷却系统组成。采用搅拌浆分散和打碎起泡，溶氧速率高、混合效果好、自动化程度高。

（4）固态发酵设备　发酵是菜籽饼粕微生物脱毒的关键工艺。固态发酵既可在固体发酵箱内进行，也可在发酵池中进行。箱式发酵装置底部是筛片，可通冷风和热风，有利于发酵过程的进行，同时可通过翻动装置使物料上下翻动，使得物料与空气接触均匀，发酵彻底。发酵池一般为砖混结构，内部抹水泥，外覆塑料薄膜。池子大小根据生产需要决定，物料的进出以手工操作为主。这种方法结构简单、价格低廉、操作方便，在实际生产中应用很广。

（5）烘干设备　将发酵完的物料进行干燥，可减少物料的体积和重量，便于产品的储存、运输。菜籽饼粕微生物脱毒常用的烘干设备有滚筒式烘干机、流化床烘干机、箱式烘干机、气流烘干机等。

5. 饲料原料加工标准与产品标准

（1）原料　应符合各类原料标准的规定，不得使用受潮、发霉、生虫、腐败变质及受污染的原料，使用的添加剂应符合国家的有关规定。

（2）感官指标　颗粒均匀、表面光滑、色泽一致，无发霉变质、结块及异味，不得有虫、卵滋生，具有特殊的发酵气味。

（3）水分　发酵生物饲料≤42.0%。

（4）理化及微生物指标　产品达到我国《饲料用低硫苷菜籽饼（粕）》（NY/T 417—2000）毒素限量水平；细菌总数≤5×10^6 CFU/mL，每 100 mL 样品中大肠埃希氏菌总数≤100 个，沙门氏菌不得检出。

（5）卫生标准　应符合《饲料卫生标准》（GB 13078）的规定。

（五）油菜籽饼粕及其加工产品作为饲料资源开发利用与政策建议

1. 加强开发利用菜籽饼粕及其加工产品作为饲料资源　我国的制油生产企业小而多，每年仍生产一定量的低质饼粕，其含毒量高、蛋白质利用率低且污染环境。利用生物技术等手段，将这些加工废弃物转化成富含蛋白质的饲料原料，用此替代常规蛋白质原料，开发生产无鱼粉、低豆粕的新型日粮，具有巨大的经济价值。

2. 改善菜籽饼粕及其加工产品作为饲料资源的开发利用方式　一方面，利用微生物发酵工程和基因工程等生物技术手段，有效脱除菜籽饼粕中的有毒有害物质，提高营养成分含量和利用率，使其可以作为一种优良的新型绿色饲料资源，将有效缓解我国饲料资源的供需矛盾，减少环境污染，并可以对类似农林副产品的高效再利用提供科学借鉴。另一方面，将饼粕中的所谓毒性成分提取利用，如植酸虽然是营养限制性成分，但也是性能非常理想的食品抗氧化剂，而且在食品领域已经得到了广泛的应用；硫苷是毒性成分但同时也是性能极好的杀菌剂，在食品调味领域得到了应用（如芥末油），也可以考虑将其开发为高效生物农药。因此，在脱毒的同时，如果将这些脱毒副产品加以综合利用，将大幅度降低脱毒成本，提高脱毒工艺的社会效益和经济效益。

3. 科学制定菜籽饼粕及其加工产品作为饲料原料在日粮中的适宜添加量　菜籽饼粕因其具有较高的蛋白质含量、丰富的矿物质营养而得到了广泛的关注，经脱毒处理后，其中的抗营养因子硫苷及其降解产物单宁、植酸等含量大大降低，可直接用于动物饲料生产。其不但对动物的适口性不再有影响，还能提高饲料消化率，提高动物机体的免疫力和抗病力，使畜禽产品品质得到改善，改善动物生产性能。

4. 合理开发利用菜籽饼粕及其加工产品作为饲料原料的战略性建议　利用微生物固态发酵菜籽饼粕，经干燥可制成生物转化饲料原料。微生物的发酵作用不仅可以改变原料的理化性状，脱除原料中的抗营养物质，增加适口性，提高原料中营养成分的含量及消化吸收率，从而提高饲料的营养价值；而且生产过程条件温和、脱毒效果好、安全无污染，极具市场开发潜力。

三、棉籽粕

棉籽是重要的油料资源，全世界年产量约 3 000 万 t，我国棉籽产量在 720 万 t 以上，用于制油的棉籽约 610 万 t，这些棉籽在提取 70 万 t 棉籽油后可获得 290 万 t 蛋白质含量为 40％～50％的棉籽饼粕，它是一种很好的食用或饲用蛋白质资源。但普通的棉籽中含有棉酚 0.2％～0.6％，棉籽饼粕中含有 0.6％～0.8％的棉酚，远超过国际食用卫生标准 0.04％，食用后会危害机体健康。即使作为饲料也不应该超过此标准，否则棉籽最终还是会进入人的胃肠中，特别是对于单胃家畜的危害更大。这些因素限制了棉籽饼粕在畜禽饲养及食品工业中的应用。

（一）分布

我国棉花种植区域分为华南棉区、长江流域棉区、黄河流域棉区、辽河流域棉区和西北内陆棉区。各棉区的积温、纬度、降水量等自然生态条件不同。生产上，通常将这五大棉区分为南方棉区和北方棉区，南方棉区包括华南棉区和长江流域棉区，北方棉区包括黄河流域棉区、辽河流域棉区和西北内陆棉区。棉区间气候条件不同，所种植的棉花品种、栽培特点也存在差异。长江流域棉区、黄河流域棉区和西部内陆棉区为我国三大棉花主产区。

1. 长江流域棉区　包括：浙江、上海、江西、湖南、湖北、江苏及安徽的淮河以南部分、四川盆地、河南的南阳和信阳地区，陕南地区，以及云南、贵州、福建三省北部等地区。长江流域棉区处于亚热带湿润气候区，适宜栽培中熟陆地棉。种植制度采取粮棉套种，一年两熟或多熟。

2. 黄河流域棉区　包括：河北长城以南、山东、河南（除南阳和信阳地区）、山西南部、陕西关中地区、甘肃陇南、江苏及安徽的淮河以北、北京和天津等。黄河流域棉区处于暖温带半湿润季风气候区，适宜栽培中早熟陆地棉。种植制度采取一年一熟或粮棉两熟套种。

3. 西北内陆棉区　包括：新疆、甘肃河西走廊及沿黄灌区。西部内陆棉区属中温带和暖温带大陆性干旱气候区，适宜栽培中早熟陆地棉或海岛棉。种植制度采取一年一熟制。西部内陆棉区又划分为东疆、南疆和河西走廊、北疆 3 个亚区。目前新疆棉花产量约占我国棉花总产量的 1/3，是我国棉花的重要产地。

（二）品种

棉花属于锦葵科棉属，已发现有 30 多个种，大部分是野生种，只有陆地棉、海岛棉、亚洲棉和非洲棉 4 个栽培种。世界各国种植的主要是陆地棉，占棉花种植面积的95％以上，其次是海岛棉。

（三）营养价值

棉籽粕的平均蛋白质含量在 40％以上，是高蛋白质饲料原料，其蛋白质含量和豆粕相当。棉籽粕的蛋白质含量与棉籽原料品质、仁中含壳量、蒸炒等因素有关。一般棉籽含蛋白质 30％左右，成熟度高的棉籽蛋白质含量较高，其相应生产的棉籽粕蛋白质含量也较高。一般棉籽中棉籽壳含量为 25％～40％，棉籽仁含量为 75％～60％，壳仁比例随棉花品种及成熟度不同而有一定差异。一般棉籽壳含蛋白质约 3％，棉籽仁含蛋白质 40％～45％。为了提高出油率，需在制油过程中保留一定的棉籽壳。棉籽壳的主要成分为粗纤维，蛋白质含量低，降低仁中含壳量有利于提高棉籽粕中的蛋白质含量。油脂厂一般通过调节仁中含壳量来生产不同蛋白质含量的棉籽粕，以满足市场需求。蒸、炒的温度越高，蒸炒时间越长，水分越高，越会加剧蛋白质的变性，从而降低棉籽粕的蛋白质品质。

（四）抗营养因子

目前，棉籽粕替代豆粕的水平比较低，主要是由于其抗营养因子——棉酚所致。棉酚是锦葵科植物的色素腺体中所固有的一种黄色多酚羟基双萘醛类脂溶性化合物，主要有结合态和游离态两种形式，其中与蛋白质氨基相结合的棉酚称为结合态棉酚，未结合的棉酚、棉酚衍生物和棉酚降解产物等称为游离态棉酚。一般认为，结合态棉酚对大多数动物无毒，因为其在动物胃肠道中不能被消化吸收；而游离棉酚对单胃动物来说是有毒的，其毒害作用主要表现为动物采食量低、生长速度缓慢、血细胞数量少、血红蛋白含量少、繁殖性能弱、组织和器官的结构发生变化。

（五）棉籽粕在动物养殖的应用

水产动物对棉籽粕的消化率相对较高，对干物质的消化率为 34％～70％、对蛋白质的消化率为 74％～85％、对脂肪的消化率为 75％～83％、对碳水化合物的消化率为42％～53％。但由于棉籽粕中含有棉酚，因此其在水产动物饲料中的使用量限制在10％～15％。棉籽粕在反刍动物中的应用研究比较多，棉籽粕是一种较好的反刍动物蛋白质饲料原料。其在禽类中的应用也有一些报道，在产蛋种鸡日粮中添加 4％～6％的棉籽粕，蛋种鸡受精率、孵化率显著下降；在樱桃谷肉鸭日粮中添加 6％的棉籽粕，对肉鸭的生产性能、肝脏发育和血液生化指标无不良影响。在猪生产中，直接采用普通棉籽粕饲喂猪的试验报道较少；在断奶后哺育期仔猪日粮中添加棉籽粕，对仔猪的生长性能和血液学指标没有不良影响。将普通棉籽粕进行发酵脱毒或采用脱棉酚棉籽蛋白，棉籽粕的饲用价值并得到提高，并在动物的生长试验中表现出较好的效果。

四、花生粕

花生是世界上最重要的油料经济作物之一，我国花生年总产量约 1 334.1 万 t，居世界首位。花生粕是以脱壳花生为原料，经提取油脂后的副产品。花生粕为淡褐色或深褐色，有淡花生香味，形状为小块状或粉末状，含有少量花生壳。我国每年榨油后剩余的花生粕有900多万t，蛋白质含量为40%~50%，目前主要用于饲料。

（一）花生粕营养组成

花生粕内含有黄酮类、酚类、氨基酸、蛋白质、鞣质、油脂类、糖类、三萜或甾体类化合物。其中，总黄酮含量高达1.095 mg/g，蛋白质含量为48.68%，多糖含量为32.50%，灰分含量为5.61%，每100 g花生粕维生素E含量为0.871 mg。

（二）花生粕的来源

在我国，榨油是花生最主要的利用方式，占消费利用的50%~60%；20%~30%的花生用于食品加工，其中直接煮食、炒食占相当大的比例。我国花生的加工产品较少，高附加值、深加工产品更少。而在发达国家，花生主要以加工系列消费食品为主，占60%左右，仅有15%的花生用于榨油。我国与发达国家在花生加工上的差距十分明显。目前我国花生油加工主要以热榨方式为主，约占花生油加工量的95%，同时冷榨工艺和浸出工艺也有部分使用，而水酶法和超临界萃取法使用较少。花生油的热榨工艺主要有：清理、干燥、剥壳、破碎、轧胚、热处理和压榨7道工序，但油脂提取率不足80%。冷榨工艺是指直接将未经轧胚或蒸炒的花生在室温至60℃内，使用低温榨油机进行压榨获得花生油，低温榨取的花生油品质最佳。采用浸出工艺提取的花生油缺少花生油特有的香味，且微量活性元素被严重破坏，甚至有化学溶剂残留的风险。

花生压榨后的花生粕也由于热榨工艺和冷榨工艺的不同分为热榨花生粕和冷榨花生粕。热榨花生粕由于高温的原因，其花生蛋白质变性严重，营养价值与功能特性均受到不同程度的影响，故热榨花生粕大多作为动物饲料，产品附加值低，资源浪费严重。因此，热榨花生粕可以进行深度开发，主要可以用于酿制酱油、发酵食品和蛋白饮品等。冷榨花生粕由于花生未经高温处理，其分子结构未发生改变，因此饼粕中的蛋白质变性不严重，利用率较好。

五、油茶籽饼粕

（一）我国油茶籽饼粕资源及其加工产品现状

油茶树是山茶科、山茶属、山茶亚属油茶组植物，为常绿小乔木或灌木，生长在亚热带地区的高山及丘陵地带，在越南、缅甸、泰国、马来西亚及日本等国家有少量分布，但将其作为油料树种进行栽培的只有中国，是我国特有的木本食用油料树种，在我国有着2 000多年的栽培和利用历史。目前，油茶在国内外都有着广阔的市场，发展潜力很大，日益受到重视。油茶籽饼粕又称油茶籽粕、油茶饼粕、枯饼、茶粕等，是油茶籽提取茶油后的副产品。油茶籽经提取茶油以后，剩下的65%均为油茶籽饼粕，我国每年都会产生近百万吨的油茶籽饼粕。

目前，我国油茶主产区集中分布在湖南、江西、广西、浙江、福建、广东、湖北、贵州、安徽、云南、重庆、河南、四川和陕西14个省（自治区、直辖市）的642个县

（自治县、直辖市），其中湖南、江西、广西、浙江、福建、广东、湖北、贵州、安徽是油茶的主产区。表 8-7 列出了 2005—2012 年和 2016 年，我国九大主产省油茶籽的产量，整体上呈上升趋势。8 年来湖南省油茶籽的产量一直位居全国主产省的首位。截至 2016 年，油茶产量的排名依次为湖南、江西、广西、湖北、广东、福建、安徽、贵州和浙江。

表 8-7　油茶籽产量（万 t）

省份	年份								
	2005	2006	2007	2008	2009	2010	2011	2012	2016
湖南	37.45	36.82	34.79	40.12	41.9	39.05	51.68	68.13	87.46
江西	18.9	23.03	20.83	19.13	26.9	17.97	42.72	45	36.61
广西	11.73	12.45	12.26	12.72	13.34	14.37	15.15	16.32	19.69
浙江	4.33	3.82	4.38	4.96	4.7	4.03	4.89	6.33	5.14
福建	7.25	7.58	8.06	7.65	8.93	9.48	8.19	9.3	13.79
广东	3.04	3.13	2.96	3.03	5.51	8.24	6.04	7.21	14.68
湖北	0.99	1.23	2.37	3.62	6.6	7.11	8.29	9.21	14.25
贵州	1.06	1.2	1.46	1.24	2.93	2.04	3.26	4.2	7.4
安徽	0.97	0.82	3.18	3.4	3.1	2.59	3.16	6.03	8.17

资料来源：《中国林业统计年鉴》（2005—2012）。

（二）开发利用油茶籽饼粕及其加工产品作为饲料原料的意义

近年来，越来越多的人开始关注并研究油茶籽饼粕，利用油茶籽饼粕生产多种多样的副产品。例如，从油茶籽饼粕中提取精炼残油、茶皂素、淀粉等，利用茶籽饼粕制备茶籽多糖，脱毒生产饲料或微生物发酵生产饲料。由于饲料产业的发展，饲料原料尤其是蛋白质饲料原料不足的情况日益突出，而油茶籽饼粕因其具有较高的蛋白质含量、丰富的矿物质营养而得到了广泛的关注。其中，利用微生物发酵脱除茶籽饼粕中茶皂素生产饲料的研究受到众多研究者的青睐。

由于受到茶籽品种、产区分布、采收季节及加工工艺等的影响，油茶籽饼粕的营养成分含量变化较大。饼粕中除含有油脂外，还含有蛋白质、糖类等营养物质。现有研究结果表明，提油后的油茶籽饼粕一般含 0.5%～7% 的粗脂肪、10%～20% 的蛋白质、15%～25% 的粗纤维、30%～60% 的糖类物质。油茶籽饼粕蛋白质中含有 18 种氨基酸，包括畜禽生长所需的 10 种必需氨基酸，其中天冬氨酸、谷氨酸和精氨酸等含量较为丰富。另外，油茶籽饼粕蛋白经酶解后还可制备蛋白多肽，具有良好的抗氧化活性。同时，矿物质元素钙、钾、镁、铁、锰等的含量也较为丰富。通过脱壳、脱皂、生物发酵等技术手段处理的油茶籽饼粕是一种优良的饲料原料。此外，对油茶籽饼粕提取物在生物饲料上的应用研究表明，油茶籽饼粕提取物有望作为一种天然、绿色的饲料添加剂取代抗生素，从而减少滥用抗生素所带来的危害。

（三）油茶籽饼粕及其加工产品作为饲料原料利用存在的问题

油茶籽饼粕中除含蛋白质、糖类等营养物质外，含茶皂素和单宁等抗营养因子和粗纤维含量也过高。茶皂素具有溶血性，对大多数变血动物，如鱼具有极强的毒性，因此不能作为这类动物的饲料。如果油茶籽饼粕中茶皂素含量过高，不仅饼粕的味道苦、适口性差，而且会引起禽畜消化不良等现象，不能够被广泛使用，大多都被废弃，这造成了极大浪费。在很长的一段时间，我国对油茶籽饼粕的利用很少，特别是其在开发饲料资源方面的应用还很少，大部分被用作清塘剂、肥料、燃料，甚至被废弃，少量用于茶皂素的提取，极少部分用作饲料。

（四）油茶籽饼粕作为饲料的加工方法与工艺

1. 加工方法 未经去除茶皂素和单宁等抗营养因子的油茶籽饼粕，对动物的毒害较大，且油茶籽饼粕中粗纤维含量高而优质蛋白质含量少，不能直接作为饲料原料应用于动物生产中。而通过理化法处理和微生物发酵等脱毒处理，可以有效降低有毒有害成分含量，提高蛋白质的含量和质量。目前主要利用物理法、化学法、微生物发酵法及综合法对油茶籽饼粕进行脱毒处理，而所有方法中又以化学法和微生物发酵法最为常用。化学法脱毒成本高，工艺复杂，设备要求较高，且经提取后的油茶籽饼粕中仍含有一定量的茶皂素，为进一步利用造成困难。微生物发酵法被认为是目前发展潜力最大的油茶籽饼粕脱毒处理方法。茶籽饼粕经微生物发酵后，油茶籽饼粕中的茶皂素及粗纤维含量大幅降低，而蛋白质等营养成分含量得到相应的增加，且具有茶多糖及茶多酚等抗氧化成分，具有极高的营养价值。含有少量茶皂素的油茶籽饼粕发酵产物，饲喂动物时不仅无任何毒副作用，反而对动物生长起一定的促进作用。通过脱壳、脱皂、生物发酵等技术手段处理的油茶籽饼粕是一种天然优良的饲料来源。

（1）物理、化学法处理 茶皂素的提取过程同时也就是油茶籽饼粕的脱毒过程，能去除大部分的单宁、生物碱和黄酮等。目前，提取油茶籽饼粕中茶皂素的工艺主要有水提法、有机溶剂浸提法等。

① 水提法 此法基于茶皂素溶于热水的性质，成本低、污染少、工艺简单。缺点是效率低、纯度低，提取得到的茶皂素的应用范围较窄。此法较适用于小型工厂提取生产。

② 有机溶剂浸提法 一般用甲醇、乙醇等有机溶剂提取，主要用于茶皂素的工业化生产。此法不仅能提取较高纯度的茶皂素，而且油茶籽饼粕中的蛋白质和可溶性糖类损失较少。周浩宇等（2010）用化学法脱毒后，茶皂素含量由脱毒前的 11.6% 降至 0.93%，总酚含量由 5.77% 降至 0.74%，粗蛋白质含量由 12.7% 提高到 17.2%，粗纤维含量则由 20.3% 增加至 24.1%。有机溶剂浸提法脱毒成本高，尤其是高纯度乙醇的价格较高，生产设施一次性投资大、工艺复杂、设备要求高、试剂消耗大、成本高、污染严重、溶剂残留较大。

（2）微生物发酵处理 将高效微生物菌株添加到油茶籽饼粕中，在适宜的条件下进行发酵，微生物在发酵培养基上大量生长并分泌酶系，能将茶皂素和单宁等抗营养物质分解利用，从而降低茶皂素的含量，提高茶籽饼粕中蛋白质及维生素的含量，使其作为优良的饲用蛋白质源。邓桂兰（2008）采用复合菌种发酵油茶籽饼粕，粗蛋白质含量较发酵前显著提高，氨基酸组成更趋于合理，而粗纤维含量明显下降，油茶籽饼粕的营养价值大大提高。钟海雁等（2001）进行了茶籽饼粕固态发酵技术的研究，结果表明黑曲霉、产朊假丝酵母、毛霉、平菇和紫木耳均能在脱毒后的茶籽饼粕上正常生长，且发酵后蛋白质含量得到了一定程度的提高。肖玉娟等（2010）采用粗壮脉纹胞菌发酵生产的油茶籽饼粕产品，其粗纤维含量从初始的21.5%降到14.2%，粗蛋白质含量从初始的12.8%提高至18.3%，可溶性糖含量从初始的7.60%提高至36.0%。可见，经过微生物发酵之后，油茶籽饼粕中抗营养物质含量大大减少，非蛋白氮转化为可被利用的菌体蛋白后蛋白质含量大幅提高，氨基酸组成也更加均衡。微生物发酵提高了油茶籽饼粕的营养价值，使其成为优质的蛋白质饲料原料。不仅如此，微生物发酵技术具有处理时间短、设备和工艺简单、无水污染、成本低等优点。

（3）需要改进的加工方法 我国油茶的种植地域广，这对各地区的油茶籽饼粕营养成分的稳定性有一定影响。茶油的制取工艺不同，营养成分和抗营养因子也不一致，导致很难统一应用。在实际生产中，有机溶剂浸取法可以结合超声波辅助提取，这样缩短了提取时间，提高了提取效率。发酵技术处理的油茶籽饼粕在实际生产和试验中也存在一些问题，如果能进一步改进和优化加工工艺，使脱毒油茶籽饼粕获得工厂化生产，提高产品的稳定性，那么油茶籽饼粕在动物养殖中将具有非常广阔的应用前景。

2. 工艺条件

（1）成型/成熟的工艺条件 常用的脱毒方法分为物理脱毒法、化学脱毒法和生物脱毒法。饼粕类饲料各种脱毒技术的优缺点如表8-8所示。

表8-8 饼粕类饲料各种脱毒技术的优缺点

脱毒方法	现阶段主要用途	优 点	缺 点
热处理法	各种饼粕	操作简单	蛋白质消化率下降
液体旋流分离法	棉籽饼粕	确实可靠	设备要求高，技术难度大
钝化芥子酶法	菜籽饼粕	简单可靠	硫苷被肠道微生物分解产生毒素
膨化技术	各种饼粕	适应度高，消化率提高	能耗大，设备仪器体积偏大
酸碱盐降解法	菜籽饼粕	简单可靠	污染严重，饼粕质量不高，适口性差
水浸出法	油茶籽粕 菜籽饼粕 油茶籽粕	脱毒明显，成本低廉	干物质损失严重
溶剂浸出法	菜籽饼粕 棉籽饼粕	脱毒明显，蛋白质损失小	工艺复杂，污染较严重
酶制剂法	各种饼粕	脱毒条件温和，干物质损失小	成本较高
微生物发酵法	各种饼粕	脱毒明显，蛋白质含量提高	有一定的干物质损失，对技术的要求高

（2）油茶籽饼粕中茶皂素的提取方法

① 水提法 水提法是最早开发的提取茶皂素的方法，即利用茶皂素溶解于热水的性质，用热水作为浸提剂，提取茶皂素的方法。该方法工艺简单、成本低、投资少、见

效快，但是蒸发量大、能耗高、生产周期长，且提取的茶皂素纯度低、颜色深、质量差，在提取过程中水的存在使茶籽中的大量淀粉糊化，蛋白质胶体造成固液分离困难，产品吸湿性很强，有黏性，其工艺流程见图8-3。

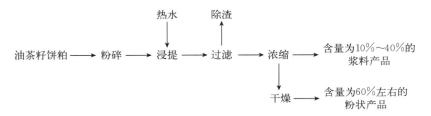

图8-3　茶皂素水提法工艺流程

② 有机溶剂浸提法　一般用含水甲醇或含水乙醇作为提取溶剂，正丁醇作为抽提溶剂，能有效地提高产品的纯度，降低能耗。但有机溶剂浸提法使用大量溶剂，增加了生产成本，有时还存在溶液残留的问题。由于甲醇有毒性，故通常使用含水乙醇做溶剂。由于色素是脂溶性的，因此用此法色素也容易被萃取出来，所得产品颜色较深，工艺流程见图8-4。

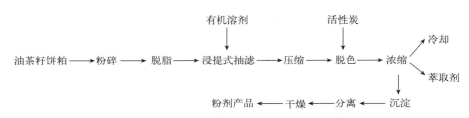

图8-4　茶皂素有机溶剂浸提法工艺流程

③ 吸附法　大孔树脂是近年发展起来的一类有机高分子聚合物，具有物化稳定性高、吸附选择性好、不受无机物存在的影响，且再生简单、解吸条件温和、使用周期长及对环境无污染等优点，因而被广泛应用于物质的分离纯化，所得产品纯度、收率、色泽均明显优于传统工艺。茶皂素是一种非离子型物质，比较适合使用中性的大孔树脂分离，又因为大孔树脂对物质的吸附是以范德华力为主的，故非极性分子形式的物质容易被吸附，而且树脂内部具有很多适当大小的孔穴，在一定程度上可以依照分子质量大小进行分离，其工艺流程见图8-5。

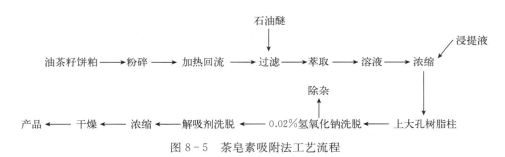

图8-5　茶皂素吸附法工艺流程

④ 微波/超声波辅助提取茶皂素技术　油茶籽饼粕粉碎后的原料经微波处理后，与水提法和乙醇溶液浸提法进行比较发现，微波/超声波预处理辅助提取茶皂素的时间缩短了近 6 h。工艺参数为：加热功率 800 W、55% 微波＋45% 光波辐射、照射时间为 4 min，其与水提法相比提取率提高了 31.1%，与乙醇溶液浸提法相比提取率提高了 14.0%。微波/超声波辅助提取皂苷类物质与传统提取法相比，最大的优点是提高了提取率、节省了时间、降低了能源消耗。

（3）微生物发酵　此法可改变粕类饲料原料的理化性状，减少抗营养因子，产生促动物生长的有益成分，提高消化吸收率，增加适口性，延长储存时间，可解毒脱毒，将有毒饼粕转变为无毒、低毒的优质饲料。微生物发酵作用可将粕类饲料原料转化为优质蛋白质饲料。根据培养基的不同可分为固态发酵和液态发酵。一般采用固态厌氧发酵生产微生物发酵饲料。微生物发酵饲料工艺流程见图 8-6。

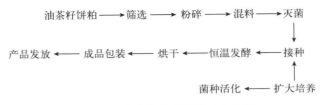

图 8-6　微生物发酵饲料工艺流程

微生物发酵饲料方法有：

① 固态发酵　指使用不溶性的固态基质来培养微生物的工艺过程，不仅包括将固体悬浮在液体中的深层发酵，还包括在没有或近乎没有自由水的湿固态材料上培养微生物菌体的工艺过程，大多数情况下是指在没有或近乎没有游离水的存在下，在具有一定湿度的水不溶性固体基质中，用一种或者多种微生物发酵的生物反应过程。固态发酵生产的主要工艺过程大致由 5 个部分组成：菌种扩大培养、原料预处理、接种发酵、干燥灭活、成品包装。具体过程为：斜面菌种活化培养→扩大培养→菌种待发酵原料→灭菌处理→调制→接种混合。

② 混合发酵　指两种或多种微生物的共同发酵。其底物一般采用自然界中的纤维素类物质，如酒糟、糠类和玉米秸秆等废弃物，发酵产物一般为食品、饲料蛋白质和一些化合物，如氨基酸、乙醇等。混合发酵的微生物菌体在发酵过程中可能从互利共生转为相互竞争，也可能转为相辅相成、优势互补，发挥单一菌株没有的作用。混合发酵方式大致分为顺序培养、共固定化细胞和混合固定化细胞培养、联合培养。顺序培养是指先接入一种菌在培养基中生长，生成中间产物后再接入另一种菌，将前一菌株所产生的中间产物转化为所需的终产物。这种培养方法在有机酸的生产中应用较多。共固定化细胞指将几种细胞同时包埋在同一载体上，而混合固定化细胞是指先将菌体细胞分别固定化后再混合使用。共固定化细胞和混合固定化细胞系统不仅稳定，而且可使几种微生物协同作用，在工业微生物的应用上有广阔的前景。

（4）潜在的工艺要求

① 粉碎过筛　油茶籽饼粕需要经过粉碎处理，初步破碎细胞壁，粉碎后过筛保证粒度均匀，粉碎彻底。该程序对于有效去除茶皂素有重要作用。发酵混料之前要对原料

进行粉碎，这样才能确保培养基被充分利用。

②湿法微波预处理　在超声波提取之前，需要对粉碎后的油茶籽饼粕进行适当加湿，湿度是否均匀关系到微波的效果，微波的参数关系到油茶籽饼粕会不会被烤焦或者是否能达到破碎细胞的效果。因此，要处理好料层厚度和自动喷淋装置之间的关系。

③超声波提取　本工艺同时需要超声波的聚能和发散效果，因此要关注定制设备的物料处理量，操作是否简单，运行是否可靠。超声设备的可靠性直接影响生产。

④混料　在灭菌前使用喷淋装置给原料加湿，使用搅拌机混合均匀，再用蒸汽灭菌。搅拌机的工作效率要高，只有在较短时间内完成物料混合，才能不影响后续工艺，这样才能提升总体的工作效率。

⑤蒸煮　在工厂生产中，一般通过蒸汽来杀灭物料中的细菌，同时可以熟化物料，让后续接种的菌体更易利用，蒸煮后应尽量避免再次染菌，才能让发酵阶段顺利进行。

⑥接种　接种时要避免染菌，操作要规范，菌种的制备要合理，减少变异体，要定期筛选，对于容易污染的菌类要重点防治，定期对车间消毒，对染菌的原料要及时彻底处理，以免扩大污染。

⑦恒温发酵　大规模生产中，要注意发酵产热，做好控温措施，尽量使发酵车间温度保持在菌体最适生长温度范围内。

⑧干燥　发酵后，培养基还含有一定水分，假如不干燥处理，在短时间内会发生霉变，而且无法杀灭微生物，微生物进入衰亡期，产生其他的副产物，无法保证质量。

⑨成品包装　干燥冷却后进行称量打包。对于有质量问题的批次，质检人员要及时反映，并进行有效的调整，这样才能减小损失。包装时，不能烂袋，否则在运输和销售过程中会造成很大浪费。

3. 饲料原料加工标准与产品标准

（1）原料　符合《饲料原料目录》的要求。

（2）感官　粉状，黄褐色，色泽一致，无发霉变质、无结块、无异味、无异臭，具有特殊的发酵气味。

（3）水分　发酵生物饲料≤42.0%。

（4）成品粒度　根据《发酵生物饲料》（Q/HZS 001—2013）规定，发酵饲料成品01和02全部通过孔径1.2 mm的标准编织筛，其他成品全部通过孔径1.7 mm的标准编织筛。

（5）理化指标　理化指标应符合表8-9中的规定。

表8-9　饲料产品理化指标

检验项目	单位	标准值	判定值	检测值	检测依据
粗蛋白质	%	—		17.4	GT/T 6432—2018
粗纤维	%	—		13.0	GT/T 6434—2006
水分	%	—		2.10	GT/T 6435—2014
粗灰分	%	—		5.70	GT/T 6438—2007
大肠埃希氏菌菌群	MPN	—		< 30	GT/T 18869—2019
沙门氏菌	—	—		未检出	GT/T 13091—2002

注：MPN，即most probable number，指每100 g(mL)检样中大肠埃希氏菌菌群的最可能数。

（五）油茶籽饼粕及其加工产品作为饲料资源开发利用与政策建议

1. 加强开发利用油茶籽饼粕及其加工产品作为饲料资源　我国是世界上油茶产量最多、分布最广、品种最多的国家，油茶园林面积约有 400 万 hm²。油茶作为南方丘陵地区的重要油料作物，主要分布在江西、广西、湖南三省，其油茶籽产量占全国总产量的 80％以上。每年我国的油茶籽产量约为 220 万 t，含油率为 26％～39％，以机榨出油率为 70％计算，每年可产约 56 万 t 的油茶籽饼粕。因此，我国潜在的可利用油茶籽饼粕的资源非常丰富。对油茶籽饼粕提取物在生物饲料上的应用研究表明，油茶籽饼粕提取物有望作为一种天然绿色的饲料添加剂取代抗生素，从而减少滥用抗生素所带来的危害。油茶籽饼粕原料丰富、产地集中，对其进行综合开发有望获得较大的经济效益。

2. 改善油茶籽饼粕及其加工产品作为饲料资源的开发利用方式　油茶籽饼粕因具有较高的蛋白质含量、丰富的矿物质营养而受到了广泛关注，当茶皂素含量低于 1％时，茶籽饼粕可直接用于动物饲料生产，不但对动物的适口性不再有影响，还能改善畜禽产品品质，提高动物机体的免疫力和抗病力，提高饲料消化率，从而改善动物生产性能。利用现代微生物发酵技术，可降低茶皂素的含量，将油茶籽饼粕中的非蛋白氮转化为菌体蛋白，大大提高发酵后产物的蛋白质含量，使其可作为优良的饲用蛋白源；并在一定程度上降解纤维素、半纤维素物质，同时增加其他有效营养成分含量，使其可以作为一种优良的新型绿色饲料资源，为有效缓解我国饲料资源的供需矛盾、减少环境污染，并可以为类似农林副产品的高效再利用提供科学借鉴。

3. 科学制定油茶籽饼粕及其加工产品作为饲料原料在日粮中的适宜添加量　在禽类饲料中添加 15％的油茶籽饼粕发酵饲料，不仅能提高蛋鸡的生产性能和鸡蛋品质，而且饲料成本基本保持不变，有助于提高经济效益。

4. 合理开发利用油茶籽饼粕及其加工产品作为饲料原料的战略性建议　利用油茶籽饼粕发酵制成生物转化饲料，不仅蛋白质含量高，同时降解纤维素为低聚糖，营养价值高且适口性好，安全无污染，极具市场开发潜力。可以解决大量纤维物质的再生利用问题，消除环境污染，具有重要的社会效益。

六、亚麻籽粕

亚麻籽中富含多种功能活性成分，如 α-亚麻酸、木酚素、植物胶、亚麻二糖苷、酚酸、黄酮类等，其中许多成分都具有抗癌活性，因此许多国家将亚麻籽直接作为保健食品添加到食品中食用。目前国内亚麻籽主要用来榨油，而由于饼粕含有对人体有害的毒性物质——生氰糖苷，其应用仅局限于限量添加到反刍动物饲料中。这不仅造成了资源的不合理利用及浪费，而且亚麻籽的潜在价值远没有被开发利用。

（一）营养成分

亚麻籽粕是亚麻籽经过加工后的副产品，其蛋白质含量丰富，可以作为动物的蛋白质饲料来源之一。亚麻籽粕中赖氨酸含量不足，而精氨酸含量较高，因此在使用亚麻籽粕作为动物饲料时要与赖氨酸含量高的饲料搭配使用，以保证日粮氨基酸平衡。亚麻籽粕中的核黄素、泛酸和烟酸含量丰富，但是缺乏维生素 A、维生素 D、维生素 E 和维生素 B_{12}。亚麻籽经过压榨提取后其中的核黄素和硫胺素含量下降，但是磷酸的含量无变化，此外亚麻籽粕中亚麻酸的含量占总的脂肪酸含量的 50%。压榨不仅可以提高亚麻籽粕的养分消化率，还能够使部分抗营养因子失去活性。

（二）抗营养因子

1. 亚麻籽胶　亚麻籽中含有 5%～10% 的亚麻籽胶，主要存在于亚麻籽表皮中，一般在亚麻籽壳中。亚麻籽胶有持水性、稳定性、黏性、乳化性及发泡性等多种特性。亚麻籽胶由酸性多糖和中性多糖组成，其中酸性多糖与中性多糖的摩尔比是 2∶1，并含有少量蛋白质和矿物质的天然高分子复合胶。Fedeniuk 和 Biliaderis（1994）发现，亚麻籽胶中性多糖具有较高的特性黏度，在 pH 5.0～9.0 条件下能表现出稳定的黏性，但是加入电解质后其黏度大大降低。亚麻籽胶的黏性使得被包裹的蛋白质不能被单胃动物有效利用，亚麻籽的蛋白质利用率较低的主要原因就是亚麻籽胶的存在。

2. 亚麻亭、植酸、胰蛋白酶抑制因子　亚麻亭是谷氨酸二肽，在亚麻籽粕中的含量为 100 mg/kg，其水解产物能够与吡哆醛和磷酸吡哆醛缩合生成稳定的化合物，因此是维生素 B_6 的抑制因子，采用热处理可以减少其在亚麻籽粕中的含量。经过压榨的亚麻籽粕中亚麻亭的含量降低，但是在作为畜禽日粮时仍然要注意维生素 B_6 的适量添加。植酸大多以植酸钙、植酸钾、植酸酶等形式存在于植物的种子中，能与蛋白质形成复合物，并且可以与矿物质和部分微量元素络合，从而减少动物对这些营养物质的吸收利用。胰蛋白酶抑制因子能够抑制胰蛋白酶的活性，从而使得胰蛋白酶的消化吸收率降低。亚麻籽粕中该抑制因子对动物及人的影响不大。

3. 生氰糖苷　亚麻籽的生氰糖苷主要有二糖苷和单糖苷，主要存在于亚麻籽的壳和仁中，生氰糖苷的含量与亚麻籽的收获季节、气候条件、种植方式和亚麻的品种有关，亚麻籽油含量低则生氰糖苷含量就高，如果油含量高则生氰糖苷含量就低。亚麻籽在储存过程中氰化物的含量会下降。生氰糖苷本身并没有毒性，但是动物采食含有生氰糖苷的食物后，经过咀嚼、混合，植物的组织结构遭到破坏，在适宜的条件下（适量的水，pH 为 5 左右，温度为 40～50 ℃），生氰糖苷和酶作用产生的氢氰酸可引起动物中毒。氢氰酸被动物吸收后，随血液循环进入组织细胞，透过细胞膜进入线粒体，氰离子能够与氧化型细胞色素氧化酶的 Fe^{3+} 结合，形成高铁细胞色素氧化酶，从而导致细胞色素氧化酶失去传递电子、激活分子氧的能力，因此组织细胞不能利用氧，导致细胞中毒性缺氧症。

（三）抗营养因子的去除方法

1. 蒸煮法　该法是在高温、高压下进行的，β-葡萄糖苷酶活力随反应温度的升高而升高，但超过一定的温度则失活，生氰糖苷容易在酶的作用下释放出氢氰酸。此外，高压也能够使生氰糖苷的化学结构遭到破坏，或使其他的抗营养因子化学结构遭到破坏，从而起到脱毒的效果。杨宏志等（2008）通过研究表明，蒸煮法的最佳脱毒工艺参数为蒸煮温度 120 ℃、蒸煮时间 25 min。但是该种方法会造成营养物质的损失。

2. 溶剂法　该脱毒技术是根据生氰糖苷溶于有机溶剂的特点，从而达到去除生氰糖苷的目的。杨宏志研究了溶剂系统、加水量、浸提次数和浸提温度对脱毒效果的影响，结果表明，用由 85％乙醇、5％氨水和 10％的水（按容积计）组成的溶剂系统去除生氰糖苷是最合适的，其中最佳温度为 40 ℃，最佳浸提次数是 3 次。李高阳和丁霄霖（2008）用实验室串级模拟四级逆流萃取工艺使得亚麻籽粕中的生氰糖苷残余量低于 0.7 mg/kg。由此看出，溶剂法效率较高，但是有机溶剂不易回收，而且成本较高，易对环境造成污染，因此要选择合适的溶剂进行脱毒。

3. 微波法　该法脱毒的原理是微波加热时水吸收能量快所以升温快，就不会引起其他物质升温过快，这样使得亚麻籽中的水分迅速升温，激活了糖苷酶的活性，使生氰糖苷转化为氢氰酸与水分一起释放。冯定远（2008）用微波法（输出功率 750 W，200 g 亚麻籽铺成 20 cm×20 cm）对亚麻籽进行脱毒处理的，结果表明，微波处理能够显著降低亚麻籽的生氰糖苷含量，能有效改善亚麻籽的代谢能、氮存留率和营养物质的表观消化率。杨宏志和毛志怀（2004）、汤华成和赵蕾（2007）的试验结果分别表明，微波法对生氰糖苷的去除率分别是 82％和 95.57％。

4. 烘烤法　该法是将含有生氰糖苷的作物放于烘箱内，在一定温度下保持一定时间，借以酶的作用达到去除生氰糖苷的目的。其原理是：温度升高，使酶的活性升高，加之氢氰酸的沸点较低而容易挥发。田伟和杨宏志（2008）以氢氰酸为指标，研究了烘烤法对亚麻籽的脱毒工艺，结果表明最佳脱毒工艺参数为烘烤时间 30 min 和烘烤温度 100 ℃。李笑春（2011）用烘烤法对木薯中的氢氰酸进行脱毒，在 75 ℃下脱毒 8 h 可以使脱毒率达到 62％。

5. 水煮法　生氰糖苷能够溶于水，随着水温的升高生氰糖苷的溶出速率增加，在糖苷酶的作用下产生氢氰酸，由于氢氰酸的沸点低而被释放出来。张郁松（2008）通过试验证明，水煮法的最佳温度为 80 ℃，最适宜的溶剂倍量和浸提时间分别是 10 倍和 120 min。杨宏志等（2008）的试验结果表明，水煮法的最佳脱毒工艺参数为：水煮温度 100 ℃、水煮时间 20 min、料水比为 1∶20。但也有研究表明，当温度超过 100 ℃时，生氰糖苷可以被完全去除，但是亚麻籽中的蛋白质和氨基酸会有一定的损失。

6. 微生物发酵法　采用微生物发酵的方法对亚麻籽粕中的生氰糖苷进行去除，是因为微生物在自身代谢的过程中可以产生 β-葡萄糖苷酶，该酶能够降解生氰糖苷。梅莺等（2013）在试验中采用微生物发酵的方法对亚麻饼粕进行脱毒，确定微生物的最佳发酵条件为：酿酒酵母 *Saccharomyces cerevisiae* CICC31077，接种量为 3％，含水量为 50％，发酵温度和发酵时间分别为 28 ℃和 72 h。在这种条件下，生氰糖苷的去除率为 76.9％。微生物发酵法脱毒具有条件温和、安全高效、成本较低的优点。Sornyotha 等（2010）采用纤维素酶和木聚糖酶处理木薯后，亚麻籽苦苷的去除率达到 96％，并且处理的时间较短，是一种较好的处理方法。

7. 转基因技术　该脱毒技术是将作物内的生氰糖苷表达基因进行剔除或将其植入高表达产酶基因从而进行脱毒处理。范明霞（2010）采用基因表达的技术成功构建了 *HNL24b* 基因表达的载体，从而使得该基因可以在植株中完成表达，达到降低植株中氰化物含量的目的。吴酬飞（2012）利用基因工程技术构建出毕赤酵母分泌表达载体，并与基因组 DNA 同源重组，第一次构建了可同时在体外分泌表达氰化物水合酶和 β-葡萄糖苷酶的毕赤酵母工程菌株，并用其进行亚麻籽发酵脱毒研究，其发酵条件是 pH

6.3，发酵温度和时间分别为 46.8 ℃和 48 h，对生氰糖苷的降解率高达 99.3%。

（四）亚麻籽粕在动物饲料中的应用

1. 亚麻籽粕在反刍动物饲料中的应用　由于反刍动物能够在微生物发酵的作用下将生成的有毒有害物质分解释放，因此亚麻籽粕大部分用于反刍动物是良好的能量和蛋白质饲料，我国不少地区在反刍动物日粮中使用的亚麻饼占 20%。Gaghon 和 Petit（2009）在奶牛的日粮中添加亚麻籽粕（0、50 g/kg、100 g/kg 和 150 g/kg）的结果表明，试验组奶牛的采食量、产奶量和牛奶成分与对照组相似，亚麻籽粕是产奶中期奶牛的良好蛋白质原料来源。Zhou 等（2009）的研究结果表明，在淮南羊的饲料中添加亚麻木酚素可以提高瘤胃对碳水化合物和含氮化合物的代谢能力，并且可影响羊瘤胃微生物菌群的组成。

2. 亚麻籽粕在禽类饲料中的应用　亚麻籽粕在禽类饲料中的应用，除了要考虑其营养物质含量、平衡性和有效性以外，更要注意其毒副作用。用水洗亚麻籽粕能够满足鸡 50%～75%的蛋白质需要。Anjum 等（2013）研究表明，随着压榨亚麻籽粕（5%、10%和 15%）在肉仔鸡日粮中添加量的增加，肌肉中脂肪和 ω-3 脂肪酸的含量增加，但是肉品质的氧化稳定性降低了。

3. 亚麻籽粕在其他动物饲料中的应用　木酚素已经被证明具有一定的抗癌作用，亚麻籽是木酚素前体物质最丰富的来源。Serraion 和 Thompson（1991）对小鼠的研究结果表明，在雌性小鼠的日粮中添加亚麻籽粉或者是亚麻籽粕可以使乳腺上皮细胞的增殖率减少 38.8%～55.4%，并且使得核畸变的发生率减少 58.8%～65.9%，这些情况的出现都可能是亚麻籽或是亚麻籽粕中存在的木酚素前体物质引起的。Willams 等（2007）的试验结果表明，亚麻籽粕和亚麻油可以减少由氧化偶氮甲烷诱导形成的异常隐窝灶的发生率。Juárez 等（2010）的研究结果表明，在生长育肥猪的日粮中添加经压榨的亚麻籽粕水平达到 15%，饲喂时间为 8 周时，对其活体表观性能无显著影响，饲喂时间超过 12 周时会降低平均日增重，但是随着饲喂水平的增加饲料转化率提高。

亚麻籽粕作为一种蛋白质饲料原料，但由于其含有大量的抗营养因子，因此在生产上的应用受到了限制。要让其发挥应有的价值就应该采取适当的方法将抗营养因子去除，合理调配动物日粮，提高动物生产性能，使亚麻籽粕在畜禽生产中有更广阔的应用前景。

七、棕榈粕

（一）分布

油棕原产地在南纬 10°至北纬 15°、海拔 150 m 以下的非洲潮湿森林边缘地区。主要产地分布在亚洲的马来西亚、印度尼西亚，非洲的西部和中部，南美洲的北部和中美洲。我国引种油棕已有 80 多年的历史，目前主要分布于海南、云南、广东、广西等地。

（二）营养价值

棕榈粕不仅含有较高的蛋白质和丰富的磷、铜、锌、锰、钾等矿物质，粗脂肪含量也较高，并且富含 B 族维生素、维生素 E 及多种氨基酸（表 8 - 10）。其气味为咖啡味和酒香味，色泽为咖啡色。通常将其作为能量饲料使用，其在节约饲料资源、降低养殖成本等方面发挥着举足轻重的作用。

表 8 - 10　棕榈粕的营养成分及含量

营养成分	含　　量
粗蛋白质	14%～17.5%
粗脂肪	8%～10%
粗纤维	15%～20%
代谢能	17.15 MJ/kg
粗灰分	5%～7%
水分	4%～7%
磷、锰、铁等元素	含量丰富
B 族维生素、维生素 E 等	含量丰富
多种氨基酸	含量丰富

(三) 抗营养因子

棕榈粕中的纤维成分主要是甘露聚糖，其含量为 30%～35%，甘露聚糖会引起肠道免疫系统应激反应和代谢水平能量利用障碍，具有较强的抗营养作用，在饲料中的使用量过高时，容易造成动物腹泻、采食量下降等问题。合理使用甘露聚糖酶可以在很大程度上解决该问题，并且能提高棕榈粕的使用效果。

(四) 棕榈油的应用

1. 增加饲料的抗氧化性　水产动物商品饲料中含有高比例的多不饱和脂肪酸，这使得水产饲料极易氧化酸败，用这种饲料投喂鱼后，脂类氧化对其生物膜的毒害作用将加剧。粗棕榈油含有 48% 的饱和脂肪酸，更不易于氧化酸败。棕榈油也是最富含天然胡萝卜素（700～800 mg/kg）的一种植物，这使其有与众不同的橙红色。同时其也是一种优质的天然维生素 E 源（600～1 000 mg/kg），是一种唯一的生育酚（18%～22%）与生育三烯酚（78%～82%）的混合型植物油。β-胡萝卜素和维生素 E 都是良好的营养性抗氧化剂。在高脂肪含量的饲料中添加棕榈油是一种可行和经济地控制其氧化酸败的方法。在大西洋鲑的精制饲料中添加棕榈油占脂肪比例由 10% 增加到 50% 时，饲料总胡萝卜素含量由 79.6 mg/kg 增加到 114.4 mg/kg。并且用添加棕榈油的饲料投喂鲑，其对适口性和摄食量都没有明显影响。

2. 棕榈油对生长及体组成的影响　与饲喂全鱼油的鱼相比，棕榈油占饲料油脂的 25%～100% 对大西洋鲑后期仔鱼的生长率和饲料转化率没有显著影响。在商业养殖条件下，在饲料中添加 10%、25%、50% 或 100% 的棕榈油对大西洋鲑的生长及饲料利用率都没有明显的降低作用。Fonseca-Madrigal 等（2006）报道，在饲料中用不同梯度棕榈油替代鱼油后，虹鳟的生长、饲料利用率都没有明显影响。在这些研究中，死亡率都不是由饲料引起的，鱼都处于良好的状态下，肝等内脏和肌肉指数都很正常；肝脏、心脏和肌肉样品都没有明显的组织病理学变化。在欧洲鲈日粮中，棕榈油作为植物油混合中的一种，以占总油脂的12%和15%添加，对欧洲鲈的生长及肝指数均没有明显影响，但是血浆胆固醇的含量均比对照组低。商品规格的鲑肌肉脂肪组成不会受到饲料中高棕榈油的影响，但是Bell等（2002）报道，用高棕榈油含量的饲料饲喂鲑后期幼鱼30周，肌肉的脂肪含量有轻微的降低。Torstensen等（2000）在给大西洋鲑饲喂高棕榈油含量的日粮后，没有发现其血浆中脂蛋白胆固醇水平升高，肌肉中含有的色素和虾青素浓度并没有受到饲喂棕榈油饲料的影响。一般认为鲑不具有将β-胡萝卜素转化为虾青素的能力，而虾青素是鲑肌肉中最主要的一种类胡萝卜素。Rosenlund等（2015）应用油菜籽油、亚麻油、禽类油脂、棕榈油或大豆油与鱼油混合的饲料饲喂大西洋鲑，与投喂全鱼油饲料的大西洋鲑相比，它们在肌肉质地上没有显著区别。这些初步的研究表明，在某些冷水性的鲑鳟类鱼中，棕榈油可以在以鱼粉为主要蛋白质源的饲料中部分替换鱼油而且不会对其生长、饲料利用率或者一些重要的肌肉质量指标，如脂肪含量、质地和色泽产生不利影响。

3. 棕榈油对养殖动物肌肉脂肪酸组成的影响　肌肉是鱼类的主要消费部分，而海水鱼肌肉中含有大量的高不饱和脂肪酸，即海水鱼的主要营养价值就体现在其肌肉的不饱和脂肪酸比例上。鱼体肌肉的脂肪酸组成是饲料脂肪酸组成的直接体现。而棕榈油中不含有n-3系列的高不饱和脂肪酸（highly unsaturated facty acid，HUFA），这会直接降低海水养殖鱼类的经济价值。在对鲑所做的试验中发现，肌肉脂肪中的脂肪酸组成体现了与棕榈油添加的相关性，即体现在C16：0、C8：1n-9、C18：2n-6的含量上，总饱和脂肪酸及单不饱和脂肪酸与饲料中棕榈油的增加呈线性相关。随着饲料中棕榈油含量的增加，二十碳五烯酸的浓度显著降低，但是二十二碳六烯酸的含量只在棕榈油占饲料总脂肪的100%时才显著降低。在高脂肪饲料中添加高浓度的棕榈油将会降低肌肉中对人类有益的n-3系列HUFA含量。为了防止在肌肉二十五碳五烯酸和二十二碳六烯酸含量上出现显著的减低，Bell等（2002）建议，棕榈油在大西洋鲑的饲料中占脂肪的比例不应高于50%。因此，在饲料中添加棕榈油应该在配方中添加适当比例的HUFA来源，如鱼油和鱼粉。

在收获鲑前使用含鱼油的饲料饲喂鲑，这样在收获它们时肌肉脂肪酸水平将会达到正常水平。这个方法使在生长期的主要时间内饲料中添加高水平的棕榈油成为可能，从而在不影响其营养价值的前提下节省饲料成本。这种方法在对欧洲鲈的试验中已经得到了很好的验证，前期（64周）投喂含有40%鱼油和60%混合植物油（棕榈油、油菜籽油和亚麻籽油），后期（20周）投喂全鱼油饲料后，鲈的肌肉中n-3系列HUFA的含量及其对人类的营养价值依然很高。基于这种方法，饲料中添加棕榈油作为鱼油的替代品是可行的，在生产中对养殖鱼类肌肉脂肪酸产生的不良影响也是可以避免的。

（五）棕榈粕的应用

棕榈粕资源丰富，价格低廉，无毒副作用。在饲料配方中用适量棕榈粕替代玉米，能促进畜禽的生长发育，提高畜禽的生产性能，其适用于反刍动物饲料中；但在控制好比例的情况下，也可适用于畜禽饲料中。

1. 猪饲料　猪饲料中适量搭配棕榈粕，可降低饲料成本。生长育肥猪前期饲料棕榈粕用量以 3%～4% 为宜，后期饲料棕榈粕用量可提高到 5%～7%，种公猪、种母猪饲料中棕榈粕用量可为 8%～12%，仔猪应少量使用。

2. 鸡饲料和鸭饲料　棕榈粕富含亚油酸，氨基酸组成优良，替代玉米能明显促进鸡的生长发育，提高生产性能，增强免疫功能，适宜添加量为 5%～7%。对鸭来说棕榈粕是优质的蛋白质和能量饲料，还可提供维生素和微量元素。雏鸭料可添加 2%，肥鸭料可添加 5%，代替玉米或者含可溶性物质的干燥酒糟饲料（distillers dried grains with solubles，DDGS），配合甘露聚糖酶用量可提高 8%～10%。

3. 反刍动物饲料　棕榈粕粗纤维含量较高，有利于反刍动物瘤胃功能的正常发挥，因此在反刍动物饲料中的添加比例远高于单胃动物饲料。带有奶油巧克力浓香气味的棕榈粕，对奶牛、肉牛的适口性较好，有利于采食和饲喂。在奶牛、肉牛精饲料中适宜的添加量为 15%～30%，不仅无毒副作用，而且可提高生产性能和生产效益。

4. 水产饲料　棕榈粕也可添加在水产饲料中，适宜添加量为 5%～10%。相比其他原料，棕榈粕固然有一定的饲喂价值和众多优点，但由于其粗纤维含量较高，单胃动物对其能量和粗蛋白质的利用率较低，雏鸡和仔猪不宜使用等，因此限制了其广泛使用。近年来的众多研究表明，生物技术如饲料酶的使用是提高棕榈粕利用水平的一个非常有效的手段，目前已知甘露聚糖酶等酶制剂可以很好地解决饲喂棕榈仁粕引起的湿粪问题，酶制剂和棕榈粕联用可提高动物的免疫力、促进动物机体健康等。随着相关产品及应用技术研究的深入，这种非常规饲料资源必将对缓解我国饲料资源短缺及畜牧业的可持续发展产生积极的影响。

第二节　粮食副产品加工工艺与运用

一、大米加工副产品作为饲料原料的研究进展

（一）我国大米副产品作为饲料原料的资源利用现状

大米在我国经济发展、国家粮食安全和人民生活方面占有重要的地位。我国每年稻谷产量在 2.0 亿 t 左右，约占全国粮食总产量的 36%。2014 年我国稻谷播种面积为 3 031 万 hm^2，全年稻谷产量为 2.06 亿 t。其中，早稻产量为 0.34 亿 t，中晚稻产量为 1.72 亿 t。我国畜牧业及饲料工业的快速发展，对大米加工副产品饲料资源的开发利用研究日趋重要。

稻谷是国民的第一口粮，我国稻谷消费主要以食用消费为主，约占总大米消费量的 84%，少量供饲料和工业用粮及种子消费和损耗。其中，工业、种子消费和储运损耗占 7%～9%，饲料用粮所占比例较少，约为 6%。稻谷生产大米的加工过程中会产生大量的副产品，主要为碎米、米糠、大米次粉和砻糠粉。其中，砻糠占稻谷总量的 20% 左右、碎米占 10%～15%、米糠约占 6%、大米次粉占 2%～2.5%。

近年来，随着稻谷加工技术的进步和一些大型现代化大米加工企业的崛起，我国稻谷加工程度越来越深，产业链也越来越长，但总体上仍以初级加工为主。绝大多数企业

由于受规模和技术装备的限制，不能对米糠、稻壳等副产品进行深加工与综合利用，因此大量的大米加工副产品有效利用率偏低。

1. 碎米 是大米加工中的重要副产品。在我国现行的大米国家标准中，碎米是指长度小于同批试样米粒平均长度的 3/4，留存直径 1.0 mm 圆孔筛上的不完整米粒。由于受到现有碾米技术的限制，稻谷生产加工过程中可产生 10%～15% 的碎米，产量为 2 000 万～3 000 万 t。随着市场对精米需求量的增加，碎米产量也呈现逐年递增的趋势。碎米的综合利用主要是充分利用其淀粉和蛋白质资源，主要应用于并发展淀粉糖工业和饲料工业。目前仅仅有 10% 左右（200 万～300 万 t）的碎米被加工成淀粉糖、米淀粉和副产品米蛋白等产品，但这些产业消耗不了如此庞大的碎米资源量，碎米作为饲料加工的原料前景依然广阔。

2. 米糠 指糙米的外皮，是稻米加工中最宝贵的副产品，富含谷维素、植物甾醇、维生素 E、角鲨烯等多种生理活性物质。米糠经过压榨或浸提出稻米毛油，剩下的部分称脱脂米糠。脱脂米糠脂肪含量较低，富含纤维素、蛋白质等营养成分，是作为饲料的良好来源。按照我国稻谷年产量约 2.0 亿 t，大米加工过程米糠约占 6.4% 计算，将产生 1 280 万 t 左右的米糠。如果在我国稻米加工中有 60% 的米糠用于榨油，出油率按16% 计算，则剩余约 645 万 t 脱脂米糠。如何有效利用这一丰富的资源，大大提高其作为饲料的利用价值，是亟待解决的技术问题。

3. 大米次粉 是指大米加工过程中去除米糠后，生产普通大米的过程中所产生的粉状物。其为一种混合物，既包括后续加工过程中脱落的米胚、糠粉，也包括前段加工工序中没有被清除干净的米糠。其两大成分为淀粉和蛋白质，其含量分别为 80% 和8%，也称为细米糠。按照我国约 2.0 亿 t 的稻谷产量，大米次粉所占比例为 2%～2.5% 计算，我国每年约产大米次粉 500 万 t。大米次粉营养价值高，是一种优质的能量饲料，用其替代部分玉米可以大大降低成本，在禽畜养殖中已经得到大规模使用。

4. 砻糠粉 稻壳经粉碎获得的产品称作砻糠粉，其主要成分为纤维素和灰分，在所有谷物外壳中营养成分含量较低。我国的稻壳每年产量为 4 000 万 t 左右，是一种量大、价廉的可再生资源。稻壳中粗纤维含量高，很难被单胃动物利用，不能用作饲料，但能做填充物、抗结块剂、赋形剂等，在一些动物的优质精饲料日粮中添加少量砻糠粉，有助于增加饲料的体积，刺激家畜的食欲，降低肝脏肿大的发病率。

（二）开发利用大米加工副产品作为饲料原料的意义

我国是大米的消费大国，每年的大米消费为 1.4 亿 t 左右。大米在生产过程中会产生碎米、米糠、大米次粉和砻糠粉等副产品，并且随着大米加工程度的加深，副产品的数量将会变得更多，如何更好地将这些数量庞大的副产品进行有效的综合利用是亟待解决的问题。目前，相比于国外，我国对大米资源的利用还处在研究不深的阶段，大量的副产品得不到高效的利用，而将其用于饲料领域，并且加大科研力度，将是很好地解决大米资源利用与满足我国养殖行业饲料紧缺难题的捷径。

碎米、米糠、大米次粉等作为大米加工过程的副产品，营养价值高、量大、价格低廉。例如，碎米含有 75% 左右的淀粉和 8% 左右的蛋白质，与整米相比含有较多的胚，胚中含有丰富的蛋白质、脂肪、维生素、矿物质等成分，营养很丰富，是一种极富增值潜力的良好资源。此外，碎米的淀粉、蛋白质等营养成分与普通大米、玉米、马铃薯、小麦相差不大，而且价格一般为普通大米的35%～45%，甚至长期以来也低于玉米。米糠也是很好的猪饲料原料，米糠中的成分因大米加工精白度而不同，一般米糠中约含粗蛋白质13%、粗脂肪21%、无氮浸出物34.4%、纤维素10%、灰分9.4%；榨油后的米糠含粗蛋白质16%、粗脂肪11%、无氮浸出物41%、纤维10.8%、灰分11.40%。当米糠中的干物质含量达到87%时，粗蛋白质含量为13%，能量值在糠麸类中是比较高的。因为米糠中含油量较高，一般在10%以上，有的达20%，并且米糠中的脂肪大多为不饱和脂肪酸，易被动物吸收和利用。大米次粉中的粗蛋白质含量为11.7%～14.5%，大米蛋白质中容易消化的白蛋白和球蛋白主要存在于碾磨过程中脱落的米胚中，而大米次粉中都含有大量的米胚，因此大米次粉蛋白质在动物体内易被消化和吸收。故畜禽饲料中添加大米次粉可减少蛋白质饲料原料在饲料中的添加比例，降低饲料成本。此外，大米次粉中粗纤维的含量与其他能量饲料原料相比明显偏低，因而其适口性优于玉米、小麦等主要能量饲料。大米次粉中不仅必需氨基酸的绝对含量高于玉米等能量饲料，而且12种必需氨基酸总有效含量及主要限制性必需氨基酸有效含量亦明显高于玉米等能量饲料。因此，碎米、大米次粉等副产品与玉米相比在营养上和能量上均有一定优势，为其替代玉米作为能量饲料提供了可能。

对于稻谷产区的南方饲料企业来说，大米加工副产品来源广、成本低。如果能就地取材，利用碎米、米糠、大米次粉等副产品特有的营养成分，将这些大米加工副产品与其他饲料原料配合使用，以最大限度地提高产品的营养价值和附加值，生产优质饲料，不仅可解决我国南方畜禽养殖主产区能量饲料短缺的问题，而且也能大大降低饲料成本，节省"南粮北运"的成本，推动大米加工行业的发展。

（三）大米加工副产品作为饲料原料的加工方法与工艺

饲料加工工艺包括粉碎、混合、成型这些基本工序，但具体的工艺布置和加工参数都应根据饲料种类和所用的饲料原料作相应调整。在利用碎米、米糠、大米次粉等大米加工副产品作为饲料原料加工工艺中，要考虑其物理、化学、营养特性，选择合理的加工方法。在物理性质上，碎米、大米次粉等与玉米粉接近，米糠与麸皮接近。因此，在加工方法和工艺上，不需要太大的改进，只需要根据它们特有的营养成分与其他饲料原料配合使用即可。因此，利用碎米、米糠、大米次粉和砻糠粉等大米加工副产品作为饲料原料，可以利用饲料加工的原有工艺和设备并加以改进，如对米糠中热敏性成分的加工工艺的改进。

对配合饲料进行调质、制粒、膨化或膨胀处理，能有效杀死一些有害物质（如沙门氏菌），降低米糠中抗营养因子含量，提高淀粉糊化度；同时，可改善米糠饲料的适口性，提高饲料生产的经济效益。但这些热加工处理工艺由于高温、高压和水分的共同作用，会使大米加工副产品米糠中许多热敏性组分（如维生素、生物活性因子等）受到严重破坏，并导致饲料品质的下降和成本的提高。为了降低热加工对热敏性组分造成的损失，一般可采用两种保真加工技术：一种是通过对热敏性组分进行微胶囊包被处理来减少其活性损失；另一种是在调质、制粒或膨化后添加液体热敏性组分来达到有效成分的保真。采用微胶囊包被技术会增加成本，且不能完全保证有效成分的活性，这需要进一步的研究及改进。

（四）大米加工副产品作为饲料原料的加工设备

利用碎米、米糠、大米次粉和砻糠粉等大米加工副产品作为饲料原料，可以利用饲料加工的原有工艺和设备，如在原料接收和清理过程中的接收设备和输送设备、筛选设备、磁选设备；在粉碎阶段的锤片粉碎机、辊式粉碎机等，控制粒度的分布范围；在配料混合过程中的给料机、配料秤、混合机；在制粒过程中的制粒机、调质器、调制罐、碎粒机、分级筛等。

（五）大米加工副产品作为饲料原料利用存在的问题

1. 饲料原料单一　大米加工的副产品，如米糠、大米次粉、碎米等，大多数情况下经过粉碎后直接单独给动物喂食，容易导致动物在喂养后出现营养不良的问题，影响动物的生长状况。应在充分了解各种大米加工副产品营养特点的情况下，采用多种饲料原料进行搭配，科学配比，以便于发挥各种原料之间营养互补的优势，为动物的生长起到积极的作用。

2. 饲料原料易变质　大米副产品作为饲料原料，其米糠中油脂的含量较高，油脂在空气中容易发生各种变质反应，油脂氧化生成氢过氧化物，进而分解成醛类酮、低级脂肪酸等，原料的香味、滋味随之变化，造成饲料的适口性差。自动氧化变质反应会产生氢过氧化物、环氧化物和低碳链的具有过氧羟基和不饱和醛的二次氧化生成物。这些物质在游离状态下就有毒性，与体内组织结合后的毒性更大。油脂的变质导致饲料品质下降，严重时会对动物产生毒害，影响动物生长。大米副产品在长期储存过程中容易发生霉变，这将严重影响动物的健康和生长。霉变将会导致饲料的适口性变差，同时原料中的黄曲霉毒素可损伤动物肝脏组织，使肝脏的解毒功能下降，致使动物发病率增加；另外，还会造成动物食欲下降，出现磨牙等症状，严重时具有致癌风险。

3. 易受抗营养因子的干扰　利用大米加工副产品作为饲料原料具有极高的工业价值，然而也存在一定的问题。例如，脱脂油糠含植酸、胰蛋白酶抑制因子、非淀粉多糖、血凝素、生长抑制因子等抗营养因子，而这些物质会影响动物对饲料营养的吸收率。为改善原料的营养状况，可在大米加工副产品中添加植酸酶、膳食因子等，也可以利用物理、化学及生物学手段灭活抗营养因子，以增加大米加工副产品的营养价值、生物利用率及其感官性质。

（六）大米加工副产品作为饲料资源开发利用与政策建议

1. 加强对稻壳资源的利用　我国的稻壳产量每年在 4 000 万 t 左右，作为一种农作物废弃物或稻谷行业的加工废弃物被丢弃，不仅污染了环境，同时又造成了资源浪费。目前，稻壳的利用主要是用来发电，这种稻壳资源的利用比较浪费。如何高效地利用稻壳资源，通过用超高压膨化等物理、化学或生物的方法处理稻壳，改善其营养状况，解决大量非消化性纤维带来的饲喂效果不佳的难题是亟待研究的领域。

2. 加强对米糠资源的利用　虽然我国米糠产量很大，但目前对米糠的深度开发应用及相应基础研究尚处于低水平，除了 10%～15% 的米糠用于制取米糠油或提取植酸钙等产品外，大部分直接被用作畜禽饲料。米糠粕作为米糠经浸提、脱脂后的副产品，保留了米糠的营养特性，且富含优质蛋白质和膳食纤维，采用高压膨化制粒、微胶囊包被技术，灭活了抗营养因子，减少了其活性损失，同时延长了保质期，增加了消化吸收率，是一种不错的利用方式。

3. 加强对碎米资源的利用　我国碎米资源丰富，传统的利用方式是简单地将碎米粉碎，并与其他饲料原料配合后加热饲喂禽畜，这种方式对碎米的资源化利用比较简单。将碎米资源用来生产高蛋白质饲料具有可行性，利用酶对碎米进行液化糖化处理生产淀粉糖，副产品为高含量大米蛋白质饲料，这将大大提高碎米资源的利用率。

4. 科学制定大米加工副产品作为饲料原料在日粮中的适宜添加量　应充分考虑到大米副产品原料的营养特性，包括蛋白质、能量、脂肪、维生素、矿物质、抗营养因子等，饲养动物的种类、年龄、体重等状况等，科学地规范其在日粮中的添加量，满足动物对饲料的营养要求。

5. 合理开发利用大米加工副产品作为饲料原料的战略性建议　针对我国稻谷加工主体主要是分布在城乡的小企业，加工稻谷量所占比例较大、比较分散的状况，在收集副产品作为饲料加工资源方面，需要建立规范的收购渠道，避免大量的副产品因简单的处理而造成资源的浪费。在大米加工企业聚集区建成现代饲料加工企业，实现大米加工副产品的高效利用。加大科研力度，提高科技成果转化率，提升关键装备自主化水平，加快建设技术创新服务平台。在对饲料加工工艺和设备的升级中，着力开发超高压膨化、高压膨化制粒、微胶囊包被技术等用于提升大米加工副产品作为饲料原料的营养性能的技术、工艺和设备。

目前，我国对大米加工副产品作为饲料原料的质量标准尚不完善，主要是粗蛋白质含量、粗纤维含量、水分含量、粉碎粒度等，缺少营养和卫生指标，应借鉴国外标准化的经验，修订和制定符合我国饲料行业的大米加工副产品作为饲料原料相关标准，保证我国养殖行业对饲料的要求。

二、玉米及其加工产品作为饲料原料的研究进展

（一）我国玉米及其加工产品资源现状

我国是世界上栽培玉米数量最多的国家之一。其栽培面积和总产量仅次于水稻、小麦，居第3位。主要分布在北纬20°～50°从东北到西南的狭带状地区内，包括黑龙江、吉林、辽宁、河北、北京、天津、山西、山东、河南、山西、四川、贵州、云南和广西等地。其中，以河北、山东、黑龙江、吉林、四川、河南等地势平坦的区域播种面积最大，其他区域也有一定的种植面积。

玉米是高产粮食作物，籽粒中含有丰富的营养物质，掺和其他的粮食，实行粗粮细作，可做成各种糕点。随着我国"四化"建设的逐步发展，人民生活水平的不断提高，玉米的饲用价值越来越重要。其在工业上的用途亦很广，玉米籽粒和副产品可以制造300种以上的工业品；在医药上，玉米淀粉是培养抗生素（乳青霉素、链霉素和金霉素）的主要原料之一。

我国地域辽阔，生态环境多样，形成了丰富多彩的玉米种质资源。这些种质资源在生产、育种和科学研究上有着重要的利用价值。中华人民共和国成立后，中央人民政府

十分重视玉米种质资源的工作，全国各地开展了广泛的评选良种及收集整理农家品种工作。至 1958 年，全国共收集保存玉米品种 11 400 余份。1979 年以来，全国又进行了大规模的补充征集，从而促进了我国玉米品种的选育和推广。在东北三省广泛种植的玉米品种就有将近 3 000 种，其中包括甜玉米、糯玉米、爆破玉米等品种。不同地方拥有其独特的玉米品种，适合当地种植。

（二）开发利用玉米及其加工产品作为饲料原料的意义

据 WHO 预测，世界人口数量在 2050 年将由目前的 74.4 亿激增到 110 亿以上，到时粮食的生产将成为世界经济发展的主要限制性因素，人畜争粮的局面将愈演愈烈。大量使用玉米及其副产品，高效率的转化和生产优质畜产品将成为畜禽生产行业新的挑战。我国 2015 年商业饲料的总产量为 19 340 万 t，其中主要的能量饲料集中于玉米、大麦、小麦和燕麦上，玉米加工副产品只占一小部分。因此，应大量利用玉米及其副产品，使其成为主要的饲料原料。

（三）玉米及其加工产品的营养价值

玉米及其副产品的营养价值变异幅度较大，其中包括蛋白质、脂肪、钙、磷、氨基酸等，表 8-11 至表 8-26 列出了其营养价值，以供参考。

表 8-11　玉米及其一些常见副产品的养分含量

项目	玉米	玉米酒糟蛋白质饲料	玉米蛋白质饲料	玉米浓缩糟液
干物质（%）	90	90	90	40
总可消化养分（%）	88	90	80	90
粗蛋白质（%）	9	30	20	25
脂肪（%）	4	10	2	15
钙（%）	0.02	0.28	0.10	0.14
磷（%）	0.30	0.80	0.90	1.7
硫（%）	0.12	0.40	0.33	0.60
铜（mg/kg）	3	6	6	无

表 8-12　玉米浆的化学组成及含量（干基,%）

项目	含量	项目	含量
蛋白质	41.90	重金属	0.008 4
氨基酸	4.02	总磷	3.62
乳酸	12.09	溶磷	1.52
还原糖	1.90	二氧化硫	0.20
总灰分	21.20	酸度	10.90
铁	0.050		

注：酸度系按氯化钠含量（%）计算。

表 8-13　玉米浆中所含氨基酸占总蛋白质的百分率（干基,%）

氨基酸	典型玉米浆	实际生产玉米浆
丙氨酸	7.2	<25
精氨酸	4.4	8
天冬氨酸	5.6	—
胱氨酸	3.2	1.0
谷氨酸	14.0	8
甘氨酸	4.4	6
组氨酸	2.8	—
异亮氨酸	2.8	—
亮氨酸	8.0	3.5
赖氨酸	3.2	6
蛋氨酸	2.0	—
苯丙氨酸	3.2	1.0
脯氨酸	8.0	2.0
丝氨酸	4.0	5
苏氨酸	3.6	—
色氨酸	0.2	3.500
酪氨酸	2.0	—
缬氨酸	4.8	—

注："—"表示未检出。

表 8-14　玉米浆中各种维生素含量（干基，mg/kg）

维生素	含量
维生素 A	0
胡萝卜素	0
胆碱	3 509.93
烟酸	83.88
泛酸	15.01
维生素 B_6	8.83
维生素 B_2	5.96
硫胺素	2.87
生物素	0.33

表 8-15 玉米浆中的各种矿物质含量（干基）

矿物质	含量（%）	矿物质	含量（mg/kg）
钾	2.4	铁	110
磷	1.8	锌	66
镁	0.71	锰	29
氯	0.43	铜	15.6
钙	0.14	铬	<2
硫	0.59	钼	1
钠	0.11	硒	0.35
		钴	0.14

表 8-16 玉米麸质饲料的化学成分及含量（%）

项目	含量
水分	10～12
蛋白质	24
脂肪	2
淀粉	4
纤维	8
灰分	18

注：蛋白质为 N×6.25，水分为湿基，其余为干基。

表 8-17 玉米麸质饲料各种氨基酸含量（干基，%）

氨基酸	占麸质饲料的比例	占麸质饲料中蛋白质的比例
丙氨酸	1.5	6.7
精氨酸	1.0	4.5
天冬氨酸	1.2	5.4
胱氨酸	0.5	2.2
谷氨酸	3.4	15.2
甘氨酸	1.0	4.5
组氨酸	0.7	3.1
异亮氨酸	0.6	2.7
亮氨酸	1.9	8.5
赖氨酸	0.6	2.7
蛋氨酸	0.5	2.2
苯丙氨酸	0.8	3.6
脯氨酸	1.7	7.6
丝氨酸	1.0	5

（续）

氨基酸	占麸质饲料的比例	占麸质饲料中蛋白质的比例
苏氨酸	0.9	4
色氨酸	0.1	0.5
酪氨酸	0.6	2.7
缬氨酸	1.0	4.5

表 8-18　玉米麸质饲料中的各种维生素含量（干基，mg/kg）

维生素	含量
β-胡萝卜素	0
胆碱	2 428
烟酸	75
泛酸	17.2
维生素 B_6	15
维生素 B_2	2.4
硫胺素	1.98
生物素	0.22

表 8-19　玉米麸质饲料中的各种矿物质含量（干基）

矿物质	含量（%）	矿物质	含量（mg/kg）
钾	1.30	铁	304
磷	0.90	锌	88
镁	0.42	锰	22
氯	0.23	铜	9.9
钙	0.20	铬	<1.5
硫	0.16	钼	0.8
钠	0.12	硒	0.22

表 8-20　玉米胚芽粕饲料的化学成分及含量（%）

项目	含量
蛋白质	24～30
脂肪	7～12
淀粉	16～23
纤维	15～22
可溶性碳水化合物	5～10
戊糖	10～16
灰分	1.5～2.5
其他	2～4

表 8－21　玉米胚芽饼中的各种氨基酸含量（干基,%）

氨基酸	占胚芽饼的比例	占胚芽饼中蛋白质的比例
丙氨酸	1.4	6.5
精氨酸	1.3	5.8
天冬氨酸	1.4	6.5
胱氨酸	0.4	1.8
谷氨酸	3.2	14.2
甘氨酸	1.1	4.9
组氨酸	0.7	3.1
异亮氨酸	0.7	3.1
亮氨酸	1.8	8
赖氨酸	0.9	4
蛋氨酸	0.6	2.7
苯丙氨酸	0.9	4.9
脯氨酸	1.3	5.8
丝氨酸	1.0	4
苏氨酸	1.1	4.9
色氨酸	0.2	0.9
酪氨酸	0.7	3.1
缬氨酸	1.2	5.3

表 8－22　玉米胚芽饼中的各种维生素含量（干基，mg/kg）

维生素	含量
维生素 A	0
胡萝卜素	0
胆碱	1 412.80
烟酸	41.94
泛酸	4.42
维生素 B_6	5.96
维生素 B_2	3.75
硫胺素	6.18
生物素	0.22

表 8－23　玉米胚芽饼中的各种矿物质含量（干基）

矿物质	含量（%）	矿物质	含量（mg/kg）
钾	0.34	铁	330
磷	0.50	锌	106
镁	0.16	锰	3.7
氯	0.04	铜	4.4
钙	0.04	铬	<1.5
硫	0.32	钼	0.5
钠	0.04	硒	0.33

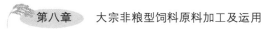

表 8-24　玉米蛋白粉中的各种氨基酸含量（干基,%）

氨基酸	占蛋白粉的比例	占蛋白粉中蛋白质的比例
丙氨酸	5.2	8.4
精氨酸	1.9	3.1
天冬氨酸	3.6	5.8
胱氨酸	1.1	1.8
谷氨酸	13.8	22.1
甘氨酸	1.6	2.6
组氨酸	1.2	1.9
异亮氨酸	2.3	3.7
亮氨酸	10.1	16.3
赖氨酸	1.0	1.6
蛋氨酸	1.9	3.1
苯丙氨酸	3.8	6.1
脯氨酸	5.5	8.9
丝氨酸	3.1	5
苏氨酸	2.0	3.2
色氨酸	0.3	0.5
酪氨酸	2.9	4.7
缬氨酸	2.7	4.4

表 8-25　玉米蛋白粉中的各种维生素含量（干基，mg/kg）

维生素	含量
维生素 A	66.22～143.48
胡萝卜素	44.15～66.22
胆碱	2 207
烟酸	81.68
泛酸	2.87
维生素 B_6	6.18
维生素 B_2	2.21
硫胺素	0.22
生物素	0.22

表 8-26　玉米蛋白粉中的各种矿物质含量（干基）

矿物质	含量（%）	矿物质	含量（mg/kg）
钾	0.45	铁	167
磷	0.70	锌	42
镁	0.15	锰	5.9

（续）

矿物质	含量（%）	矿物质	含量（mg/kg）
氯	0.10	铜	22
钙	0.02	铬	<1.5
硫	0.83	钼	0.6
钠	0.03	硒	0.66

（四）玉米及其加工产品在动物生产中的应用

1. 在养猪生产中的应用 玉米皮不适合饲喂成年猪，会引起成年猪的蛋白质损失。对于仔猪，如果增加日粮中玉米皮的含量，不仅可促进其消化系统的发育，而且还可促进肠绒毛的发育，增加营养物质的吸收面，使仔猪终身受益。同普通饲料相比，饲粮中添加单一玉米胚芽粕和玉米蛋白质饲料生长育肥猪的日增重、料重比、眼肌面积、屠宰率均无显著变化；饲料中同时添加玉米胚芽粕和玉米蛋白质饲料后，生长育肥猪的平均膘厚显著降低。用廉价的玉米胚芽粕和玉米蛋白质饲料作为生长育肥猪饲料中的蛋白质补充饲料是完全可行的。在配合饲料中加 50% 提纯玉米蛋白粉，能显著增加试验猪的日增重。在对体重 50 kg 以上的猪进行育肥时，添加 7% 玉米蛋白质饲料的试验表明，添加玉米蛋白质饲料试验组猪的平均日增重比对照组高出 308 g，每增重 1 kg 的饲料成本比对照组低 0.289 元。可见玉米蛋白质饲料用于饲喂生长育肥猪的发展前景很好。

2. 在反刍动物生产中的应用 美国饲料研究者对玉米麸质和浸泡水混合饲料进行了饲养牛和鸡的试验，认为玉米淀粉厂生产的玉米麸质和浸泡水混合以后是牛和鸡的良好饲料。可以直接湿料喂饲，也可干燥以后使用，但湿的效果更好。其配合比例是玉米皮 2/3、浸泡水 1/3，每 100 kg 玉米经加工后可获得 22 kg 玉米皮浸泡液混合饲料。作为奶牛用饲料，无论是湿料还是干料，其使用量均可占干物质摄入量的 25%～30%，而且产奶量不会下降，所产牛奶的脂肪含量相对上升，从 2.9% 上升到 3.2%。对幼龄犊牛具有更高的平均日增重、料重比和消化能力。用玉米蛋白粉作精饲料，可使不能被瘤胃消化的部分蛋白质在小肠中被更好地消化吸收。玉米蛋白粉可以部分代替或全部代替牛日粮中的蛋白质饲料，而且效果显著。

3. 在家禽生产中的应用 饲喂 100% 或 50% 玉米皮浸泡液饲料的母鸡，比只喂玉米的母鸡产蛋量高、增重速度快。因玉米胚芽粕中富含亚油酸，故可提高蛋鸡的产蛋率和蛋重，促进肉鸡的增重，且增强其对疾病的抵抗能力。用玉米胚芽粕代替麸皮、2% 的玉米和 2% 的豆粕，与对照组相比，在料蛋比、产蛋率、饲料成本等方面差异显著，经济效益更高。此外，玉米蛋白粉可提高肉鸡的着色度。虽然肉鸡表皮的着色度同其营养价值毫无关系，但受传统文化的影响，广大消费者和饲养者仍将肉鸡着色度作为衡量肉鸡质量的指标之一，其直接影响肉鸡市场的价格和需求。

4. 在水产品生产中的应用 采用 70% 基础配合饲料＋30% 玉米胚芽粕饲喂草鱼，草鱼对玉米胚芽粕的氨基酸利用率高，草鱼对玉米胚芽粕粗蛋白质的消化率、脂肪的消化率分别为 50% 和 70%。草鱼对玉米胚芽粕氨基酸有较高的利用率，玉米胚芽粕是饲喂草鱼的一种较适宜的原料。

（五）玉米及其加工产品的加工方法与工艺

玉米深加工，即将玉米各组分进行分离，并对各组分进行初级加工，作为食品或饲料原料的过程。

1. 玉米的一般加工工艺 玉米的一般加工工艺如图8-7和图8-8所示，具体为：

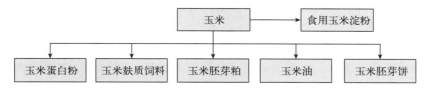

图8-7 玉米副产品的一般加工流程

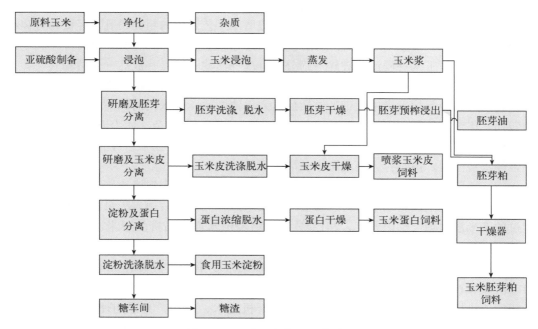

图8-8 玉米一般加工工艺流程

（1）用滚筒筛或振动筛去除玉米中的碎玉米、沙石、草棍、铁器等杂质。

（2）向玉米浸泡罐中投入玉米、亚硫酸浸泡液进行40 h以上浸泡，以使玉米与浸泡液进行物质交换。

（3）亚硫酸中二氧化硫进入玉米中，使玉米中包裹淀粉的蛋白质网溶解，使淀粉颗粒游离出来。同时玉米中可溶性的蛋白质、糖和矿物质等从玉米中溶出，进入浸泡液中。在此过程中，乳酸菌大量繁殖，有利于软化玉米颗粒，并使浸泡液中含有大量的乳酸。

（4）玉米浸泡液通过蒸发器蒸发浓缩，形成40%的玉米浆。玉米浆作为优质蛋白质源，喷入纤维皮、胚芽粕中，提高它们的蛋白质含量。

（5）浸泡好的玉米经凸齿磨研磨后，胚芽与胚乳、纤维等各组分呈分离熔融状态，再根据胚芽比重较轻的特点，用水力旋流分离器将胚芽单独分离出来，胚芽经洗涤、脱水、干燥、榨油、浸油、玉米浆喷入、干燥等工序，产出玉米胚芽油和胚芽粕饲料。

（6）脱去胚芽的胚乳、纤维混合物再经一次精磨设备的撞击式研磨，使纤维与胚乳呈分离熔融状态，用曲筛反复洗涤将纤维分离出来，经脱水、玉米浆喷入、干燥等工序，产出纤维饲料。

（7）脱去胚芽和纤维的混合物中含有淀粉和蛋白质两种组分，根据淀粉和蛋白质比重的不同，经过碟片分离机分离，分离出蛋白乳液，蛋白乳液经脱水、干燥等工序，产出玉米蛋白质饲料。

（8）最后只剩淀粉组分。淀粉经洗涤后，部分淀粉乳作为糖生产原料，送给糖车间制糖；部分淀粉乳经脱水、干燥后，产出食用玉米淀粉。制糖过程中过滤出的蛋白质、脂肪、淀粉等混合物统称糖渣，作为动物饲料应用于养殖业。

2. 玉米蛋白粉的加工方法与工艺 在玉米淀粉生产过程中，玉米蛋白粉生产工序是十分重要的，因为蛋白粉的生产既关系到主产品——淀粉的得率和质量，也关系到蛋白粉的得率和质量。玉米蛋白粉由玉米粒经湿磨法工艺制得的粗淀粉乳再经淀粉分离机分出的蛋白质水（即麸质水），然后用离心机或气浮选法浓缩、脱水干燥制得。其生产工艺过程如下：玉米→浸渍→破碎→筛分→分离→压滤→干燥→成品（蛋白粉）。

（1）投料工序 将已称重的玉米倒入玉米投料口中，由提升机提升到清杂设备的上部；经永磁筒吸附掉玉米中夹带的铁质后进入出清圆筛；进入出清圆筛的玉米通过筛筒的转动，连续筛选分离去除大杂质（如玉米皮、玉米蕊）、细杂（如尘土、细沙）；出清圆筛尾部风机与上风机抽出玉米表面附着的灰尘、玉米绒等杂质。干净的玉米流至槽中，经水清洗后，由泵打入浸泡罐中（周积兵等，2018）。

（2）浸料工序 玉米浸泡采用逆流扩散法，它是将多组浸泡罐用泵和管路系统连接起来，在玉米浸泡即将结束时打入最后一只浸泡罐，循环之后用自吸泵将浸泡水打入浸泡过的玉米浸泡罐（岳国君等，2012）。这样将浸泡水逆着新进的玉米方向依次以一只罐打至另一只罐。玉米装罐结束后，用亚硫酸浸泡溶液浸泡，时间为 9～10 h。

（3）破碎、胚芽分离和洗涤工序 玉米稀浆浓度第一次破碎在 5.0～6.0 波美度，第二次破碎在 8.0～13.0 波美度。在脱胚磨开机前必须检查动、定齿盘的间距，以防凸齿相撞造成机器损坏，经检查机械正常即可开机进水、进料。为达到理想的破碎效果，以利于后续胚芽的分离，应使出机物料浓度在 6.0～8.5 波美度。破碎的物料从收集器用离心泵送到胚芽旋流器（白坤，2013），进行第一次胚芽分离，在分离中尽可能地分离出胚芽。达到这一目的的方法是保持进入旋流器的淀粉悬浮液浓度为 6.0～8.5 波美度。从头道旋流器得到的物料通过曲筛滤去粉浆。清理过的胚芽还带有部分淀粉乳，要在重力筛子上进行筛分和洗涤 3 次。经过筛分和洗涤后的胚芽进入榨水机。

（4）纤维分离工序 将逆流洗涤槽清洗干净，末级洗涤槽加满清水；检查筛面的质量及设备的运行情况；从第一级开始逐级启动洗涤泵；浆料从针磨工序打入压力曲筛一级筛；经第一、二级筛分后筛下物送入原浆罐中，等待分离加工；经过洗净的纤维送至下道工序。

（5）干燥和粉碎工序 蛋白粉的烘干首先经过气流扬升机的扬升，使滤饼得到初步破碎、烘干，去掉一部分水分后，再进入管束干燥机。干燥至合乎质量要求的蛋白粉，由扬料风机吸入破碎机，经粉碎后进行计量、包装、检验，由仓储科安排入库。在生产玉米淀粉的同时，还会产生淀粉渣、麸质粉和浸泡水等几种副产品。若将这 3 种副产品按比例配合后，加入适量的辅助材料，再用蛋白酶、α-淀粉酶和糖化酶处理，能得到蛋白质含量达 65% 的玉米蛋白粉。

3. 玉米浆干粉的加工方法与工艺　玉米籽粒中的可溶性物质在玉米浸泡工序中大部分转移到浸泡液中，静止浸泡法的浸泡液中干物质含量为 5%～6%，逆流浸泡法的浸泡液中干物质含量可达 7%～9%。浸泡液中的干物质包括多种可溶性成分，如可溶性糖、可溶性蛋白质、氨基酸、肌醇磷酸、微量元素等。浸出液可提取植酸，浓缩生产玉米浆可用作饲料和送至生产抗生素、酵母及酒精的工厂。玉米浸泡液进行蒸发浓缩生产玉米浆的设备是循环升膜式双效蒸发器或三效蒸发器，将玉米浸泡液进行负压蒸发。饱和的浸泡液称为稀浸泡液，干物质含量为 5%～8%，蒸发后干物质含量大约为 50%，称为浓浸泡液，也称玉米浆，为棕褐色、黏稠状液体。玉米浆主要是送至纤维干燥系统，与脱水后的纤维混合，生产饲料，剩余部分可作为成品的玉米浆直接装桶或进一步加工成干粉。稀浸泡液在送入蒸发系统之前，需在稀浸泡罐内储存一段时间，以产生更多的乳酸，达到降低 pH 的目的。因为 pH 高时，蒸发器的加热管极易结垢。玉米浆干燥工序是通过喷雾干燥原理制取玉米浆干粉的过程，浸泡液蒸发工序浓缩的玉米浆经高压泵进入喷雾干燥机。玉米浆经高速旋转的雾化器进入干燥塔内，与热空气接触进行热交换，在热交换过程中雾状玉米浆不断被干燥。干燥后的一部分玉米浆干粉由干燥塔下料器进入干粉收集箱，另一部分随着蒸汽在引风机的作用下经旋风分离器进入旋风分离器料箱，蒸汽由分离器顶部排出。

（1）洗涤和除杂　指将选取的玉米通过磁选法、筛选法、风吹法清理，从而去除玉米中的一些杂质，然后进行洗涤，除去玉米表面的杂质。

（2）浸泡　是玉米深加工的一道重要工序，与浸泡时间、浸泡温度、浸泡剂种类、pH 有关。玉米的浸泡就是将玉米、水、一定浓度的硫酸与亚硫酸按照一定的比例混合在容器内。在这一过程中，水分首先通过毛细作用，经玉米皮上的一些孔洞进入玉米籽粒，水分的作用改变渗透压，从而改变细胞膜的通透性，一些可溶性的脂类小分子及其无机盐离子出细胞进入浸泡液；同时，可溶性糖、无机盐离子、一定的温度和 pH 为细菌的繁殖提供了有利的条件，细菌进入细胞将一些可溶性的蛋白质分解为氨基酸；一些难以溶解的含硫蛋白质则在硫酸的作用下，二硫键受到破坏，玉米表皮的通透性增强，加速了玉米籽粒中的可溶性物质向浸泡液中渗出（刘康乐等，2013）。李海燕（2013）研究比较了静止法与多罐串联逆流浸泡法（浸泡液逆流充分与玉米接触，玉米静止放置），通过设置实验组及对照组并对多方面的因素进行控制，然后经对所得稀玉米浆中各成分的分析及 pH 的测定确定浸泡的结束时间，最终得出结论：①静止法浸泡玉米得到的最佳浸泡条件为：浸泡时间为 60 h，浸泡温度为 50 ℃，亚硫酸浓度为 0.2%。②多罐串联逆流浸泡法浸泡玉米得到的最佳工艺为：8 罐串联，每 6 h 倒罐 1 次，浸泡总时间为 48 h，浸泡温度为 50 ℃，亚硫酸浓度为 0.2%。在最佳工艺条件下研究一组玉米浸泡水，浸泡结束后得到 pH 为 4.8，总糖含量为 0.23 mg/L，蛋白质含量为 0.26 mg/L 的玉米水。

（3）过滤除杂　对浸泡所获得的玉米水过滤除杂，同时将玉米浆中的大颗粒固体进行粉碎。

（4）浓缩　采用四效蒸发浓缩（岳国君等，2012），较采用单效及双效浓溶设备浓缩时受热时间短，有效成分破坏少，玉米浆浓度高，受热时间短，焦化、糊化现象少。

（5）过滤　指去除部分焦化杂质。焦化是由于玉米浆中存在的淀粉，在温度稍微高一点就会糊化、焦化。

（6）干燥　采用蒸汽低温喷雾干燥，产品无焦化现象，有效成分未被破坏。喷雾干燥机可分为压力式喷雾干燥机和离心式喷雾干燥机。

① 压力式喷雾干燥机　雾化机理是用高压泵使液体获得高压（1～10 MPa），高压液体通过喷嘴时，将压力转化为动能而高速喷出时分散成液滴。玉米浆料经过浆料过滤器，被压力泵增压，送至塔顶经雾化喷入干燥塔中进行干燥。冷空气经空气加热器加热，由塔顶进入塔内，与雾化的浆料雾滴进行质、热交换，完成瞬时蒸发和瞬时干燥，从而得到空心球形的干粉颗粒。较粗干粉从塔底排出，较细干粉经旋风分离器回收，微分由尾气除尘器收集。干净的尾气由通风机抽出排空。

② 离心式喷雾干燥机　干燥原理是空气经过滤和加热，进入干燥器顶部空气分配器，热空气呈螺旋状均匀地进入干燥室。料液经塔体顶部的高速离心雾化器，喷雾成极细微的雾状液珠，与热空气并流接触，在极短的时间内可干燥为成品。

（7）破碎　出厂前经破碎处理后便于使用，水溶速度快，能溶解完全。

（8）包装　采用 3 层包装，外袋为涂膜编织袋，内有 2 层塑料袋，在储存期间不会发生吸潮现象，储存期不易结块。

4. 玉米酶解蛋白的加工方法与工艺　玉米酶解蛋白要实现大量应用，必须采用良好的加工工艺。目前，对玉米酶解蛋白加工工艺的研究和优化已经有一些研究成果。一般而言，玉米蛋白酶解技术路线如下：玉米蛋白粉的制取→改性预处理→蛋白酶水解→灭酶→冷却离心玉米蛋白水解液→测定水解度。下文将对玉米酶解蛋白的关键加工步骤进行简述。

（1）玉米蛋白粉的制取　第一步采用筛选和磁选清理设备对玉米中存在的杂质进行清理。第二步是将几只或几十只金属罐用管道连接组合起来，用水泵使浸泡水在各罐之间循环流动，对玉米进行逆流浸泡，持续时间一般为 48 h 以上，在此过程中应当注意浸泡剂中重要组分的添加剂量、浸泡温度和浸泡时间的掌握等问题。第三步是玉米粗碎，目的主要是将浸泡后的玉米破碎成 10 块以上的小块，以便分离胚芽。玉米粗碎大都采用盘式破碎机。粗碎可分两次进行：第一次把玉米破碎到 4～6 块，进行胚芽分离；第二次再破碎到 10 块以上，使胚芽全部脱落，进行第二次胚芽分离。第四步是胚芽分离，目前国内胚芽分离主要是使用胚芽分离槽。第五步是玉米磨碎，即玉米粒经湿磨法工艺制得粗淀粉乳再经淀粉分离机分离出蛋白质水（即麸质水），然后用离心机或气浮选法浓缩、脱水干燥制得。玉米蛋白粉中蛋白质含量达 60% 以上，有的达到 70%，其余为淀粉、纤维素及一些色素。

（2）改性预处理　玉米蛋白质水溶性差，这限制了蛋白酶对其水解，同时也限制了其在食品工业中的应用。目前玉米蛋白质主要用作饲料，这造成了资源的极大浪费。因此，如何将玉米蛋白质通过预处理改性改善其水溶性等功能特性，是提高玉米蛋白酶解液水解度的重要环节。一般而言，热处理是最为普遍和经济的方法，即采取适当的加热方式来破坏蛋白质的紧密结构和高级结构，并使之变性，从而提高后续水解速度，但注意不能加热过度。除此之外，比较挤压膨化预处理、微波膨化预处理、化学改性预处理对玉米蛋白质水溶性的影响结果表明，经挤压膨化预处理后，玉米蛋白氮溶解指数最高；同时，玉米蛋白质经挤压膨化后色泽明显变浅，腥臭味明显变淡，品质也有改善（王红菊和玮，2006）。

（3）蛋白酶水解　将经过变性的玉米蛋白质按一定的料液比，调节至所需温度和pH，加入适量蛋白酶，水解一定时间后，把三角瓶放入 90 ℃的水浴锅中保温15 min，使酶灭活后取出，迅速冷却后将水解液离心一定时间，再取上清液测其 pH。最佳水解用酶为碱性蛋白酶和中性蛋白酶的复合酶，可先用碱性蛋白酶对蛋白粉进行水解，经过 2 h，蛋白质水解产物的溶解性大大提高，灭酶后调整 pH 到中性，再加中性蛋白酶，可进一步提高反应体系的水解度（陈列芹等，2009）。最佳水解条件为：碱性蛋白酶底物浓度 5%，温度 55 ℃，pH 9.0，每克蛋白加酶量 6 000 U。但根据水解度曲线可知 pH 8.5 和 9.0 较为接近，故实际生产中为降低钠含量可以选用 pH 8.5。而以中性蛋白酶水解（加酶量 1%、温度 52 ℃）能使水解度达 31.55%，肽得率达到 40.58%（李自升等，2006）。

5. 玉米胚芽粕的加工方法与工艺　不管是常规玉米胚芽粕，还是玉米胚芽饼、干法生产的玉米胚芽粕和喷浆玉米胚芽粕，其生产工艺之间的区别可以从 3 个阶段来阐述：玉米提胚阶段、玉米胚芽油提取阶段和玉米胚芽粕后续处理阶段。

（1）玉米提胚工艺技术　主要分为玉米淀粉厂使用的湿磨法（wet milling），以及酒精厂使用的改良后的干磨法（modified dry grind）。湿磨法提胚的主要步骤为玉米经过除杂、浸泡、除石、两次破碎、两次胚芽分离得到胚芽浆料，胚芽浆料经过 3 次胚芽洗涤、脱水、干燥后进入下道工序（白坤，2013），其简易流程见图 8-9。改良后的干磨法是一种结合了湿磨法和传统干磨法的新型加工方法，利用旋风分离系统分离出胚芽和玉米皮，利用凸齿磨筛分系统分离出胚芽（Rausch 和 Belyea，2006），其简易流程见图 8-10。

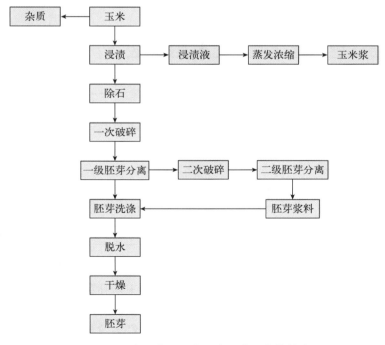

图 8-9　玉米湿磨法生产玉米胚芽工艺简易流程

图 8-10　改良后的玉米干磨法生产玉米胚芽工艺简易流程

（2）玉米胚芽油提取工艺技术　玉米胚芽和其他油料一样，在制油过程中需经过清理、轧胚、蒸炒、压榨等工艺。从玉米胚芽中提取油，当前国内厂家主要有两种方法：压榨法和预榨浸提法。纯压榨法因榨出的玉米油中不含有机溶剂，所以主要用于生产高品质玉米油，副产品为玉米胚芽饼（王碧德等，1997），其简易流程见图 8-11。预榨浸提法是目前国内大多数厂家采用的一种方法，适合大规模生产玉米油，其简易流程见图 8-12。

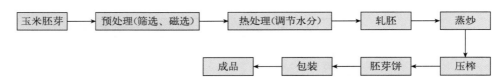

图 8-11　玉米胚芽纯压榨法生产玉米胚芽饼工艺简易流程

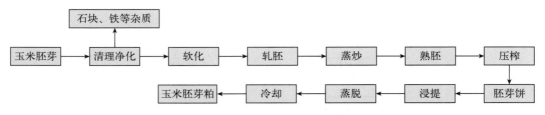

图 8-12　玉米胚芽预榨浸提法生产玉米胚芽粕工艺简易流程

（3）玉米胚芽粕后续处理工艺技术　部分厂家将玉米胚芽粕和玉米浆混合干燥后得到喷浆玉米胚芽粕，这种做法提高了成品的蛋白质含量。玉米浆是玉米浸渍过程中得到的，是玉米籽粒中的可溶性物质和浸渍水的混合物，经多效蒸发工艺后的产物，其营养价值丰富，含有较高的游离氨基酸及还原糖。玉米浆与玉米胚芽粕混合后的烘干工艺主要分为两种，最常用的烘干方式是利用管束干燥机进行烘干；在这种方法中，胚芽粕不直接跟热接触，而是通过加热管束中的蒸汽再经管束的热传导对物料进行烘干。另外一种烘干方式是利用人工制作的烘干炉进行直火烘干，物料与热风直接接触。

（六）玉米及其加工产品作为饲料原料利用存在的问题

玉米作为"饲料之王"受到广大养殖业者的广泛青睐。玉米中的淀粉含量高，可以为家畜提供大部分的能量需要。但是，其利用效率不高，这一直是困扰我国养殖业的大问题。到 2015 年，我国用于玉米深加工的年消耗玉米量约 3 000 万 t，副产品产量约 750 万 t，大部分用于动物饲料。副产品中平均蛋白质含量约 36%，是非常重要的动物饲料来源。

我国副产品加工深度不够，副产品产值只占玉米原料价值的 35%，而美国已达到 60%，说明我国玉米深加工副产品还有巨大的综合利用空间。玉米在深加工过程中会产生很多的副产品，如玉米胚芽粕、玉米皮、喷浆玉米皮、玉米 DDGS 等，这些原料的营养价值因为受到不同生产工艺的影响而变化较大，如何将这些原料进行较为精准的评价，建立可行的营养（养分）含量数据库，为我国畜禽生产提供必要的数据基础，更好地提高饲料原料的利用效率和养分的转化效率，降低生产成本，就显得尤为重要。

（七）玉米及其加工产品作为饲料资源开发利用与政策建议

1. 加强开发利用玉米及其加工产品作为饲料资源　我国人口众多，耕地面积有限，粮食作物的产量能够自给自足已经实属不易。随着人们生活水平的提高、膳食结构的变化，畜产品在饮食结构中的比例和消费呈现了逐年提高的趋势。从以往的饲养技术上看，玉米和豆粕等成为家畜饲料中比例最大的原料，饲养成本比较高。这就形成了人畜争粮的局面，不利于畜禽养殖业的可持续性发展。畜牧业发达国家，非常注重新饲料资源的开发和高效利用。例如，美国建立了以州为单位的饲料资源的收集和营养价值评定中心。在我国，如何高效利用粮食作物的副产品，充分利用家畜的生理特性，降低饲料成本，科学合理使用非粮食作物成为缓解这一困境的途径。玉米副产品因其纤维物质含量高、适口性好，利于在反刍动物饲料中使用。建议粮食加工企业加大对玉米深加工工艺的探索，开发出更多的深加工产品，从而生产出更多的副产品，用于家畜饲料原料。

2. 改善玉米及其加工产品作为饲料资源的开发利用方式　目前，我国的玉米副产品基本以玉米蛋白质饲料、玉米蛋白粉和玉米胚芽粕为主。但是，它们基本全都是粉料（粉碎的状态）。玉米副产品容易受到霉菌毒素的侵袭，其中包括玉米赤霉烯酮、呕吐毒素和黄曲霉毒素等。这些毒素经常导致牛奶毒素超标，从而给牛奶生产带来重大的经济损失。建议对这些饲料原料进行制粒，以减少原料中的水分及原料暴露在空气中的面积，从而降低原料受霉菌侵染的风险。

3. 制定玉米及其加工产品作为饲料产品的标准　目前，我国制定了玉米副产品的原料标准。各个饲料生产厂家也相应地制定了自行采购的标准，比如容重、水分、蛋白质含量、是否掺假等的即行采购标准。但是这些指标的标准制定得还是不够详尽，不能对副产品的营养价值进行较为准确的判断。建议增加以下指标的标准：非蛋白氮、淀粉、中性洗涤纤维、酸性洗涤纤维。由于玉米及其副产品的霉菌毒素风险非常高，因此建议增加测定的霉菌毒素指标为：玉米赤霉烯酮、呕吐毒素、黄曲霉毒素 B_1 和黄曲霉毒素 M_1。

4. 科学制定玉米及其加工产品作为饲料原料在日粮中的适宜添加量 玉米及其加工副产品作为饲料原料的关键是看其中营养成分的含量，如蛋白质、能量、脂肪、矿物质元素等。受到加工工艺的影响，各种副产品之间，甚至同种副产品之间的营养成分含量变异幅度都很大，这给饲料原料在配合饲料中的利用带来了很大困难，不容易掌握其在配合饲料中的适宜添加量。

科学评定玉米及其加工产品的营养价值、建立相应数据库是制定上述饲料原料适宜添加量的依据和前提。目前，国际上畜牧业发达的国家建立了比较完备的数据库，对新型的饲料原料，如玉米蛋白质饲料等进行备案、留样，并且在科学研究的层面对其进行比较科学的营养价值评定。例如，美国对 100 种以上新出现的饲料原料用体外产气法（*in vitro* gas production technique）评定了其作为反刍动物饲料的能量价值，并且用酶解法（enzyme hydrolysis method）评定了其蛋白质营养价值，同时完善了其常量及微量元素（其中包括钙、磷、硫、铜、锌等）的含量。对于纤维性饲料（尤其是玉米副产品）提出了其中性洗涤纤维在瘤胃内 30 h 不降解率（neutral detergent fiber undegraded after 30 hours，$NDFU_{30}$）的新的评定指标，这个指标能够更好、更快捷地评定纤维性饲料的营养价值。这些工作为副产品在配合饲料中的利用提供了完备的数据基础，为高效生产提供了必备条件。我国也应该寻求这种模式，建立数据库资源，为饲料工业的发展提供必要的数据支撑。

5. 合理开发利用玉米及其加工产品作为饲料原料的战略性建议 饲料成本占整个饲养系统总成本的 $65\%\sim70\%$，甚至更高。合理、科学地利用饲料是畜禽养殖业获得成功的关键。在我国，养殖业发展起步晚、速度比较慢，尤其是反刍动物养殖业的饲料转化率偏低。我国奶牛生产效率（精饲料和产奶量的比例）为 1∶2 左右，而荷兰大概为 1∶4。造成这个结果的原因除了饲养管理不科学之外，主要就是对饲料的利用不科学。建议以美国净碳水化合物和蛋白质体系为基础，建立各种加工工艺下的玉米副产品营养价值数据库，对玉米副产品进行制粒工艺的研究。开发功能性玉米副产品颗粒饲料系列产品，其中包括反刍动物过冬保膘饲料、奶牛特殊时期（泌乳高峰期、干奶期、围产期等）玉米副产品颗粒饲料，根据奶阶段性生理特点添加相应的功能性玉米副产品颗粒饲料，起到促进采食量、预防疾病的作用。比如，在围产期添加阴离子盐，在泌乳高峰期颗粒饲料中添加糖蜜，提高适口性。针对肉牛（羊）饲料中蛋白质含量偏低的缺点而添加糊化尿素等非蛋白氮产品，最终形成可以满足其营养需要的特殊功能性饲料产品。

三、高粱及其加工产品作为饲料原料的研究进展

（一）我国高粱及其加工产品资源现状

高粱在世界范围内分布广泛，形态变异多，非洲是高粱变种最多的产区。斯诺顿收集到的 17 种野生种高粱中，有 16 种来自非洲赵利杰（2019）。他所确定的 31 个栽培种

中，非洲的占 28 种；158 个变种中，只有 4 个种在非洲以外的地方有种植。中国高粱，又名蜀黍、秫秫、芦粟、莛子等。关于它的起源和进化问题，多年来一直有两种说法：一种为由非洲（或印度）传入，另一种为中国原产。因为高粱在中国经过长期的栽培驯化，渐渐形成独特的中国高粱群，许多植物学形态与农艺性状均明显区别于非洲起源的各种高粱。另外，中国高粱与非洲高粱的杂种一代容易产生较强的杂种优势，说明两种高粱遗传距离差异较大。高粱是我国最早栽培的禾谷类作物之一，至少也有 5 000 年的历史。

1. 品种　高粱有很多品种，有早熟品种、中熟品种、晚熟品种，又分常规品种、杂交品种；口感有常规的、甜的、黏的；株型有高秆的、中高秆的、多穗的等；高粱秆还有甜的与不甜的之分。粮食（面粉做出的食品）颜色有红的、白的，不红不白的等多种。按性状及用途可分为食用高粱、糖用高粱、帚用高粱等。高粱属有 40 余种，分布于东半球热带及亚热带地区，主产国有美国、阿根廷、墨西哥、苏丹、尼日利亚、印度和中国。

2. 变种　高粱经过培育和选择后能形成许多变种和品种。按其用途和花序、籽粒的形态不同分为 4 类：粒用高粱、糖用高粱、帚用高粱和饲用高粱。粒用高粱的籽粒外露，品质好，卡佛尔变种具大而扁的颖果，都拉变种有紧密下垂的果穗，中国高粱有直立的长果穗和近圆形的颖果。糖用高粱秆节间长、髓具甜汁，含糖量为 $10\% \sim 19\%$。帚用高粱茎皮柔韧，编织用；花序分枝长，帚用。饲用高粱分蘖多，生长旺，籽粒较长，有苏丹草等。粒用高粱的颖果，含淀粉（$60\% \sim 70\%$）、蛋白质、脂肪及钙、铁、B 族维生素等。我国主要种植区为西北、东北和华北，播种面积约占全国高粱总面积的 $2/3$，常作主食。由于种皮含单宁，带涩味，又易与蛋白质结合，难消化，因此欧美各国多用于畜牧业发展上。

（二）开发利用高粱及其加工产品作为饲料原料的意义

1. 籽粒饲用高粱　高粱籽粒用作饲料的历史较长，在美国，所有高粱籽粒均用作饲料；在法国，工业发酵饲料消耗了 70% 的高粱。在我国，配方饲料中高粱的比例极小。随着人们认识的提高和高粱品质的改善，高粱在我国饲料行业中必将起到重要的作用。按照目前我国使用饲料的实际情况看，2014 年饲料产量为 19 340 万 t，如果在饲料中添加 $5\% \sim 10\%$ 的高粱，高粱的年用量就应该为 1 000 万 $\sim$ 2 000 万 t，因此高粱在饲料中的应用前景非常可观。高粱籽粒是一种优良饲料，用作饲料的平均可消化率为：蛋白质 62%、脂肪 85%、粗纤维 36%、无氮浸出物 81%，可消化养分总量为 70.5%，平均总淀粉含量为 69.8%，1 kg 高粱籽粒的总热量为 18.63×10^3 kJ。这些营养品质指标表明，高粱籽粒适合用作畜禽饲料，其饲用生产的效能大于燕麦和大麦，大致相当于玉米。

（1）高粱可提高瘦肉型猪的瘦肉率。对于饲料中蛋白质水平的变化，瘦肉型猪比脂肪型猪的反应更敏感。如果使饲料中蛋白质水平从 12% 提高到 20%，则瘦肉型猪的瘦肉率可从 51% 提高到 58%，而脂肪型猪的瘦肉率只能从 45% 提高到 47%。由于高粱籽粒中可消化蛋白质为 54.7 g/kg，比玉米（45.3 g/kg）多 9.4 g/kg，而粗脂肪含量比玉米低 0.25%，且玉米中含有较多的不饱和脂肪酸，而高粱中却很少，因此高粱用作饲料可提高猪的瘦肉率。

（2）高粱籽粒还可用作肉鸡、蛋鸡和火鸡等的饲料，高粱在配合饲料中完全可以代替玉米。用高粱籽粒喂饲幼禽可防治鸡的肠道疾病，提高成活率。雏鸡（禽）的死亡率较高，白痢是主要原因。高粱中含有单宁，具有收敛作用，因此可防治肠道疾病。用高粱代替玉米后，雏鸡的成活率高、增重快、效益高。例如，饲料中各用 75% 的高粱和玉米喂饲雏鸡，喂高粱时雏鸡的成活率为 84.1%，喂玉米时雏鸡的成活率为 73.7%。

2. 饲草高粱　与普通高粱一样，饲草高粱不仅具有产量高、抗逆性强（抗旱涝、耐盐碱、耐瘠薄、耐高温、耐寒冷）、用途广泛的特点，而且具有较高的营养价值。其粗蛋白质和粗纤维含量比苏丹草分别高 2.7% 和 0.26%；比草木樨、沙打旺、青刈玉米的蛋白质含量分别高 2.53%、5.22% 和 2.45%；与青刈黑麦、串叶松香草的蛋白质含量相近，是仅次于苜蓿的优良饲草。

饲草高粱是利用高粱雄性不育系作母本、苏丹草作父本杂交产生的杂种一代，是利用杂种优势商品化生产的一种新型牧草。苏丹草是一种有很强承载力的牧场草，每公顷可承载 2~5 头牲畜，最高可达 10~12 头。利用栽培高粱与苏丹草杂交得到的杂交种饲草高粱，表现出了更强大的杂种优势，生物学产量比栽培高粱和苏丹草增产 5%~10%，饲草高粱鲜草产量为 65~150 t/hm²，在辽宁省一年可刈割 2~3 次，在江淮流域一年可刈割4 次，刈割后可直接饲喂牲畜。这种杂交高粱草既可以青饲、青贮，又可用作干草；不仅可喂饲牛、羊和鹿，而且还可喂鹅、鱼等，是非常有发展前景的饲草高粱。

畜牧业发达的国家，如美国、英国、俄罗斯、澳大利亚和加拿大等，十分重视高产优质牧草的引种和选育工作，已育成一大批饲草高粱品种，如先锋、标兵、海牛和长青等。美国从 20 世纪 20 年代起即开始饲草高粱的育种工作，已获得较好的经济效益。美国的草业工作者对饲草高粱的栽培也进行了较深入的研究。他们正在广泛搜集世界各地的优良饲草高粱资源，以便培育出抗病、抗逆性强并且高产优质的饲草高粱新品种，为美国畜牧业的持续发展奠定了坚实的基础。

饲草高粱作为一种新的饲料作物，从 20 世纪 90 年代初开始逐渐受到我国高粱育种专家的重视。我国选育的皖草 2 号、晋草 1 号和辽草 1 号，以及从外国引进的健宝、苏波丹等杂交高粱草均表现出杂种优势强、生物产量高和抗逆性佳的特性。为了保证畜牧业发展对饲草的需求，国内农田的种草面积逐年扩大，以山西省为例，仅雁门关生态畜牧经济区就要发展 40 万 hm² 草地，若饲草高粱占 1/6，则其种植面积也有近 7 万 hm²。全国农田草地面积可能发展到 1 333 万~2 000 万 hm²，饲草高粱的发展空间十分广阔。

饲草高粱是理想的圈养饲草，在水浇地上种植，每公顷饲草高粱青饲、青贮相结合（不需加精饲料），可喂养 150 只羊或 15 头牛，出栏率比放牧高出 50%，可增收 3 万多元，收入是单纯粮食生产的 3~4 倍，经济效益十分显著。饲草高粱还有一个优点就是，在播种后 60 d 就可刈割鲜草 45 t/hm²。在一年一季有余两季不足、两季有余三季不足的农作区，粮草复种可实现一年两作或三作，可大大提高土地的利用率，增加农民收入。

3. 青贮甜高粱　青贮甜高粱同粒用高粱一样，为 C4 植物，光合效率高，且具有多重抗逆性，抗旱、抗涝、耐盐碱和耐瘠薄，非常适合在我国水资源缺乏的干旱和半干旱地区种植。甜高粱生长速度快，除了能收获 3~6 t/hm² 的籽粒外，还可同时获得高达45~60 t/hm² 的茎叶。甜高粱植株高大，茎秆汁液丰富，含糖量高（茎秆汁液含量和含糖量分别高达 60% 和 1.5% 以上），适口性好，各项营养指标均优于玉米。其含糖量比青贮玉米高 2 倍；无氮浸出物和粗灰分含量分别比玉米高 64.2% 和 81.5%；粗纤维含量虽然比玉米高，但由于甜高粱干物质含量比玉米高 41.4%，因而甜高粱粗纤维占干物质的相对含量为 30.3%，低于玉米（33.2%）。

甜高粱杂交种可在成熟时一次收获进行青贮（与当地青贮收获时间相同），也可分两次青刈进行青贮，第一次在乳熟期左右收割，第二次在秋后收割。甜高粱可以单贮，也可同玉米秆混贮，以弥补玉米秆水分和糖分的不足。青贮的质量比较好，营养丰富，牲畜喜食，易于牲畜消化吸收。用甜高粱青饲料喂养奶牛，每天可增加产奶量 0.8～1.5 kg/头。甜高粱茎叶还是鹿、鸵鸟、马和鱼的良好饲料。甜高粱适合于大型的奶牛、肉牛等养殖场种植，与养殖企业结合形成产业，非常有应用价值。

总之，近几年由于畜牧业的迅速发展，有限的草场资源已不能满足生产的需要。饲用高粱的利用和发展，不仅会为我国畜牧业的发展提供强大的饲料支撑，还可有效地保护有限的草场资源，从而保护环境，具有极佳的生态效益。

（三）高粱及其加工产品的营养价值

高粱与玉米营养成分的比较，以及高粱加工副产品的一般成分分别如表 8-27 和表 8-28 所示。

表 8-27　高粱与玉米营养成分的比较

营养成分	指标	高粱	玉米
常规养分（%）	干物质	86	86
	粗蛋白质	9	8.7
	粗脂肪	3.4	3.6
	粗纤维	1.4	1.6
	无氮浸出物	70.4	70.7
	粗灰分	1.8	1.4
有效能（MJ/kg）	消化能（猪）	13.12	14.27
	代谢能（猪）	12.43	13.44
	代谢能（鸡）	12.3	13.56
氨基酸（%）	赖氨酸	0.28	0.24
	蛋氨酸	0.11	0.18
	胱氨酸	0.18	0.2
	色氨酸	0.11	0.07
	精氨酸	0.37	0.39
	组氨酸	0.24	0.21
	亮氨酸	1.42	0.93
	异亮氨酸	0.56	0.25
	苯丙氨酸	0.48	0.41
	苏氨酸	0.3	0.3
	缬氨酸	0.58	0.38

非粮型饲料资源高效加工技术与应用策略

（续）

营养成分	指标	高粱	玉米
矿物质元素（%）	钙	0.13	0.02
	磷	0.36	0.27
	非植酸磷	0.17	0.12
	镁	0.15	0.11
	钠	0.34	0.01
	钾	0.03	0.29
微量元素（mg/kg）	铁	87	36
	铜	7.6	3.4
	锌	17.1	21.1
	锰	20.1	5.8
	硒	0.05	0.04

表 8-28　高粱加工副产品的一般成分（%）

类别	得率	占干物质比例		
		粗蛋白质	粗纤维	粗灰分
高粱麸皮	23	15	10	6
普通高粱粉	4～6	12	—	1.5
次粉	3～5	14	5	3
胚芽	0.2	28	2	4

注："—"指无。

（四）高粱及其加工产品中的抗营养因子

高粱中的抗营养因子为单宁。单宁含量在 0.20% 以下的高粱，其在饲料中的使用量为 30% 时无不利影响；单宁含量超过 0.2% 时，高粱在饲料中的使用量下降。建议在 25 kg 以后的仔猪饲料中开始使用高粱，如是低单宁高粱，使用量最高可以达 30%；对 60 kg 的育肥猪，最高可使用 60%。在肉鸡饲料中，低单宁含量的高粱可以完全替代玉米，在饲料中的用量最高可达 65%，一般建议在育成鸡饲料中使用。

（五）高粱及其加工产品在动物生产中的应用

1. 在猪生产中的应用　高粱及其加工产品在猪生产中的应用见表 8-29。

表 8-29　高粱及其加工产品在猪生产中的应用

生产阶段	用量（%）
前期（<25 kg）	0
仔猪（25～50 kg）	<20
生长期（50～75 kg）	<30
育肥期（75 kg 以上）	<60

2. 在反刍动物生产中的应用　在奶牛饲料中，由于玉米的价格波动很大，因此高粱和大麦等其他能量饲料的应用量越来越多。高粱中的单宁对奶牛日粮的蛋白质并无不良影响，高粱在奶牛日粮中的添加量一般可以达到 15%～25%。

3. 在家禽生产中的应用　高粱及其加工产品在家禽生产中的应用见表 8 - 30。

表 8 - 30　高粱及其加工产品在家禽生产中的应用（%）

种类	用量
鸭	＜60
肉鸡	＜50
蛋鸡	＜20

4. 在水产品生产中的应用　高粱一般在水产类饲料中的使用量很少，在成鱼阶段的使用量最多可以占日粮的 10%。

（六）高粱及其加工产品的加工方法与工艺

饲料原料加工方法：

1. 已有的加工方法　高粱的加工处理方法是：粉碎至较细的粒度（猪、牛），蒸汽压片，膨化（干法，湿法）。湿法热处理使醇溶蛋白间形成双硫键，降低蛋白质的消化率，干法挤压处理可以提高营养价值。高粱加工是将高粱去除壳，取出种仁，碾去种仁的皮层，得到含碎粒最少的高粱米。高粱的籽粒由颖和种仁组成。颖由护颖和包在其内的内颖组成，两者合称为外壳，表面光滑，厚而隆起。颖和种仁结合较松，在运输过程中因碰撞、摩擦会自动脱落，加工时几乎全部脱掉。种仁由皮层、胚乳和胚组成。皮层较厚，果皮外层细胞全部角质化，因此较坚实，皮层的色泽有白、黄、红和赤褐。胚乳外围为角质淀粉，中间为粉质淀粉，根据其结构组织的松紧程度分为硬质和软质。胚呈长方形，长度达籽粒的一半。高粱质量标准是以容重划分等级，有一等、二等和三等，其容重依次为 740 kg/m³、720 kg/m³ 和 700 kg/m³。

高粱的加工方法比稻谷简单，一般可以不设置脱壳和与其配套的分离工序。工艺过程为清理与分粒、碾米、擦米和成品混合。清理与分粒的原理、方法、设备与稻谷加工基本相同。分粒是把颗粒大小不同的高粱分开。大粒籽实坚实，皮层较薄，容易碾去，而小粒则相反。如果不分粒，则往往出现大粒过碾，小粒去皮少，造成精度不匀，碎米增加，出品率降低。分粒可在清理过程中分和经碾米机粗碾后再分。粗碾有脱壳作用，因此能提高分粒效果。分粒设备一般采用留筛和振动筛。分出的小粒控制在总流量的 5%～10%。小粒可单独碾成或暂时存放后再用同一碾米机和大粒交错碾制。碾米方法随原粮情况不同而有所不同，有一般高粱碾米、高水分高粱碾米、烘干与晾干高粱碾米、粉质高粱碾米。擦米的工艺设备同稻谷加工。高水分高粱的加工一般都在冬季进行，籽粒的游离水冻结，胚乳膨胀而饱满，硬度增加，碾出皮层较容易，粗碾时可以大量去皮。烘干与晾干高粱表面皮层收缩，与胚乳结合紧密，而胚乳内部结构松散，粗碾时要增加碾削作用，精碾要轻而细。还可以采用湿法碾米，先喷雾着水 1%～2%，在润米 40～60 s 后立即碾制，比干法可提高出米率 1%～3%。粉质高粱胚乳结构疏松，碾制时应降低碾米压力，粗碾转速高，精碾转速低，或采用两台碾米机并联工作以降低流量。

2. 需要改进的加工方法

初清工艺流程：圆筒初清筛-高效振动筛-垂直吸风道-磁选器-称重。该工艺主要是清除大部分的大杂、小杂及轻杂，特别是危害性较大的麻绳、大粒无机杂质、金属杂质，以保证后续设备的安全可靠运转。

毛高粱清理工艺流程：

① 一次着水工艺　称重-磁选器-高效振动筛-垂直吸风道-去石机-精选机-打麦机-高效振动筛-垂直吸风道-着水机。

② 二次着水工艺　磁选-打麦机-垂直吸风道-着水机。

光高粱清理工艺流程：磁选-打麦机-垂直吸风道-去石机-着水绞龙。

筛选原理：利用被筛物料之间粒度（宽度、厚度、长度）的差别，借助筛孔分离杂质或将物料进行分级，物料经过筛选后，凡是留在筛面上的未穿过筛孔的物料均称为筛上物，穿过筛孔的物料均称为筛下物。筛面有栅筛、冲孔筛面、编织筛面。筛孔有圆形孔、长形孔、方形孔、三角形孔。

筛选设备：

① 圆筒初清筛　是用于谷物接收入库的初步清理设备，以提高原料入库质量，为下道工序创造有利条件，防止堵塞管道，损坏设备。筛孔直径大小为 10～16 mm，具体根据产量而定。混杂在谷物中的绳头、砖头、泥块等大型杂质被分离出来。

② 高效振动筛　是应用于谷物清理最广泛的一种筛选与风选相结合的清理设备，是利用物料间粒度的不同进行除杂或分级的。因此，凡是在粒度上有差异的物料，均可采用筛选的方法进行分离。一般情况下，大杂筛网用直径 6.5～7.0 mm，小杂筛网用直径 2～2.25 mm，混杂在谷物中的秸秆、小杂可被分离出来。

③ MOZL 双转子着水机　加水量小于 7%，高速润粱。

④ 喷雾着水机　加水量为 0.3%～0.5%，辅助润粱。

⑤ 研磨的设备——磨粉机　利用机械作用力把高粱籽粒剥开，然后从麸片上刮净胚乳，再将胚乳磨成一定细度的高粱粉。

⑥ 撞击的设备——松粉机　利用高速旋转体及构件与较纯净的胚乳颗粒之间产生反复而强烈的碰撞打击作用，使胚乳被撞击成一定细度的高粱粉。

⑦ 提纯的设备——清粉机　通过气流和筛理的联合作用，将研磨过程中的高粱渣和高粱仁按质量分成麸屑、带皮的胚乳和纯净的胚乳粒，以实现对高粱渣、高粱仁的提纯。

⑧ 筛理的设备——高方筛　把研磨撞击后的物料混合物按照粒度的大小和比重进行分级，并筛出高粱粉。

（七）高粱及其加工产品作为饲料原料利用存在的问题

高粱在我国配合饲料中的用量相对较低，主要原因为：①高粱的能量含量较玉米、大麦等主要能量饲料低一些；②高粱中含有单宁，可以降低饲料蛋白质的消化利用；③对高粱加工副产品的营养价值评定工作还不到位。

（八）高粱及其加工产品作为饲料资源开发利用与政策建议

1. 加强开发利用高粱及其加工产品作为饲料资源　我国是一个饲料资源非常短缺的国家，开发利用高粱这类非粮型饲料原料是补充资源不足的有效途径。我国是世界高粱主产区之一，种植面积占世界第十位。高粱是集食用、饲料、酿造、加工于一体的作物，其中粒用高粱、饲用高粱、甜高粱等均是优良饲料，既可提供籽粒，又可提供茎叶。高粱籽粒作为畜禽饲料时，其饲用价值能与玉米相当。但我国高粱生产过程中产生的大量副产品并未得到充分利用，造成了资源的大量浪费。事实上，高粱籽粒及其加工副产品，如糠麸、酒渣、醋渣等均可作为饲料。合理开发利用这些副产品，对于解决我国的饲料资源短缺问题具有重要意义。

2. 改善高粱及其加工产品作为饲料资源的开发利用方式　建议对高粱副产品进行制粒处理，这样可以提高熟化度和消化率，同时也可以提高适口性。

3. 制定高粱及其加工产品作为饲料产品的标准　目前，我国制定了关于高粱副产品的原料标准。各个饲料生产厂家也相应地制定了自行采购的标准，比如容重、水分、蛋白质含量、是否掺假等的即行采购标准。但是这些指标的标准制定得还不够详尽，不能对副产品的营养价值进行较为准确的判断，而且高粱中含有抗营养因子单宁，应该进行检测。建议增加以下指标的标准：单宁、非蛋白氮、可溶性糖、淀粉、中性洗涤纤维、酸性洗涤纤维。

4. 科学制定高粱及其加工产品作为饲料原料在日粮中的适宜添加量　见本节中"科学制定玉米、高粱及其加工产品作为饲料原料在日粮中的适宜添加量"内容。

5. 合理开发利用高粱及其加工产品作为饲料原料的战略性建议　建议以美国净碳水化合物和蛋白质体系为基础，建立各种加工工艺下的高粱副产品营养价值数据库，对高粱副产品进行制粒工艺的研究，开发功能性高粱副产品颗粒饲料系列产品、高粱副产品颗粒饲料。以大学粮食学院工程中心为培养基地，举办针对大型养殖场（其中包括奶牛、肉牛、肉羊）饲料综合利用的培训。及时传播国内外先进的饲料及饲养理念，在培养人才的同时推广饲料技术，真正实现产学研一体的教学科研模式。及时总结饲料利用的技术难点，并反馈给工程技术中心，组织科研教学人员利用现有优势条件重点攻关，将形成的技术及产品及时地用于生产第一线。

第三节　木本植物的加工工艺与运用

一、木本饲料的加工方法与工艺

我国有 8 000 余种木本植物，其中可以用作饲料的有 1 000 多种，资源十分丰富。与草本饲料相比，木本饲料含有较高的营养成分，特别是蛋白质品质好，必需氨基酸含量丰富，是草食动物潜在的优质粗饲料。在我国牧场面积不断缩小、草场退化严重的情况下，开发木本饲料不但成本低，而且不与农业争地，既增加了饲料来源，又可促进畜牧业的发展。但是收获的木本饲料植物由于枝干质地坚硬，含有抗营养物质，因此会导致动物采食量少、消化率利用率低。为了解决以上问题，近年来国内外学者尝试了多种旨在改善木本植物饲用性能的加工处理方法，包括刈割、干燥粉碎、制粒、青贮、微贮、氨化、生物酶解、聚乙二醇添加调制等。这些处理技术各有优点，并得到了一定程度的推广应用。

1. 刈割 植物所含营养物质的量，随着生育期的不同而有很大变化，尤其是植物种类和植物成熟程度不同，其酸性洗涤纤维和粗蛋白质含量变化比较大。粗蛋白质含量随季节变化呈现下降趋势，而酸性洗涤纤维含量变化没有固定规律。因此，刈割时期不同，会影响饲用植物干物质和粗蛋白质的利用效率（Coblentz 等，1998）。

关于柠条刈割的最佳时期，要根据柠条生育期、平茬目的和经济效益等因素进行综合考虑。可以对现有柠条天然草场隔年隔带平茬 1 次，时间最好在冬季和早春，此时营养物质已储存到根部且茎秆硬脆，便于平茬，又有利于翌年生长（刘晶等，2003）；留茬高度为 2～4 cm，太低或太高均不利于枝条的分蘖与再生（常春，2010）。饲用柠条刈割最佳时间在开花期（6 月），此时期蛋白质含量最高，而木质素含量最低，也可在停止生长前的 30～40 d 即果后营养期刈割，保证充足的时间储存营养物质，以利越冬，同时保证了翌年的高产量（刘晶等，2003）。

木豆鲜草产量以每年刈割 2 次的产量最高，达 111.86 t/hm²，其次为刈割 3 次，以刈割 1 次的产量最低。不同的刈割时期处理，第 1 次刈割越早，再发能力越强，全年鲜草产量越高，8 月 15 日左右开始第 1 次刈割的再发产量和全年产量分别为 52 t/hm² 和 112.44 t/hm²。8 月中旬，正处于第 1 批荚鲜食期，在第 1 批荚鲜食期进行第 1 次刈割，11 月中下旬，植株即将停止生长时进行第 2 次刈割，这样木豆鲜草产量最高。不同的留桩高度，以 100 cm 的再发能力强、全年鲜草产量最高（谢金水等，2003）。

为防止桑枝条纤维木质化，应及时刈割。当苗木枝条未木质化，即苗木长至 60～80 cm 时进行刈割，可保证饲料鲜嫩多汁，提高其利用率，每次刈割注意留茬 10～15 cm。一年生植株刈割 2～3 茬，二年及多年生植株刈割 3～4 茬，分别在 6 月中旬、7 月中旬、8 月中旬、10 月上旬进行，2 次刈割间隔时间 25～30 d。每刈割 1 次追肥 1 次，可促使枝条再生，每次追肥后视天气情况酌情补水，遇干旱季节或刈割后要适时灌溉，浇透表层土，既可加快植株对肥料的吸收，促进生长，又可提高其单株生物量和品质（闫巧凤，2015）。

对胡枝子刈割的研究表明，随着刈割频率的增加，根数、根质量、根瘤及可溶性糖等指标明显下降，1 年之中刈割 3 次，每 6 周刈割 1 次，其地上生物量最大，有利于胡枝子的收获和生长（孙显涛等，2005）。银合欢刈割留茬高度在 40 cm 时，地上干物质的量最大，而且能更好地促进银合欢的再生长（张明忠等，2013）。

2. 干燥、粉碎和制粒 牧草最佳的干燥方法是直接烘干，其次是晒后烘干、阴干，最差的是晒干。这是由于日光的光化作用会破坏胡萝卜素（维生素 A 的主要来源），所以日晒时间越长且直射作用越强，养分损失就越大。

（1）干燥 对辣木叶采用晒干、热风干燥、杀青后热风干燥、远红外干燥、微波干燥和热泵干燥 6 种方法干燥，通过外观及内在品质分析研究不同干燥方法对辣木叶的影响（熊瑶，2012）。结果表明，6 种干燥对辣木叶外观品质的影响有显著差异，影响最小的是热泵干燥，其次是热风干燥和晒干；微波干燥、晒干和远红外干燥对辣木叶中热敏性、光敏性的营养物质破坏显著；虽然热泵干燥时间相对较长，但其对辣木叶中脂肪、多糖的含量保持最好，对其他营养物质也有显著影响，是辣木叶的最适干燥方法。

（2）粉碎和制粒　柠条经揉碎加工后饲喂时动物的采食量最大，采食后动物日增重效果明显，可能是由于柠条中营养价值高但较难消化的部分经揉碎变得质地松软、口感好、易于采食（张平等，2004）。柠条经过机械粉碎混合其他原料制成颗粒后，其利用率可提高10%～20%（温学飞等，2005）。直接粉碎制粒后饲喂家畜，其利用率提高50%，家畜采食量增加20%～30%，增重提高15%左右（王峰等，2004）。

3. 青贮、微贮和氨化

（1）青贮　就是把青饲料埋起来发酵，待青贮的饲料与空气隔绝后，产生了有机酸，经久不坏，并可减少养分的损失。柠条青贮后粗蛋白质含量降低0.06%，粗纤维含量降低1.6%，木质素含量降低2.68%，无氮浸出物含量降低1.87%（王峰等，2004）。用青贮后的柠条喂羊，能保持体重并略有增膘，且羊群喜食（田晋梅和谢海军等，2000）。桑叶水分和可溶性糖类含量较高，青贮难度大，半干切叶袋贮桑叶，颜色和营养含量测定结果均优于其他方法青贮桑叶（马群忠等，2012）。选用10月下旬一年生构树枝干上的叶片，以酵母和米曲霉为发酵菌种发酵后作为饲料。在添加作物秸秆发酵5 d和9 d时，发酵后饲料中的粗蛋白质含量增加了16.3%和23.9%；在不添加作物秸秆发酵5 d和9 d时，发酵后饲料中的粗蛋白质含量增加了35.7%，粗纤维含量降低了15.3%，同时所有的发酵饲料均达到无毒级（张益民等，2008）。青贮处理能降低银合欢中含羞草素和单宁的含量，在青贮的90 d内，随着青贮时间的延长含羞草素和单宁含量逐渐降低；青贮90 d后，蔗糖添加使含羞草素降解49.0%，蔗糖＋乳酸菌添加使单宁降解54.7%，乳酸菌单独添加效果不及蔗糖（张建国，2010）。

（2）微贮　微贮饲料是在饲料作物采用专业设备揉搓软化后，添加有益微生物，通过微生物的发酵作用而制成的一种具有酸香气味、适口性好、利用率高、耐贮存的粗饲料。微贮饲料可保存饲草料原有的营养价值，在适宜的保存条件下，只要不启封即可长时间保存。新鲜柠条经微贮后粗蛋白质含量增加6.62%，粗纤维含量降低7.64%，木质素含量降低5.30%；风干柠条经微贮后粗蛋白质含量增加6.01%，粗纤维含量降低3.64%，木质素含量降低5.34%。用微贮饲料饲喂滩羊，试验组日增重比对照组多76 g（温学飞等，2005）。微贮处理能够显著改善柠条各营养组分的瘤胃降解特性，显著提高其瘤胃降解率，表明微贮处理能够破坏植物结构性碳水化合物中的纤维素晶体结构，弱化或破坏木质素与纤维素或半纤维素之间的酯键，促进木质化纤维素或半纤维素在瘤胃内的发酵，提高其消化率。

（3）氨化　主要用于反刍动物饲料处理。氨化饲料就是用尿素、碳酸氢铵或氨水溶液等含无机氮物质与植物秸秆混合后密闭，进行氨化处理，以提高秸秆的消化率、营养价值和适口性。柠条经氨化处理后粗蛋白质含量提高5.92%，粗纤维含量降低0.9%，木质素含量降低0.51%，无氮浸出物含量降低2.75%；柠条添加5%玉米进行氨化处理后，粗蛋白质含量提高6.32%，粗纤维含量降低3.67%，木质素含量降低1.32%，无氮浸出物含量降低1.49%（王峰等，2004）。新银合欢枝叶经氨化处理后粗蛋白质含量显著升高，含羞草素、粗脂肪含量极显著降低，中性洗涤纤维含量显著降低。氨化处理新银合欢对瘤胃pH有明显影响，提高了氨气释放的速度；添加玉米共同氨化发酵有利于维持瘤胃稳定和提高反刍动物对氨、氮的利用效率（黄文明等，2009）。

4. 叶蛋白的制备 叶蛋白是以新鲜的青绿植物茎叶为原料，经压榨取汁、汁液中蛋白质分离和浓缩干燥而制备的蛋白质浓缩物，是一种具有高开发价值的蛋白质资源，可用作饲料添加剂。而植物叶、茎是世界公认的蛋白质资源的最大宝库，也是获取蛋白质的廉价途径之一。木本植物刺槐叶蛋白的提取率可达 4.7%，原料总氮的提取率达到 75.9%，高于紫云英、紫苜蓿等草本植物（刘芳和敖常伟，1999）。

二、沙棘及其加工产品的加工方法与工艺

沙棘在我国西北、华北、西南等地区均有分布，在西北干旱地区、沙漠地区生长良好，是防风固沙的重要林木，同时也是良好的饲料资源。沙棘枝叶通过青贮发酵后蛋白质含量提高，粗纤维含量降低，适口性得到改善，保存期得到延长。沙棘籽经压榨取油后的副产品为沙棘籽饼。沙棘籽经浸提或超临界萃取取油后的副产品为沙棘籽粕。沙棘中含有抗营养因子单宁，在作为动物饲料添加时要注意对其进行加工处理。目前关于单宁的去除方法主要包括物理化学法和生物法。

（1）物理化学法 包括溶液浸提、干燥方式、脱壳、挤压、碱、聚乙二醇及射线处理等。大部分植物的单宁都存在于壳中，因此脱壳可以减少部分单宁。挤压过程中可以产生高温，对热不稳定的抗营养因子能起到一定程度的破坏甚至是去除作用。单宁对碱比较敏感，在碱性条件下，单宁活性受到抑制。Canbolat 等（2007）用不同浓度的氢氧化钠溶液（0、20 g/L、40 g/L、60 g/L 和 80 g/L）分别对 2 种树叶处理的结果显示，随着氢氧化钠溶液的升高，样品中单宁含量直线下降。射线处理对单宁具有明显的去除作用。Toledo 等（2007）用不同剂量的 γ 射线（2 kGy、4 kGy 和 8 kGy）照射 5 种不同的大豆发现，随着放射剂量的增加，其包括单宁在内的多种抗营养因子含量显著下降。

（2）生物法 主要是通过微生物作用将单宁降解。单宁降解菌在自然界有着相当广泛的分布，在单宁含量丰富的水体（如皮革厂排出的废水等）、土壤、某些发酵食物，以及摄食富含单宁饲料的动物消化道、粪便中，往往能较容易地分离出单宁降解菌。Mahadevan和 Muthukumar（1980）总结以往研究报道的能够在水体中分离到的微生物种类时发现，水体中分布的单宁降解菌以青霉属和曲霉属种类居多。

三、松针及其加工产品的加工方法与工艺

1. 粉碎法 将采集的新鲜松针，剔除树枝、杂物，摊放在阴凉、通风、干燥的地方，厚 5～6 cm，让其自然干燥，待其含水量降至 12% 以下时，用粉碎机粉碎，过筛即成。或将采摘的干净松针，放入蒸汽烘干室，用 90 ℃ 的温度烘干 20 min，再用粉碎机粉碎。粉碎好的松针粉，用尼龙袋密封包装，储存于干燥、通风、避光处备用。

2. 浸泡法 将新鲜的松针叶捣碎泡制成叶酱膏饲喂。方法是将松针叶切碎放进桶里蒸 1 h，用 8 倍的热水浸泡 3～4 h；或用热水泡 6～13 h，然后将水倒去即可。用经过这样处理的松针叶喂牛时，每天用量不超过 5 kg。也可在不生锈的容器里放进粉碎的松针叶，加热水在 70 ℃ 下浸泡 2 h，制成松针叶浸剂，每日在猪或牛的饲料中加 1.5 L 浸剂，饲喂效果很好。

3. 发酵法　将新鲜的松针粉碎后，放入缸内或密闭的发酵罐内，温度保持在 38～40 ℃，加入新采集的牛胃液，在厌氧条件下发酵，使之产生大量的纤维素酶、淀粉酶、蛋白酶。一般经过 24 h 的发酵分解，即可去掉松针叶的松脂味和涩味，可掺入混合饲料中饲喂。

四、灌木类及其加工产品的加工方法与工艺

灌木类以在我国沙漠地区有"救命草""接口草"之称的柠条较为典型。冬季营养不足是限制羊毛生长的主要原因之一，饲草的粗蛋白质水平不仅是绵羊日增重的主要影响因素，还是羊毛生长速度的限制性因子。而柠条的粗蛋白质含量较高，即使在冬季，柠条地上部生物量的粗蛋白质含量也在 9% 左右。同时柠条的高消化性纤维含量在 10% 左右，而低消化性纤维含量却高达 45%～60%。因此，柠条需在三年生至四年生时刈割平茬，以获取最大的可食率（81.8%），而后晒干，使水分达到 15%～35% 时用 22 kW 510 型粉碎机进行粉碎。但由于其粗纤维含量较高，一般开始饲喂时要加入盐水、精饲料等驯饲。当前应加强对柠条饲料的开发，即利用生物活性制剂进行微贮发酵，降解粗纤维和木质素含量，调配营养成分，进行工业化生产。

五、桑叶及其加工产品的加工方法与工艺

鲜桑叶含水量高，不宜长时间保存，通过加工调制技术的研究，可以延长桑叶的使用时间，提高桑叶的利用价值，便于包装与运输，可以实现桑叶饲料的商品化。常用的桑叶加工调制技术主要有青贮调制技术与干燥调制技术。

（一）桑叶青贮技术的研究

青贮是保证桑叶常年青绿多汁的有效措施，其原理是利用微生物在厌氧环境中发酵物料产生乳酸抑制其他微生物的活动，从而保存饲料的营养价值。桑叶青贮技术的关键是将压实的桑叶密封在相对湿度为 70%、温度为 25～35 ℃ 的容器中，选择先压实再裹包的青贮设备进行青贮，可以达到更加理想的效果。发酵过程一般 4 周即可完成，为防止二次发酵，在桑叶青贮时，可以添加防腐剂（如丙酸、甲酸等）和促进发酵的专用微生物接种剂。青贮发酵良好的桑叶具有浓郁的酸香味，颜色黄绿或略黑，叶脉清晰；而发酵不良的桑叶青贮有臭味或霉味，不适于作为饲料。若因密封不严导致桑叶青贮表面发霉，则可去除发霉部分后饲喂。

饲喂青贮桑条的采食率比干贮桑条提高 20.7%（吴配全等，2011）。利用乳酸菌发酵桑叶的研究发现，在接种乳酸菌 9%、发酵时间 60 h、尿素添加量 2.0%、发酵温度 36 ℃ 的条件下生产的微生物饲料，粗蛋白质比青贮前提高了 48%（29.56% 和 19.92%）（王熙涛等，2010）。青贮桑叶的粗蛋白质含量远高于青贮玉米（2.7%～4.5%），可以完全取代青贮玉米，作为冬季舍饲奶牛青绿多汁饲料的首选。

（二）桑叶干燥技术的研究

桑叶干燥方法分为地面干燥法、叶架干燥法和高温快速干燥法 3 种。地面干燥法即

桑叶在平坦硬化的地面自然干燥，制成的干桑叶含水量为 15%～18%。在一些潮湿和多雨地区或季节，桑叶的地面干燥常常无法进行，可采用叶架干燥法干燥。该法是将桑叶放在叶架上，使物料离开地面一定高度，有利于通风和加快桑叶的干燥速度。高温快速干燥法是将桑叶通过烘干机烘干，干燥后的桑叶可粉碎或制成颗粒后饲喂。

（三）桑叶加工利用技术的研究

1. 切碎利用　指用普通的饲草切碎机将桑叶切碎，直接喂食家畜。

2. 粉碎利用　指利用饲料粉碎机或秸秆揉搓机对桑叶进行粉碎，根据需要可直接制成草粉、饼状、块状饲料，还可与其他秸秆混合制成混合饲料。

3. 制粒利用　桑叶干燥粉碎后先与精饲料混合，然后用颗粒饲料机加工成颗粒饲料，可以直接饲喂牛、羊等。桑叶制粒后，利用率最高可达 100%，将桑叶粉碎加工制成草粉、颗粒等成品饲料饲喂家畜，不仅解决了养殖业昂贵的蛋白质饲料原料问题，而且大大降低了饲料成本。

六、饲用苎麻收获技术

饲用苎麻的刈割高度对饲用品质的影响较大，主要是对粗蛋白质、粗纤维含量的影响。具体表现为粗蛋白质含量随收获高度的增加而降低；粗纤维含量的变化规律则与之相反，即随着刈割高度的增加而增加。因此，在对饲用苎麻进行收割时，应着重考虑收获高度对其饲用品质的影响。

Squibb 等（1954）在对不同收获高度苎麻茎叶营养成分的化学分析时发现，当饲用苎麻高度为 40～60 cm 时其赖氨酸含量最高。在较好的肥水条件下，饲用苎麻的适宜收获高度为 65 cm，此时苎麻的产量和粗蛋白质含量均较高，符合植物性饲料蛋白质的要求（喻春明，2002）。但有研究提出，苎麻收割的标准高度应严格控制在 50～60 cm，低于或高于此高度都会影响苎麻的营养价值：若低于 50 cm 会导致苎麻株水分含量偏高，生物产量降低；若高于 60 cm 则苎麻株粗蛋白质含量降低，纤维含量提高，影响其适口性（揭雨成等，2009）。

第四节　糖料植物副产品加工工艺与运用

一、大豆糖蜜作为饲料原料的研究进展

（一）我国大豆糖蜜资源现状

大豆是一年生草本植物，是世界上最重要的豆类。大豆起源于我国，我国学者大多认为大豆的原产地是云贵高原一带，也有很多植物学家认为其是由原产于我国的乌苏里大豆衍生而来。目前我国种植的栽培大豆是野生大豆通过长期定向选择、改良驯化而成的。我国栽培大豆至今已有 5 000 年的历史。大豆在全国普遍种植，在东北、华北、陕西、四川及长江下游地区均有出产，以长江流域及西南地区栽培较多，以东北大豆质量

最优。大豆可以加工成豆腐、豆浆、腐竹等豆制品。其中，发酵豆制品包括腐乳、臭豆腐、豆瓣酱、酱油、豆豉、纳豆等；而非发酵豆制品包括水豆腐、干豆腐（百页）、豆芽、卤制豆制品、油炸豆制品、熏制豆制品、炸卤豆制品、冷冻豆制品、干燥豆制品等。另外，豆粉则是代替肉类的高蛋白质食物，可制成多种食品，包括婴儿食品。

大豆糖蜜是生产大豆浓缩蛋白过程中，醇溶部分物质经过浓缩处理后的产品，因富含糖类物质，颜色和流动性类似蜂蜜，所以被命名为大豆糖蜜。每生产 4 t 大豆浓缩蛋白可以得到 1 t 大豆糖蜜（固形物含量为 50%），全国每年可产生 3 万～5 万 t 大豆糖蜜。大豆糖蜜颜色较深，呈棕红色，微甜，是大豆中多种植物化学成分的集合体。国外有关糖蜜的产品很多，其使用价值也在不断上升，用途也很广，包括饲料、食品、医药、化工原料、能源等。按主要用途可以分为以下几类：第一是作为动物饲料，第二是深加工成保健食品，第三才是能源及化工原料等。美国大量利用大豆糖蜜喂养家畜，原因是糖蜜的营养价值很高，用糖蜜作为配合饲料的成分可以节省谷物的用量，提高饲料的能量价值，使饲料中能量和蛋白质的比例保持平衡。

（二）开发利用大豆糖蜜作为饲料原料的意义

大豆糖蜜是一种可以被利用的资源，由于其成分复杂、黏稠、色泽深等，因此目前大部分厂家将其废弃或低价出售用作动物饲料，造成环境污染和资源浪费。这是制约生产企业扩大生产规模的主要因素之一。若能将大豆糖蜜加以开发利用，不仅能降低生产成本，而且可为众多大豆蛋白、油脂生产厂家解决废液排放难题，减少环境污染。

（三）大豆糖蜜的营养价值

大豆糖蜜的主要成分是糖（58%～65%），包括低聚糖（23%～26%的水苏糖，4%～5%的棉子糖）、二糖（26%～32%的蔗糖）和少量单糖（1.2%～1.6%的果糖和0.9%～1.3%的葡萄糖）；次要成分包括皂苷（6%～15%）、蛋白质（5%～7%）、脂质（4%～7%，包括磷脂）、矿物质（灰分，3%～7%）、异黄酮（0.8%～2.5%）和其他有机成分（包括酚酸和无色花青素）等。

大豆低聚糖是大豆糖蜜的重要组成部分，是大豆中可溶性糖的总称，主要包括蔗糖、棉子糖和水苏糖，其中棉子糖和水苏糖属于 α-半乳糖苷类，它们不为人体所消化吸收，但可被大肠中的细菌分解，生成乙酸、乳酸等有机酸，从而降低肠道中的 pH，使得有益菌群（主要指双歧杆菌）增殖。大豆低聚糖对动物的营养作用主要有调节肠道菌群平衡、润肠通便、保护肝脏、增强机体免疫力、降血脂、抗氧化、防衰老、抗癌防癌、促进营养物质的消化与吸收等。

大豆异黄酮是大豆等豆科植物生长过程中形成的一类具有多酚结构的次级混合代谢物，其植物雌激素种类较多，主要包括大豆黄酮、染料木素和大豆黄素，其在大豆糖蜜中大量富集。大豆异黄酮能通过对乳腺免疫指标表达量的调控，提高奶牛乳腺上皮细胞的泌乳性能，促进乳腺肥大细胞白细胞介素 4 的分泌，增强奶牛的免疫功能及显著增强其抗氧化能力。此外，大豆异黄酮还具有促进生殖系统发育、提高繁殖性能和改善牛奶品质等作用。

另外，大豆糖蜜中含有一些植物化学成分，如皂苷、酚酸、大豆胰蛋白酶抑制素、磷脂、无色花色素、植物甾醇、肌醇六磷酸、ω-3脂肪酸及其他一些尚未确定的组分，这些植物化学成分可防止和治疗各种疾病。

（四）大豆糖蜜中的抗营养因子

1. 胰蛋白酶抑制剂　大豆糖蜜中含有的一定量的胰蛋白酶抑制剂，是一种广泛存在于豆类中的抗营养剂，当胰蛋白酶抑制剂进入生物体时，可以迅速与小肠内的胰蛋白酶和胰凝乳蛋白酶发生反应，形成稳定的复合物而失去活性，从而导致生物体对蛋白质的消化率降低。当人和动物食用未被完全去除胰蛋白酶抑制剂的大豆产品后，胰蛋白酶抑制剂一方面阻碍肠道内蛋白水解酶的作用而使蛋白质的消化率降低，引起恶心、呕吐等肠胃中毒症状；另一方面胰蛋白酶抑制剂还作用于胰腺本身，发生补偿性反应，造成机能亢进，刺激胰腺分泌过多的胰腺酶，造成胰腺分泌的内源性必需氨基酸缺乏，引起消化吸收功能失调或紊乱，严重时出现腹泻，抑制机体生长。

2. 大豆低聚糖　大豆糖蜜中的大豆低聚糖也具有一定的抗营养特性，被称为胃肠胀气因子。由于人或动物缺乏α-半乳糖苷酶，不能水解棉子糖与水苏糖，因此摄入的α-半乳糖苷不能被消化吸收，而直接进入动物的大肠中，经肠道产气微生物作用，转化成挥发性脂肪酸，然后再产生气体，如二氧化碳、氢气、氨气，也可产生少量甲烷等气体，从而引起消化不良、腹胀、肠鸣、腹泻等现象，同时也降低了α-半乳糖苷的消化能值。

3. 皂苷　皂苷也兼具抗营养特性，大豆皂苷可使动物红细胞破裂，引起溶血，具有致甲状腺肿的作用，还能抑制胰凝乳蛋白酶和胆碱酯酶活性。

（五）大豆糖蜜在动物生产中的应用

大豆糖蜜常以大豆纤维为载体，被加工成饲料添加剂或直接添加到燕麦中制成良好的青贮饲料。也有人在饲料的配合生产中添加糖蜜，以提高饲料的营养价值和改善其适口性。Murphy（1999）将大豆糖蜜作为能量饲料添加到奶牛日粮中发现，大豆糖蜜可明显提高牛奶中各种营养成分的比例。李改英等（2011）研究发现，在泌乳早期奶牛日粮中添加大豆糖蜜能明显降低奶牛能量负平衡现象，从而提高泌乳早期奶牛的体况恢复能力，为奶牛产出更多、更优质的牛奶打下基础。冉双存（2008）选用5～6月龄青藏高原毛肉兼用半细毛羊，在其日粮中添加不同剂量的大豆糖蜜发现，羊的日增重和饲料转化率均显著增加，分别提高了7.72％和6.13％，其中以添加6.0％大豆糖蜜的效果最为显著。毛朝阳（2009）通过研究发现，饲料中添加大豆糖蜜有利于鲁山牛腿山羊的生长，大豆糖蜜在日粮中的添加水平为6％左右时，鲁山牛腿山羊的日增重和饲料转化率增加比较显著。马群山等（2008）为研究饲料中添加大豆糖蜜的效果及适宜水平，选择12只4月龄德国美利奴羊与东北细毛羊杂交羊，进行舍饲试验，测定不同添加剂量的大豆糖蜜对绵羊生长发育的影响。经45 d的饲养试验表明，饲喂含5％大豆糖蜜饲料的杂交羊日增重和饲料转化率均比对照组和饲喂2％组、8％组明显提高，且达显著水平。梁丽莉和赵海明（2007）在日粮中添加大豆糖蜜对泌乳高峰期奶牛的影响时发现，日粮中添加大豆糖蜜对泌乳高峰期奶牛体重、产奶量和乳脂率均有增加。由此可见，对于玉米较缺乏的地区，在奶牛日粮中添加大豆糖蜜可替代一部分玉米。

（六）大豆糖蜜的加工方法与工艺

大豆糖蜜是醇法生产大豆浓缩蛋白的副产品，其生产工艺见图 8 - 13。

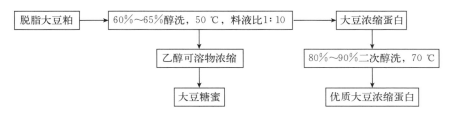

图 8 - 13　大豆糖蜜的生产工艺

1. 已有的加工方法与工艺　目前大豆糖蜜作为饲料原料主要的加工方法为：

（1）大豆糖蜜直接按一定比例添加至饲料中直接喂养。

（2）制成大豆糖蜜粕。大豆糖蜜粕是以大豆糖蜜为原料，以大豆纤维为载体，经均质、干燥、膨化等特殊工艺加工而成。大豆糖蜜粕含有丰富的大豆低聚糖、皂苷、大豆异黄酮、大豆乳清蛋白、大豆纤维等营养物质；而且产品适口性佳，营养物质丰富，功能性强。大豆糖蜜粕是优质的动物饲料原料，可代替优质谷物广泛应用于反刍动物、猪、家禽及水产饲料中。

（3）与其他饲料混合制成固体复合饲料。

（4）大豆糖蜜由于含有大豆低聚糖、大豆异黄酮、大豆皂苷及大豆磷脂等，因此是一种很好的提取原料。由于大豆糖蜜成分中有抗营养因子，因此直接喂养可能出现问题。将各种有效成分从大豆糖蜜中分离出来，再添加至饲料中，将有效避免抗营养因子引起的各种问题。目前，从大豆糖蜜中提取各种有效成分的研究有很多。

2. 需要改进的加工方法与工艺　目前，人们很少将大豆糖蜜作为饲料原料直接喂养动物。应当加强大豆糖蜜复合饲料的研发，将其制成各种可直接添加的固体颗粒饲料。

3. 大宗非粮型饲料原料加工设备　由于大豆糖蜜作为饲料原料还没有得到很好的推广，国内相关的企业也比较少，因此目前市场上没有专门针对大豆糖蜜的饲料原料加工设备，需要相关企业根据生产实际自制或借鉴其他饲料加工设备。为保证行业的健康发展，应当研发针对大豆糖蜜性质的标准加工设备。

4. 饲料原料的加工标准和产品标准　作为非常规的饲料原料，大豆糖蜜目前还没有相应的加工标准和产品标准，相关的行业协会和企业应当尽快制定，以便行业得到健康、有序的发展。

（七）大豆糖蜜作为饲料原料利用存在的问题

由于大豆糖蜜保存期受限和人们对其抗营养成分的认识不足，因此目前大豆糖蜜尚未广泛应用于饲料中。大豆糖蜜成分中有抗营养因子，在饲用时需要注意添加量及添加密度，防止拌料不均造成的过量食用。另外，鉴于动物的耐受能力不同，大豆糖蜜应用于不同动物及动物不同生长时期的具体添加量及添加形式需根据实际情况进行调整。

（八）大豆糖蜜作为饲料资源开发利用与政策建议

随着国内醇法大豆浓缩蛋白产业的不断发展，大豆糖蜜的综合利用是企业必须面对的难题。研究开发利用大豆糖蜜，是企业盈利的必然途径，将为企业创造更大的经济效益。大豆糖蜜在动物营养调控领域的研发和综合利用，对于开发新的能量饲料来源、提高动物生产性能和养殖效益，促进动物健康和产业的可持续发展具有重要意义。大豆糖蜜在我国动物营养中的综合利用远落后于畜牧业发达国家，尚需进一步深入研究和开发。另外，积极制定大豆糖蜜作为饲料产品的产品标准和探索不同动物及动物不同生长时期的具体添加量及添加形式，对积极推动大豆糖蜜的饲料化具有指导意义。

为了进一步开发利用大豆糖蜜作为饲料原料，第一，应加强大豆糖蜜作为饲料原料营养价值评价和喂养效果研究的力度，为大豆糖蜜作为饲料原料提供数据支持。第二，政府应加强对相关产业的政策支持，企业应加强对大豆糖蜜的综合利用，以降低成本，提高经济效益。第三，国内的养殖户对大豆糖蜜作为饲料原料的益处还不太了解，相关企业应在销售产品的同时做好宣传和服务工作。

二、甘蔗及其加工产品作为饲料原料的研究进展

（一）我国甘蔗及其加工产品资源现状

甘蔗（Saccharum officinarum）是禾本科（Gramineae）蜀黍族（Andropogoneae）甘蔗属（Saccharum L.）一年生或多年生热带和亚热带草本植物。根状茎粗壮发达，秆高 3～5 m。全世界有 100 多个国家出产甘蔗，甘蔗产量居前三位的国家分别是巴西、印度和中国。甘蔗在我国的福建、广东、海南、广西、四川、云南及台湾地区广泛种植。甘蔗是温带和热带农作物，是制造蔗糖的原料，且可提炼乙醇作为能源替代品。甘蔗中不仅含有丰富的糖分和水分，还含有对人体新陈代谢非常有益的各种维生素、脂肪、蛋白质、有机酸、钙和铁等物质。主要用于制糖，表皮一般为紫色和绿色两种常见颜色，也有红色和褐色，但比较少见。甘蔗属于 C4 植物，具有很高的光能转化率，单位面积产量较高，是能高效利用太阳能的一种经济作物。2014 年全国甘蔗种植面积为 1.7×10^6 hm^2，2014 年全国甘蔗产量为 12 561.13 万 t。

甘蔗梢是指从甘蔗顶部 2～3 个嫩节处砍下的整个叶片的总和，占甘蔗全重的 20%～30%，2014 年我国甘蔗梢产量为 3 768 万 t，其中南方地区甘蔗梢占全国总量的 98%以上。目前我国甘蔗梢的利用率还不到 10%，大部分甘蔗尾叶在砍收时被直接遗弃在田间，不易收集后集中处理，其传统方式主要是在田间直接焚烧。这与焚烧秸秆的危害相同，大量烟尘污染环境，危害人体健康，而且十分危险，一旦失去控制极易发生火灾，造成经济损失和人身伤亡，政府已全面禁止焚烧秸秆与蔗叶。甘蔗收获期正值南方枯草期，利用甘蔗梢作为青粗饲料，可以解决南方地区牛群越冬时饲料不足等问题。

甘蔗制糖后的副产品主要是甘蔗渣和糖蜜。甘蔗渣质地粗硬，占甘蔗产量的 24%～27%（其中含水量约 50%），每生产出 1 t 的蔗糖，就会产生 2～3 t 的蔗渣。甘蔗渣是

一种集中而数量又多的资源，除了部分用于造纸外，大部分作为燃料烧掉，造成资源浪费。甘蔗渣含有丰富的纤维素，而木质素含量较低，又含有少量的糖分，故甘蔗渣作为纤维类粗饲料具有很大的优越性。

在制糖过程中将提纯的甘蔗汁蒸发浓缩至带有晶体的糖膏，用离心机分出结晶糖后所余的母液，称为糖蜜。这种经过第一次分离的糖蜜中还含有大量糖分，经过重复上述工艺分离可得出第二、第三次糖蜜等。在经过多次分结后，剩下的一种液体，因无法再蒸发浓缩而结晶，则称为废糖蜜。甘蔗糖蜜一般指的就是废糖蜜，是制糖工艺过程产生的副产品。甘蔗糖蜜总糖分含量为50%左右，且含有维生素及微量元素等多种可利用成分。甘蔗糖蜜是一种用途广泛的原料，可用于发酵、养殖、饲料、食品、医药、建材和塑胶等行业。除了加工成各种发酵产品（酒精、味精、柠檬酸、赖氨酸和酵母等）外，甘蔗糖蜜也用来生产抗生素、核黄素和焦糖色素等，也常用作饲料添加剂或直接用于养殖。

蔗糖作为人类基本的食品添加剂之一已有几千年的历史。蔗糖是光合作用的主要产物，广泛分布于植物体内，在甜菜、甘蔗和水果中的含量极高。以蔗糖为主要成分的食糖根据纯度的高低，由高到低又分为：冰糖、白糖（白砂糖、绵白糖）和赤砂糖（也称红糖或黑糖）。蔗糖在甜菜和甘蔗中的含量最丰富，平时使用的白糖、红糖都是蔗糖。蔗糖是人类生活不可缺少的必需品，同时也是世界各国政府高度关注的农产品之一。从蔗糖的种类分析，蔗糖分为甘蔗糖和甜菜糖两种。从蔗糖生产国经济条件分析，由于甘蔗糖生产成本较低，甜菜糖的生产成本较高；甘蔗糖的生产多数分布于发展中国家，而甜菜糖主要分布于发达国家。从地理气候条件分析，甘蔗种植主要集中于热带、亚热带地区，而甜菜种植主要集中在欧洲、日本、美国北部、加拿大及中国北部地区。中国、美国、日本、巴基斯坦等同时生产甘蔗糖及甜菜糖。2014—2015年榨季（至2015年9月），全国甘蔗糖产量为981.82万t，甜菜糖产量为73.78万t，全国食糖产量为1 055.6万t。

（二）开发利用甘蔗及其加工产品作为饲料原料的意义

目前，我国饲料中的主要能量饲料是玉米，而我国的玉米高产区主要集中在东北平原，这就不利于我国南方地区的畜牧业集约化、规模化发展。而南方地区是我国主要的甘蔗产区，甘蔗种植量占全国的98%，利用甘蔗副产品作为饲料原料，不仅可以提高糖厂的经济效益，解决副产品污染环境的问题，而且还可为畜牧业提供大量的饲料资源，降低饲养成本，对我国南方发展环保型、节粮型畜牧业具有重要意义。

早期断奶仔猪特殊的消化生理特点，使得日粮中添加乳清粉或乳糖对维持其健康和保持良好的生长性能具有重要意义。然而，我国乳品产量低、价格高，不可能像发达国家一样在仔猪料中大量使用乳清粉。使用蔗糖代替部分乳清粉或乳糖，对经济、有效地利用饲料资源，提高日粮配制的精确性和灵活性，降低饲养成本有较大的意义。

（三）甘蔗及其加工产品的营养价值

甘蔗渣是甘蔗榨糖后的渣粕，非常粗糙，蛋白质和能量含量均比较低，其营养成分见表8-31。

表 8 - 31　甘蔗渣的营养成分（％）

项目	干物质	粗蛋白质	粗纤维	粗脂肪	无氮浸出物	粗灰分
含量	90～92	2.0	44～46	0.7	42	2～3

资料来源：聂艳丽等（2007）。

　　甘蔗渣的成分特点造成了直接饲用时适口性差、消化率低、能量价值低的特点，将其用作饲料，并非是优良饲料。但此类饲料原料种类繁多，资源极为丰富，作为非竞争性的饲料资源，用来饲喂家畜，可节约大量粮食，间接地为人类提供动物性蛋白产品。

　　甘蔗梢是甘蔗的副产品，约占全株甘蔗的20％，每年产量巨大。各个地区的甘蔗梢营养成分稍有不同，江西高安地区的甘蔗梢营养成分见表8-32。

表 8 - 32　江西高安地区甘蔗梢营养成分（％）

项目	干物质	粗蛋白质	粗脂肪	中性洗涤纤维	酸性洗涤纤维	灰分
含量	90.56	7.06	4.05	55.42	25.14	6.05

资料来源：高雨飞等（2014）。

　　甘蔗糖蜜是制糖工业的主要副产品，总糖含量为48％～56％，且含有泛酸及微量元素等多种可利用成分，主要用作动物饲料、生物肥料和发酵工业的原材料，利用甘蔗糖蜜生产蛋白质饲料酵母极具开发潜力，可减少糖蜜的污染，具有重要意义。甘蔗糖蜜的主要营养成分可见表8-33。

表 8 - 33　甘蔗糖蜜的主要营养成分（％）

项目	干固形物	总糖	蔗糖	还原糖	非发酵性糖	非糖有机物	乌头酸	蛋白质	硫酸灰分	钠、钾、钙等
含量	75	48～56	30～40	15～20	2～4	9～12	3	9～10	10～15	3～12

资料来源：李崇（2014）。

（四）甘蔗及其加工产品中的抗营养因子

　　鲜甘蔗梢虽然饲用价值高，但含有2种对牛有害的物质——硅土和草酸，用熟石灰处理后可消除这些不良因子的影响。刘建勇等（2011）利用氨化甘蔗梢饲喂肉牛后，肉牛的平均日增重高达992 g；屠宰率、净肉率和眼肌面积分别达到60.25％、18.45％和86.5 cm²，牛肉质量达到优质标准。

　　甘蔗渣是一种含木质纤维素的糖厂加工副产品，由于其中含有较多的木质素，直接用甘蔗渣饲喂时可引起动物消化系统的损伤和紊乱。国内只限于用甘蔗渣来喂牛、羊等反刍动物，且对牛的用量不超过日粮的20％。这也因此限制了甘蔗渣作为饲料原料的开发和利用。

（五）甘蔗及其加工产品在动物生产中的应用

　　1. 蔗糖　2～3周龄的仔猪能很好地利用蔗糖，且通过与其他简单糖类，如葡萄糖、果糖和麦芽糖配合使用可降低乳糖的用量。为评定乳糖与蔗糖的最佳比例，实践证明蔗糖可有效取代 50% 的乳糖，当蔗糖比例高于 50% 时，猪的生长性能下降。何兴国等（2008）用 21 日龄断奶仔猪做的 3 个试验发现，蔗糖可有效地替代高养分密度日粮中 50% 的乳糖。在氨基酸平衡的低蛋白质日粮中添加蔗糖，亦不会有负面效果。负丽娟（2004）的研究表明，在断奶仔猪日粮中添加适量蔗糖，既可降低饲养成本，同时又不会影响仔猪的生产性能。孟宪生（2002）的试验证实，在生长育肥猪的日粮中添加一定量的蔗糖后，不仅能增强饲料的适口性和猪的采食量，而且对提高猪的日增重、饲料利用率及经济效益等均具有一定的良好效果，证明蔗糖是生长育肥猪的一种良好的营养性诱食剂。韦惠峰和邓传凤（1993）证实，在日粮中加入 1% 蔗糖可显著提高雏鸭的采食量和增长速度。黑龙江省肇东县养鸭场于 1979 年对雏鸭进行饮喂蔗糖的试验结果表明，蔗糖可提高北京鸭的成活率，增重效果也较好。给初生雏鸡喂食蔗糖水，可提高其成活率及增重。

2. 甘蔗叶　周雄等（2015）通过研究发现，粗饲料中青贮甘蔗尾叶替代一定比例王草可在一定程度上改善黑山羊的生长性能，提高养分表观消化率，且对其血清生化指标无不利影响，其粗饲料中用青贮甘蔗尾叶替代 75% 王草时饲喂效果最佳。江明生和邹隆树（2000）通过氨化、微贮处理甘蔗叶，经 60 d 饲养山羊的试验表明，同等条件下氨化、微贮组山羊的平均日增重分别比对照组提高 42.6% 和 29.0%；饲喂水牛试验的结果是氨化和微贮甘蔗梢叶组水牛比对照组提高 110% 和 30.8%（江明生和邹隆树，1999）。

3. 甘蔗梢　新鲜甘蔗梢主要是作为淡水鱼特别是草鱼的青饲料，既可以减少农民收取草料的强度，又解决了甘蔗梢和甘蔗叶利用率低的问题。其主要利用方式有直接投喂和切碎后投喂。选择甘蔗梢作为鱼的青饲料时，应选择比较幼嫩的部分。以甘蔗梢养鱼，鲜鱼产量比用传统草料喂养增重约 20%。

4. 甘蔗渣　目前国内外使用甘蔗渣喂猪的报道还比较少。夏中生等（2001）利用糖蜜酒精废液与甘蔗渣混合后，采用多菌种发酵技术进行固体发酵，用生产出的富含氨基酸和维生素的饲料喂猪，与喂普通饲料对比发现，饲喂发酵后的甘蔗渣对猪的日增重没有影响，同时还降低了饲料消耗，无形中降低了饲料厂和养殖户的成本。美国畜牧研究所发明了一种能将甘蔗渣氨化处理后变成高蛋白质饲料的方法。而在巴西，经生物发酵的甘蔗渣不但提高了适口性，而且其中的粗蛋白质和粗脂肪也提高几倍，广泛用于提高奶牛的产奶量。

5. 糖蜜　将糖蜜引入饲料中的研究以反刍动物的颗粒饲料为主。在反刍动物的研究中发现，糖蜜能大幅度提高各类反刍家畜的肉、奶等产量。糖蜜能提高反刍动物生产性能的最重要原因是它能够有效地滋养瘤胃中的各种微生物菌群，使其充分发挥消化能力。与此同时，糖蜜还可以补充反刍动物饲料中所含的能量，改善颗粒饲料的适口性，从而增加反刍动物的采食效率与日增重，提高日粮的转化效率，降低料重比。给初产母猪饲喂含 51% 糖蜜的日粮，能提高母猪的排卵率，窝产仔数也有所增加（封伟贤，1997）。李崇（2014）通过研究发现，在断奶仔猪的基础日粮中添加固态甘蔗糖蜜不仅能提高仔猪的生长性能，而且在一定程度上能提高断奶仔猪的免疫功能和优化肠道有益菌群；另外，也不会对肝脏和肾脏的生理功能造成负面影响。金秋岩等（2016）在限饲条件下研究了甘蔗糖蜜对断奶幼兔生长性能及消化道的影响发现，在 8% 添加水平时，糖蜜对于幼兔的生长发育与生产性能存在积极的影响。Yan 等（1997）研究表明，在蛋白质含量为 16％的青贮饲料中加入糖蜜，当糖蜜的含量改变时，产奶量及奶的成分也发生了显著的变化；当糖蜜添加量分别为 13％和 25％时，产奶量从 15.5 kg/d 增加到 17.4 kg/d；同时，蛋白质的含量也由 3.16％增加到 3.27％。

（六）甘蔗及其加工产品的加工方法与工艺

1. 青贮 甘蔗梢的加工方法是青贮，包括：① 单一青贮，即将新鲜甘蔗梢切碎装入青贮窖中，采用饲料薄膜密封，30 d 后开封取用；② 混合青贮，将新鲜甘蔗梢和稻草秸秆等按一定比例切碎混合，然后装入青贮窖中，采用薄膜密封，30 d 后开封取用；③ 尿素添加青贮，在切碎的甘蔗梢中加入少量尿素，混合均匀装窖，压实、密封，30 d 后开封取用。

2. 物理、化学及微生物方法 利用物理、化学及微生物方法可处理甘蔗渣和甘蔗梢。利用物理手段，如高温高压膨化处理甘蔗梢和蔗渣后，纤维链断裂、变短，木质素与纤维素和半纤维素的结合键受到破坏，纤维素水解，显著提高了动物对甘蔗梢和蔗渣的消化率，饲喂效果良好。利用化学方法，如氢氧化钠处理甘蔗渣后，可以降低甘蔗渣中的粗纤维和木质素含量。而微生物处理法则是目前研究的热点，即在甘蔗渣上接种可以分解纤维素、木质素等的微生物菌种，或者直接添加纤维素酶等，进而分解甘蔗渣，获得消化率较高的饲料。

（七）甘蔗及其加工产品作为饲料原料利用存在的问题

甘蔗梢与甘蔗渣都属于纤维素含量较高的饲料原料，直接喂养存在适口性差的弊端，如何改善甘蔗梢和甘蔗渣的适口性，是其作为饲料原料急需解决的问题。另外，甘蔗梢和甘蔗渣含有木质素，而动物瘤胃不能消化木质素，较高的木质素含量会降低采食量，损害和扰乱反刍动物的消化系统，如何通过青贮或者是发酵减少木质素的含量也是甘蔗梢和甘蔗渣作为饲料原料需要解决的问题之一。此外，甘蔗渣中其他营养物质含量低，因此单纯用甘蔗渣饲喂效果并不理想。不仅如此，单位体积密度低、粉尘多，易腐败发霉等也是甘蔗渣作为饲料原料利用的问题。

蔗糖作为饲料原料存在以下问题：第一，在喂养低于 14 日龄的仔猪时，需慎重。因为此日龄时的仔猪肠道内仅存在极少量的蔗糖酶，并且几乎没有果糖酶活性。3 周龄后的仔猪可建立起这两种酶系，才完全有能力利用蔗糖。因此，蔗糖对低日龄仔猪应慎用，防致死性腹泻。

（八）甘蔗及其加工产品作为饲料资源开发利用与政策建议

1. 加强开发利用甘蔗及其加工产品作为饲料资源 在我国南方地区，甘蔗制糖副产品，如甘蔗梢、甘蔗渣及甘蔗糖蜜产地集中且产量巨大，加强开发利用甘蔗制糖副产品对南方畜牧业的发展有着积极的作用，也有利于制糖行业的健康发展。目前我国对甘蔗副产品的饲料利用率较低，应当进一步加强开发利用甘蔗副产品作为饲料资源。

2. 改善甘蔗制糖副产品作为饲料资源的开发利用方式 积极探索利用微生物发酵或者酶解技术对甘蔗制糖副产品进行加工，提高其消化率和利用率。另外，积极制定甘蔗制糖副产品作为饲料的产品标准和在日粮中的适宜添加量，对积极推动副产品饲料化具有指导意义。

3. 制定甘蔗及其加工产品作为饲料产品的标准　对于蔗糖作为饲料添加剂，目前还没有相应的产品及适宜添加量的相关标准，对于其在动物生产中的研究还很少，应该加强相关研究。

4. 合理开发利用甘蔗及其加工产品作为饲料原料的战略性　目前，大部分蔗农和制糖企业的副产品资源利用意识依然很薄弱，大多数甘蔗副产品资源被随意丢弃或者随意焚烧，相关企业即使有对副产品资源的利用，也只是粗放型的，副产品资源的附加值远远没有得到充分挖掘。政府和科研单位及制糖企业应该大力提高蔗农的副产品利用意识，更新观念，提高其利用副产品积极性，充分挖掘副产品资源的附加值，形成甘蔗副产品资源利用的良性循环。

三、菊芋粕作为饲料原料的研究进展

（一）我国菊芋粕资源现状

目前，菊芋是生产菊粉的代表性植物。菊粉作为一种绿色的食品添加剂，它的奇特功能已被大家广泛认可，越来越受到人们的青睐，消费需求不断增长。另外，菊糖在酸或菊粉酶的作用下，会水解生成果糖；而在内切菊粉酶的作用下，则能够生成低聚果糖。低聚果糖也是一种比较理想的食品和食品添加剂。因为菊粉具有奇异功效和广泛用途，所以其在国内市场有很大的需求量，出现严重的短缺现象。随着消费者对菊粉功效的认可，未来国内市场对菊粉的需求会越来越大，可能出现供不应求的现象。我国菊粉需求用量较大的企业有蒙牛集团、伊利集团等，年需求量为5万t左右。国内饮料、保健品行业正在大力推广菊粉添加剂这一产品，在菊粉的功效和作用逐渐被广大消费者认识后，预计未来市场将以每年6.6%的速度递增。菊粉生产量的增加，必然导致生产菊粉后的副产品——菊芋粕产量的增加。菊芋粕中含有丰富的膳食纤维、低聚果糖等，可以作为一种颇具潜力的新型饲料资源进行开发利用。但是目前菊芋粕的营养价值在国内还没有得到充分的认识，关于菊芋粕营养价值及其饲喂效果的研究报道还非常少，菊芋粕作为非常规饲料资源的利用率非常低，这就造成了资源的严重浪费。

（二）开发利用菊芋粕作为饲料原料的意义

菊芋粕中含有丰富的膳食纤维、低聚果糖等，可以作为一种颇具潜力的新型饲料资源进行开发利用。利用菊芋粕作为饲料原料，既经济又环保，不仅减少了废弃物的排放，又降低了处理费用，并且增加了额外收入。另外，菊芋粕的价格低于常规饲料，且不影响动物生产性能，可以减少养殖场和养殖户的生产成本。因此，开发利用菊芋粕这一非常规饲料资源，对我国饲料资源的有效利用及畜牧生产有着重要的意义。

（三）菊芋粕的营养价值

菊芋粕营养成分见表8-34。从表8-34中可知，菊芋粕风干样品中粗蛋白质含量为12.98%，粗纤维含量为12.67%；菊芋粕干物质中粗蛋白质含量为14.04%，干物质中粗纤维含量为13.71%。因此，菊芋粕属于能量饲料。与其他常用能量饲料相比，菊芋粕中粗蛋白质含量相对较高，粗纤维含量高于其他能量饲料，而中性洗涤纤维高于除稻谷和小麦麸外的其他能量饲料，酸性洗涤纤维低于稻谷、高于其他常用能量饲料，无氮浸出物含量低于除小麦麸和米糠外的其他能量饲料，钙含量高于其他常用能量饲料，而磷含量低于其他常用能量饲料。表明菊芋粕属于能量饲料的营养价值低于其他一些常用能量饲料。

表 8-34   菊芋粕及其他常用能量饲料营养成分（干基）

名称	总能（MJ/kg）	干物质（%）	粗蛋白质（%）	粗脂肪（%）	粗纤维（%）	无氮浸出物（%）	粗灰分（%）	中性洗涤纤维（%）	酸性洗涤纤维（%）	钙（%）	磷（%）
菊芋粕	16.32	92.43	12.98	0.81	12.67	62.05	3.92	25.93	21.44	0.27	0.20

资料来源：赵芳芳（2010）。

（四）菊芋粕在动物生产中的应用

目前国内对菊芋粕及其饲喂效果的研究报道非常少。赵芳芳（2010）的研究表明，用菊芋粕替代不同比例的基础日粮后，奶牛产奶量和乳成分无显著差异，表明在奶牛日粮中添加菊芋粕不会降低奶牛产奶量及乳成分含量。王水旺（2013）在绵羊日粮中加入菊芋粕发现，绵羊对菊芋粕的消化率较高，且对瘤胃内环境的影响不大。王水旺和韩向敏（2014）的研究表明，在基础日粮中添加15%的菊芋粕，小尾寒羊羔羊日增重、体尺、各营养成分消化率等都达到较高水平。说明在育肥羔羊日粮中添加一定量的菊芋粕不会影响羔羊的生长发育，菊芋粕能够作为新型饲料资源加以开发利用。

（五）菊芋粕的加工方法与工艺

菊芋粕主要是菊芋生产菊糖后的副产品，目前从菊芋中提取菊糖一般是用热水浸提的方法，产生的菊芋渣经过造粒，制成菊芋粕颗粒。工艺流程如图8-14所示：

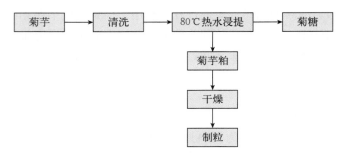

图 8-14   菊芋粕的工艺流程

（六）菊芋粕作为饲料原料利用存在的问题

粗蛋白质、粗纤维和无氮浸出物含量是衡量饲料营养价值的重要指标。一般来说，粗蛋白质和无氮浸出含量高，粗纤维含量低，则饲料的营养价值高。菊芋粕中的粗蛋白质含量为12.98%，高于玉米、大麦等常用能量饲料。而菊芋粕中无氮浸出物的含量略低，同时脂肪含量等与常用能量饲料相比也较低。说明菊芋粕能提供的能量低于大多数常用能量饲料，这限制了其在日粮中的用量。

（七）菊芋粕作为饲料资源开发利用与政策建议

将菊芋粕用于动物饲料，既经济又环保，不仅减少了废弃物的排放，又降低了处理费用，并且增加了额外收入。从养殖户的角度来看，菊芋粕的价格低于常规饲料且不影响动物生产性能，可以降低养殖成本。目前国内对菊芋粕作为饲料原料开发的研究非常少，有必要加强其开发利用。第一，应加强菊芋粕作为饲料原料营养价值评价和喂养效果研究的力度，为菊芋粕作为饲料原料提供数据支持。第二，政府应加强对相关产业的政策支持，企业应加强对菊芋粕的综合利用，以降低成本，提高经济效益。第三，国内的养殖户对菊芋粕作为饲料原料的益处还不太了解，相关企业应在销售产品的同时做好宣传和服务工作。

四、甜菜及其加工产品作为饲料原料的研究进展

（一）我国甜菜及其加工产品资源现状

甜菜（*Beta vulgaris*），又名恭菜，二年生草本植物，原产于欧洲西部和南部沿海，从瑞典移植到西班牙，是热带甘蔗以外的一个主要糖来源。糖用甜菜起源于地中海沿岸，野生种滨海甜菜是栽培甜菜的祖先。野生种滨海甜菜大约在公元 1500 年从阿拉伯国家传入中国，目前甜菜在我国广为栽培，品种也很多，引种来源很杂，但常见的有 4 种栽培类型，作为变种归类：糖用甜菜、叶用甜菜、根用甜菜、饲用甜菜。

1. 糖用甜菜及其加工产品资源现状　甜菜（糖用甜菜）是世界第二大制糖原料，也是我国一种重要的糖料作物，在世界食糖产量中，甜菜糖约占食糖总产量的 20%。我国甜菜产业肇始于 1896 年，100 多年来特别是中华人民共和国成立以来，甜菜产业历经波折并取得一定的发展。甜菜糖占我国糖总产量的 10%～20%，最好时期曾达 30%。与甘蔗相反，改革开放以来我国甜菜种植面积整体呈现下降趋势，尤其是从 20 世纪 90 年代起，甜菜种植面积及面积比下降明显。自加入世界贸易组织以来，我国甜菜产业更是在国际市场的冲击下艰难发展，在全球第 7 名上下浮动。2012—2013 年榨季全国甜菜糖产量为 108.5 万 t，约占世界的 3%。在我国，甜菜种植比例虽然很低（与其他作物的平均面积之比都不足 10%，2009 年跌到 2% 的历史最低点）。然而，作为一种重要的糖料作物，或者说作为我国农作物家族中的一员，甜菜对于农民收入的增长还是有其特有的价值。

我国甜菜产区主要在北纬 40°以北的东北、华北、西北地区，近年来西南部、黄淮流域也开始种植甜菜。我国甜菜种植面积变化呈单峰曲线：1949—1998 年种植面积呈增长趋势，1998 年创历史纪录达 78.35 万 hm²；1998 年以后种植面积逐年下降，2012 年降至约 15 万 hm²。2013—2014 年榨季，全国甜菜产量 800.04 万 t。2014—2015 年榨季，新疆共种植糖用甜菜 6.9 万 hm²，实际保苗面积 6.4 hm²，产糖 44.55 万 t；黑龙江落实种植面积 1.3 万 hm²，产糖 2 066.7 hm²；内蒙古种植面积 2.9 万 hm²，产糖 1.2 万 hm²。新疆、黑龙江、内蒙古三大主产区甜菜种植面积和总产量接近全国总量的 90%。2016 年全国甜菜总种植面积已达 13 万 hm² 左右，甜菜糖产量为 85 万 t。

甜菜粕又名甜菜渣，是甜菜在制糖过程中，经切丝、渗出、充分提取糖后含糖量很低的甜菜丝。2014—2015 榨季，全球甜菜粕产量为 1 400 万～1 500 万 t。鲜甜菜粕是一种适口性好、营养较丰富、质优价廉、多汁的饲料资源，但水分含量大，不便运输和储存。目前，大多数制糖厂约有 20% 甜菜渣作为粗饲料直接应用于畜禽养殖业，70% 经压榨去除部分水分后，通过 600～800 ℃的高温气流干燥，挤压成颗粒干粕，出口日本，但其经济效益仍较低，对甜菜粕的资源也是一种浪费。部分鲜渣就地积压腐败，造成资源浪费和环境污染。由于这些甜菜粕产量很大、产期集中，因此应尽快改变甜菜粕利用单一的局面，开发技术含量高、具有市场竞争力的产品。

甜菜粕含有很高的可消化纤维、果胶和糖分，具有在动物胃肠道内流过速度慢和在盲肠内存留时间长的消化特性，以及其粗纤维具有被动物胃肠道中的微生物易降解的特点，可作为反刍动物饲料中的一种能量饲料资源。甜菜粕消化率高达 80%，消化能高达 13.39 MJ/kg，适口性好（张建红和周恩芳，2002），淀粉含量较低，常为反刍动物精饲料补充料的主要原料。

甜菜糖蜜是以甜菜为原料制糖而得的残余糖浆，是一种深棕色、黏稠状、半流动的液体，作为甜菜制糖的一种副产品，产量为甜菜的 3%～4%。一般总糖含量以蔗糖计为 40%～56%，其中蔗糖含量约为 30%，转化糖含量为 10%～20%。此外，还含有丰富的维生素、无机盐及其少量粗蛋白质（3%～6%），并且含有大量有机物和无机物，广泛用于发酵工业。

2. 饲用甜菜资源现状　饲用甜菜属于藜科、甜菜属、甜菜栽培种的一个变种。饲用甜菜是两年生植物，第一年主要是营养生长，生长块根；第二年主要为生殖生长，抽薹、开花。饲用甜菜的块根和茎叶是各种家畜，特别是猪、奶牛、肉牛的良好多汁饲料。在国外，如美国、澳大利亚、日本等畜牧业发达国家特别重视多汁饲料与其他饲料的搭配，在这些国家中饲料甜菜已成为主要的多汁饲料。1985 年荷兰的饲料甜菜已占多汁饲料的 88%。然而，我国牲畜所必需的多汁饲料十分短缺，严重制约了养殖业的发展。

饲用甜菜的产量很高，因栽培条件不同，产量差异很大。在一般栽培条件下，每平方米产根叶 7.5～11.2 kg，其中根量 3 000～5 000 kg。在水肥充足的情况下，每平方米根叶产量可达 18～30 kg，其中根量 6 500～8 000 kg。饲用甜菜不论正茬或移栽复种，均比糖用甜菜产量高，以单位面积干物质计算，饲用甜菜比糖用甜菜的产量低；但从饲用价值看，应以种植饲用甜菜为宜。

（二）开发利用甜菜及其加工产品作为饲料原料的意义

改革开放以来，特别进入 21 世纪以来，种植业结构从二元结构向三元结构转变，农区畜牧业比重进一步增加。随着耕地的逐年减少，农业增产的余地与潜力越来越小，种植结构的调整也面临着人口众多的压力。因此目前我国人均粮食占有量不足，难于拿出更多的粮食满足畜牧业发展的需要。

随着我国畜牧业发展及牲畜结构变化，特别是北方奶牛业发展速度很快，畜禽存栏量和畜禽产品产量逐年增加，但同时对饲料的需求量也在日益增大。目前，反刍动物饲料的市场每年将会以超过 10% 的速度增长，增长率超过饲料产品总的增长率。此外，由于饲料原料短缺，粮食价格不断上涨，人畜争粮的矛盾使饲粮价格不断上涨。一直以来，饲料原料的短缺就是影响畜牧业发展的主要问题之一。从甜菜种植区域和我国畜牧业特别是奶牛业的养殖区域来看，甜菜制糖副产品及饲用甜菜作为优质的饲料原料，对缓解我国北方地区畜牧业饲料短缺和价格上涨有着重要的作用，对我国畜牧业的发展具有积极的意义。同时，甜菜制糖副产品及饲用甜菜的合理开发利用，可以减少资源的浪费和环境的污染，对发展低耗、高效、节粮型畜牧业具有重要的意义，有着良好的经济效益、社会效益及生态效益。

（三）甜菜及其加工产品的营养价值

甜菜粕产品大致可分鲜甜菜粕、甜菜粕青贮及干甜菜粕颗粒，其主要营养成分见表 8-35。

表 8-35　鲜甜菜粕、甜菜粕青贮及干甜菜粕颗粒营养成分（%）

项目	干物质	粗蛋白质	脂肪	中性洗涤纤维	酸性洗涤纤维	灰分	钙	磷
鲜甜菜粕	11.79	10.73	0.80	51.20	28.48	4.94	0.06	0.01
甜菜粕青贮	17.38	13.15	0.94	49.71	33.87	9.56	1.45	0.05
干甜菜粕颗粒	86.65	10.14	0.70	51.19	26.59	5.49	0.98	0.09

甜菜糖蜜是甜菜制糖的主要副产品之一，是一种黏稠、黑褐色、半流动的物体。糖蜜的主要成分是糖类，如蔗糖、葡萄糖和果糖。甜菜糖蜜的营养成分见表 8-36。

表 8-36　甜菜糖蜜营养成分（%）

项目	固形物	蔗糖	棉子糖	葡萄糖	果糖	肌醇半乳糖苷	甜菜碱	氨基酸	灰分
含量	75.9	41.8	8.9	2.7	1.9	1.2	2.13	0.02	0.29

饲用甜菜的根和茎叶均是猪、牛、羊等多种畜禽的良好多汁饲料，有极高的饲用价值，营养丰富。在其块根干物质中，代谢能可达 11.5~13.5 MJ/kg，消化率达 80% 以上，其营养成分见表 8-37。

表 8-37　饲用甜菜营养成分（干基,%）

项目	粗蛋白质	粗脂肪	粗纤维	无氮浸出物	灰分
块根	13.38	2.90	12.46	63.40	9.79
叶片	20.30	2.90	10.50	60.85	5.89

（四）甜菜及其加工产品中的抗营养因子

目前，我国对于甜菜制糖副产品及饲用甜菜的利用方式，主要还是以直接添加为主。甜菜粕、甜菜糖蜜及饲用甜菜的成分，限制了其在饲料中的添加量。例如，甜菜渣内可消化蛋白质、维生素 A 含量不足，钙多磷少，以及含有硝酸盐和游离酸等，这些都限制了甜菜制糖副产品和饲用甜菜在饲料中的直接使用。甜菜粕中缺乏维生素 A 和维生素 D，饲喂动物时应配合饲喂胡萝卜或者其他维生素 A 或维生素 D 含量高的饲料资源。无论是鲜甜菜粕或者干甜菜粕颗粒，均存在钙、磷含量不平衡的问题——钙多磷少，饲喂过程中应补充适当的磷元素，防止钙磷代谢病的发生。鲜甜菜粕和个别饲用甜菜品种水分含量大，不易储存和运输，且含大量的游离酸，家畜大量食用后易出现腹泻，严重时甚至出现死亡，因此饲喂时需严格控制饲喂量或者配合饲喂碳酸氢钠。饲用甜菜中含有较多的硝酸钾，在产热发酵或腐烂时，硝酸钾会发生还原作用，变成亚硝酸盐，使家畜组织缺氧，呼吸中枢发生麻痹后窒息而死亡。另外，甜菜粕中果胶含量很高，可达到其干重的 19.6%；而蛋白质含量较低，约为 10%。果胶在反刍动物瘤胃中的发酵速度很快，进入瘤胃后发酵不平衡会导致微生物蛋白质的合成量下降，总蛋白质供应量不足。建议给动物饲喂时补充一定量的非蛋白氮，尽可能达到能氮同步的效果。

（五）甜菜及其加工产品在动物生产中的应用

甜菜粕中的粗纤维含量高，易被肠道微生物利用，广泛应用于反刍动物饲料中。甜菜粕中中性洗涤纤维含量占干物质的 59% 左右，能够延长反刍时间，从而促进唾液分泌，维持瘤胃正常 pH。林曦（2010）用甜菜渣青贮饲喂奶牛发现，每头添加 20 kg/d 的处理组奶牛的产奶量、乳成分和各营养物质的表观消化率均显著高于其他各个处理组奶牛，建议产奶期奶牛每头添加 20 kg/d（干物质 3.6 kg/d）甜菜粕青贮量。Bhatta-charya 和 Sleiman（1971）报道，甜菜粕可以同玉米一样作为能量来源，当添加比例合适时不影响产奶量；用甜菜粕替代高水平精细日粮中的玉米，对奶牛产奶量、乳成分和体重等的差异不显著。Castle 等（2010）研究表明，在青贮和精饲料混合的日粮中，添加不同水平的甜菜粕（2.22 kg 和 4.44 kg），奶牛对干物质的采食量随着甜菜粕饲喂量的增加而增加，奶牛平均体重随甜菜粕饲喂量的增加而明显增加。甜菜粕中富含纤维素，杨玉芬等（2002）将其与苜蓿草粉混合作为纤维源饲喂育肥猪的结果显示，日粮中粗纤维质量分数为 6% 时，可以获得较为理想的生产性能，对育肥猪胴体品质没有不良影响。路福伍和五忠淳（1993）研究发现，用高蛋白质甜菜粕代替鱼粉，蛋鸡的各项生长性能均不受影响，但可大大降低生产成本。

甜菜糖蜜是一种易消化、适口性好、颗粒质量高的能量原料。作为一种物美价廉的饲料原料，在一些欧美国家和地区，甜菜糖蜜直接作为饲料添加剂与草料、豆粕等混合后喂养牲畜。怀建军（2008）通过研究发现，饲料中添加 6% 糖蜜，可明显提高羔羊的日增重。王世雄等（2010）将糖蜜添加到肉牛日粮中，结果可显著提高肉牛的净增重及平均日增重。王新峰等（2006）发现，添加 4% 的糖蜜就足以给绵羊提供所需的热量，并且有助于瘤胃微生物对营养物质的利用，从而提高绵羊对粗饲料的利用率。王永和刘国志（2007）研究后认为，糖蜜尿素舔块可以有效促进瘤胃发酵，增加瘤胃微生物蛋白质的生产量。尿素糖蜜舔块作为反刍动物的补饲料，不仅对牛、羊采食量的提高，冬季保膘的加强，产奶量和产毛量的增加，牛奶品质的改善和羊毛质量的提高起到积极的作用，而且对提高饲料中营养素，如粗纤维的消化率和氮的沉积等起到积极的作用。

同其他多汁饲料相比，奶牛日补 10～15 kg 饲用甜菜，产奶量可提高 10%～30%，平均可提高 15% 左右。柴长国（2005）对中国荷斯坦泌乳母牛采用正常日粮＋饲用甜菜品种甜饲 1 号鲜茎叶组、正常日粮＋甜饲 1 号鲜叶青贮组、正常日粮组进行饲喂试验。结果表明，添加饲用甜菜鲜茎叶或青贮叶均能提高奶牛的产奶量和经济效益，以添加鲜茎叶的效果最好，其每头奶牛的日平均产奶量为 20.5 kg，日平均纯收益为 48.4 元/头，比对组照提高 13.3%。黄恒等（2003）通过饲用甜菜育肥肉牛增重试验发现，使用饲用甜菜育肥肉牛的平均日增重增加 102 g，降低饲养成本 11.9%，增重效果明显。李淑霞（2013）为探索在奶牛日粮中添加饲料甜菜对其泌乳量的影响，将健康的中国荷斯坦奶牛 6 头随机分为试验组（饲料甜菜组）和对照组（普通饲料组），进行饲料甜菜对奶牛产奶量的影响试验。结果表明，用饲用甜菜饲喂奶牛后，牛奶产量和质量明显提高，经济效益也有所提高，可以在实践中大力推广。

（六）甜菜及其加工产品的加工方法与工艺

甜菜制糖的工艺流程如图 8-15 所示：

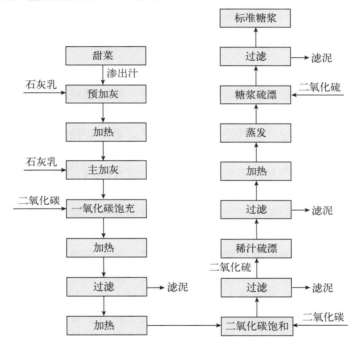

图 8-15　甜菜制糖的工艺流程

1. 已有的加工方法与工艺　目前糖厂对甜菜渣的处理，主要有 3 种方式，即直接饲喂、青贮饲料和甜菜颗粒粕。前 2 种处理方式所占比例较低，为 20% 左右。甜菜糖蜜的利用方式比较多，主要有作为饲料添加剂、减水剂、缓凝剂、回收有效成分（如蔗糖、焦糖色素、甜菜碱）等。饲用甜菜作为一种多汁饲料，最常用的利用方式是切碎或切丝后生喂，也可直接饲喂或打浆后饲喂，还可切块后与秸秆类饲草一起青贮。

2. 需要改进的加工方法与工艺　甜菜渣营养价值低、适口性差、消化率低，但如果将它们进行微生物处理、理化处理、综合处理，即可大大提高其营养价值和可消化性，可用于饲喂家畜。其中，微生物处理技术特别引人注目，取得了很大的进展。甜菜渣的微生物处理技术就是利用微生物将甜菜渣中所含的粗纤维降解为被动物容易消化吸收的单糖、双糖、氨基酸等小分子物质，从而提高消化吸收率。同时，微生物处理过程中还产生和积累大量营养丰富的微生物菌体蛋白及其他代谢产物，使饲料变软、变香，营养增加。目前此类处理方法在实际应用中还不是很多，应对该法进行改进，以提高甜菜渣的饲用价值。

3. 大宗非粮型饲料原料加工设备　目前国内许多大型甜菜加工厂都从国外引进颗粒粕生产设备，将甜菜渣在高温或者低温中快速干燥，再经造粒机制成甜菜颗粒粕，最后出售。涉及甜菜及其加工产品作为饲料原料的加工设备主要有烘干机、造粒机及微生物发酵设备等。我国加工企业大部分用的为国外进口设备，因此应当加强此类设备的研制开发力度，使之适合甜菜及其产品的加工需求。

4. 饲料原料的加工标准和产品标准　目前，我国有甜菜颗粒粕产品的相关标准，如《甜菜颗粒粕》（QB/T 2469—2006）。该标准规定了甜菜颗粒粕的要求、试验方法、检验规则与标志、包装、运输、储存。除此之外，其他加工产品还没有相应的加工标准和产品标准，相关行业协会和企业应当尽快制定。

（七）甜菜及其加工产品作为饲料原料利用存在的问题

我国甜菜粕主要以鲜粕的形式被利用，由于其水分含量大，因此不便于运输和储存。每年只有在糖厂附近的农户可以利用一部分，一部分制粒后出口外，其他大部分鲜渣就地积压腐败，造成资源浪费和环境污染。大多数制糖厂对甜菜渣的处理为制成颗粒饲料直接应用于畜禽养殖业，但其经济效益仍较低，对甜菜粕的资源也是一种浪费。我国应尽快改变甜菜粕利用单一的局面，开发技术含量高、具有市场竞争力的产品。

我国饲用甜菜发展还存在许多问题。第一，地域性限制。饲用甜菜只适于在我国北方种植，又只能在当地完成生产消化和喂饲利用，缺少专业化的组织，造成生产和使用脱节效益降低。第二，饲用甜菜虽可做主料，但目前我国一般还只限于做配料辅料，相关的喂饲试验研究亟待开展。第三，收获后的饲用甜菜不耐储存，种植者必须在短期内销售掉，使用者必须在短期内进行加工，以防冻烂，因此饲用甜菜的青贮研究工作还有待于进一步加强。第四，由于饲用甜菜生物产量高，需水需肥量大，消耗地力，因此不主张在贫瘠、耕作条件不好的土地上种植。最好进行4年以上轮作养地，以克服根腐病等病害的危害。第五，饲用甜菜的高生物产量决定了高强度劳动作业量，基于其他作物的比较优势，饲用甜菜机械化作业的程度和水平还不高，因此难以形成竞争性优势。第六，可用于生产的产量高、质量好、饲用价值高且集抗病耐储存的优良品种少。由于缺少可供选育的品种，资源且大多为多粒种，不适于机械化作业，因此现有的饲用甜菜品种与理想的推广应用前景还有一定的差距。

（八）甜菜及其加工产品作为饲料资源开发利用与政策建议

根据市场需求，利用先进的生物化工技术，开发附加值高的甜菜制糖副产品及饲用甜菜深加工产品，如果胶、食物纤维、高蛋白质生物饲料等，变传统利用为深加工利用，具有原料来源丰富、成本低廉、有效节约粮食的特点，产品市场前景十分广阔。

结合甜菜行业及畜牧业的现状，要做好以下方面的工作：

1. 加强育种研究与种子加工技术研究　选育具有自主知识产权的甜菜品种、满足当前生产需要是我国甜菜产业急需解决的首要问题。

2. 建立健全相关科研技术队伍　　首先，减少类似科研机构的重复建设，集中科研投入，提高科研技术水平。其次，健全科技成果转化体系，实现甜菜科研的新成果、新技术与生产的快速转换。

五、甜叶菊渣作为饲料原料的研究进展

（一）我国甜叶菊资源现状

甜叶菊［*Stevia rebaudiana*（Bertoni）Hemsl.］，别名甜草、糖草、甜菊、甜茶，属菊科（Compositae）、甜叶菊属（*Stevia*），为多年生草本植物，原产于巴拉圭的阿曼拜省（Amambay）及马拉凯（Mbaxacayu）山脉。1970 年日本从巴西引进甜叶菊，开始驯化、栽培、制苷，同时进行毒理、食品检测等试验，并首先开发利用甜叶菊产品——甜菊糖苷。我国于 1976 年从日本引种试种，并获成功。目前除中国、日本引种和推广外，甜叶菊在韩国、泰国、菲律宾等也有不同程度的推广栽培。经过近 40 年的发展，中国已成为世界甜菊糖苷生产大国，主要销往美国、日本、韩国和南亚及我国国内市场，近年来甜菊糖苷价格逐年上涨，产品供不应求。我国的甜菊糖苷发展速度之所以如此迅速，与其生产原料充足密切相关。2015 年全国甜叶菊种植面积 16 840 hm²，原料干叶总产量约为 5.77 万 t，主要分布在江西、湖南、安徽、江苏、甘肃、新疆、内蒙古、黑龙江和湖北 9 个省（自治区）。

甜菊糖苷是从甜叶菊的叶片提取的，其甜度是蔗糖的 200～300 倍，而能量仅为蔗糖的 1/300，含有 14 种微量元素、32 种营养成分，是一种天然无热量的高倍甜味剂，它在体内不参加代谢、不蓄积、无毒性，其安全性已得到 FAO 和 WHO 等国际组织的认可，2004 年 7 月 6 日 WHO 正式通过允许甜菊糖苷在世界范围内通用的决议，这为甜菊糖苷的安全性提出了有利的证明。甜菊糖苷可替代糖精或部分替代蔗糖，应用于各种食品饮料中。另外，甜菊糖苷还有防糖尿病、肥胖症及小儿龋齿等疾病作用，是患者的理想甜味剂，已成为继蔗糖、甜菜糖之后的第三种天然糖源。而甜叶菊这一新兴糖料作物，已引起世界各国的广泛重视，甜叶菊的科学研究与开发利用范围和途径也在迅速扩大。

（二）开发利用甜叶菊渣作为饲料原料的意义

我国是世界上甜菊糖苷产品生产供应大国，然而甜叶菊叶含菊糖仅为 10% 左右，以 2015 年的干叶产量约为 5.77 万 t 来计算，提取甜菊糖后将有接近 5 万 t 的干甜叶菊渣产生。能否对废渣进行有效的处理直接关系甜菊糖苷企业是否能够正常生产。目前甜叶菊渣的利用率不高，主要利用方式有以下几种：直接丢弃、作为肥料、作为燃料。而大部分甜叶菊渣未得到很好的利用，不仅造成资源的极大浪费，还严重污染了环境。

（三）甜叶菊渣及其加工产品的营养价值

甜叶菊渣中营养成分见表 8 - 38。从表 8 - 38 中可以看出，甜叶菊渣中粗蛋白质含量为 24.59%，可作为可替代蛋白源来开发。由于甜叶菊渣中含有少量的甜菊糖苷，添加进饲料中可增加动物的食欲，故可作为增食剂使用。因此甜叶菊渣作为饲料或添加剂极具利用价值，可以实现甜叶菊渣低成本、无二次污染的综合利用，为拓展饲料资源、

降低饲料成本探索一条新的途径。

表 8 - 38　甜叶菊渣常规营养成分（％）

检测指标	检测结果	检测方法
粗蛋白质	24.59	SN/T 2115—2008
粗脂肪	3.55	GB/T 6433—2006
粗纤维	20.09	GB/T 5009.10—2003
灰分	11.58	GB 5009.4—2010

（四）甜叶菊渣及其加工产品中的抗营养因子

甜叶菊渣虽然可以作为饲料使用，但是其粗纤维含量较高，这是影响其作为饲料大比例添加的主要因素。

（五）甜叶菊渣及其加工产品在动物生产中的应用

甜叶菊渣中含有粗蛋白质、粗纤维、粗脂肪、粗灰分、无氮浸出物、18 种氨基酸，作为饲料或添加剂极具利用价值。孙艳宾等（2011）研究了甜叶菊渣对肉兔生产性能、主要养分消化率及器官指数的影响，指出适当添加甜叶菊渣有提高肉兔免疫器官指数和增强免疫效果的趋势。甜叶菊渣以 5％的比例作为禽类饲料，能起到预防禽类腹泻等作用，调节禽类消化功能，并能提高产蛋率。甜叶菊残渣可掺到饲料中，用来饲喂奶牛、奶羊，可增加奶甜度，提高奶质量和奶中微量元素、氨基酸等物质含量，对产奶量有一定的促进作用。郭礼荣等（2016）通过研究发现，发酵后的甜叶菊废渣适口性好，猪喜食；猪肉中赖氨酸、酪氨酸、亚油酸、亚麻酸和多不饱和脂肪酸含量更高，说明饲喂发酵甜叶菊废渣能够提高猪肌内赖氨酸、酪氨酸和多不饱和脂肪酸的含量。左滕直彦和吴文学（1996）认为，甜叶菊作为天然饲料添加剂，可增进家畜、赛马及宠物的食欲，并能治疗慢性疾病及不孕症。孔智伟等（2017）用含有一定比例甜叶菊废渣的发酵饲料和基础日粮分别饲喂 5 头 5 月龄巴马香猪与赣中南花猪杂交的肉猪 140 d，分析不同阶段试验猪个体重、日增重及料重比等指标。结果显示，使用含有一定比例甜叶菊渣的发酵饲料对巴马香猪与赣中南花猪杂交肉猪个体重及日增重的影响不显著，但明显降低料重比达 14.5％。因此，甜叶菊渣通过发酵技术处理后，替代部分土杂肉猪饲料具有可行性。唐兴（2014）通过试验得出，甜叶菊渣代替草粉能显著提高 7 周龄肉兔的平均日增重、能显著降低肉兔的料重比，甜叶菊渣代替草粉饲喂肉兔的效果显著。

（六）甜叶菊渣的加工方法与工艺

1. 已有的加工方法与工艺　目前甜叶菊渣作为饲料主要的加工方法为：将甜叶菊渣直接按一定比例添加至饲料中，添加的比例控制在 10％以下。影响甜叶菊渣作为饲料或者饲料添加剂大量添加的主要因素是甜叶菊渣中的粗纤维比例过高，影响了饲料的适口性。

2. 需要改进的加工方法与工艺　以甜叶菊渣为主要原料配合适当辅料可生产微生物发酵浓缩饲料。微生物发酵能够有效地提高甜叶菊渣中的蛋白质含量，降低粗纤维含量，并产生一些消化酶类和维生素类物质，改善适口性，能够有效提高甜叶菊渣的综合利用率。其生产工艺流程如图 8-16 所示。

图 8-16　甜叶菊渣的生产工艺流程

采用利用微生物发酵技术是提高甜叶菊渣利用率的有效手段，目前应用范围还不是很广，发酵用的菌种及发酵技术都需要进一步研究和改善。

3. 大宗非粮型饲料原料加工设备　由于甜叶菊渣作为饲料原料还没有得到很好的推广，国内相关企业也比较少，因此目前市场上没有专门针对甜叶菊渣的饲料原料加工设备，需要相关企业根据生产实际自制或借鉴其他饲料加工设备。为保证行业的健康发展，应当研发针对甜叶菊渣性质的标准加工设备。

4. 饲料原料的加工标准和产品标准　作为非常规的饲料原料，甜叶菊渣目前还没有相应的加工标准和产品标准，相关行业协会和企业应当尽快制定，以便行业能够获得健康、有序的发展。

（七）甜叶菊渣作为饲料原料利用存在的问题

甜叶菊渣虽然可以作为饲料使用，但是其中的粗纤维含量较高，这是影响其作为饲料大比例添加的主要因素。粗纤维非但难以消化，营养价值不高，而且在饲料中的含量过多时反而会影响其他营养成分的消化吸收，尤其是对单胃动物，如猪、鸡等更是如此。因此，降低甜叶菊中的粗纤维含量，提高其营养价值，改善其适口性，得到较易被动物消化利用的具有高饲用价值的发酵饲料，是甜叶菊渣作为饲料原料利用的重要课题。

（八）甜叶菊渣作为饲料资源开发利用与政策建议

随着甜菊糖产业的发展，将有越来越多的甜叶菊渣需要处理，相比较别的处理方式，利用甜叶菊渣加工成发酵饲料具有综合利用率高、产品附加值高等特点，是一种理想的饲料资源，可以大力推广。

甜叶菊渣在畜禽饲料上的研究不是特别多，在实际生产和养殖环节也没有得到全面推广。建议加大甜叶菊渣作为饲料资源的研究力度，甜叶菊糖加工企业则应加大对甜叶菊渣精深加工的工艺研究，加强甜叶菊渣作为饲料添加剂在饲料配方中的配合比例和对畜禽生产性能的对比试验研究，科学制定甜叶菊渣及其加工产品作为饲料原料在日粮中的适宜添加量，提高甜叶菊副产品的利用价值。

第五节　动物源副产品加工工艺与运用

一、内脏、羽毛、骨、血液、蹄、角、爪、水产品及其加工产品

内脏、羽毛、骨、血液、蹄、角、爪、水产品及其加工产品或副产品经过适当的加

工处理，可制成多种动物饲料原料，如肠膜蛋白粉、动物内脏粉、膨化羽毛粉、水解羽毛粉、水解畜毛粉、肉骨粉类产品、动物水解产物、水解蹄角粉、禽爪皮粉等。

1. 肠膜蛋白粉　指食用动物的小肠黏膜提取肝素钠后的剩余部分，经除臭、脱盐、水解、干燥、粉碎获得的产品。不得使用发生疫病和含禁用物质的动物组织。

2. 动物内脏粉　指新鲜或经冷藏、冷冻保鲜的食用动物内脏经高温蒸煮、干燥、粉碎获得的产品。原料应来源于同一动物种类，除不可避免的混杂外，不得含有蹄、角、牙齿、毛发、羽毛及消化道内容物，不得使用发生疫病和含禁用物质的动物组织。产品名称需标明具体动物种类，若能确定原料来源于何种动物内脏，产品名称可标明动物内脏名称，如鸡内脏粉、猪内脏粉、猪肝脏粉。

3. 膨化/水解羽毛粉　指家禽羽毛经膨化/水解、干燥、粉碎后获得的产品。原料不得使用发生疫病和变质家禽羽毛。

4. 水解畜毛粉　指未经提取氨基酸的清洁未变质的家畜毛发经水解、干燥、粉碎获得的产品。本产品胃蛋白酶消化率不低于75%。

5. 肉骨粉类产品　包括肉粉、骨粉、肉骨粉。肉粉是以纯肉屑或碎肉制成的产品。骨粉是动物的骨经脱脂脱胶后制成的产品。肉骨粉是屠宰厂、肉品加工厂的下脚料中除去可食部分后的残骨、内脏、碎肉等原料，经过高温、高压、蒸煮、灭菌、脱脂、干燥、粉碎而制成的产品。

6. 动物水解产物　指洁净的可食用动物的肉、内脏和器官经研磨粉碎、水解获得的产品，可以是液态、半固态或经加工制成的固态粉末。原料应来源于同一动物种类，要求新鲜、无变质或经冷藏、冷冻保鲜处理，除不可避免的混杂外，不得含有蹄、角、牙齿、毛发、羽毛及消化道内容物。不得使用发生疫病和含禁用物质的动物组织。产品名称需标明具体动物种类和物理形态，如猪水解液、牛水解膏、鸡水解粉。该产品仅限于宠物饲料（食品）使用。

7. 水解蹄角粉　指动物的蹄、角经水解、干燥、粉碎获得的产品。若能确定原料来源为某一特定动物种类和部位，则产品名称应标明该动物种类和部位，如水解猪蹄粉。

8. 禽爪皮粉　加工禽爪过程中脱下的类角质外皮经干燥、粉碎获得的产品。原料应来源于同一动物种类，产品名称应标明具体动物种类，如鸡爪皮粉。

二、几种主要产品的加工工艺及设备

（一）肠膜蛋白粉

肠膜蛋白粉（dried porcine solubles，DPS）由美国 Nutra-Flo 公司研制成功，是已普遍应用于美国、越南、中国大陆及中国台湾等区域的新型功能性动物源蛋白质饲料。肠膜蛋白粉的主要成分是猪肠黏膜水解蛋白，是利用猪小肠黏膜或萃取肝素过程的副产品，经过特定的酶处理、浓缩，再以黄豆皮或小麦麸皮为赋形剂，最后经高温灭菌干燥等过程制造而成。肠膜蛋白粉是一种优质的多肽蛋白饲料，含50%的肽蛋白，其中低于10个氨基酸残基的小肽含量为38%，具有高吸收率和消化率的产品特性。

1. 采用猪黏膜制备肠膜蛋白粉　其加工工艺是：原料预处理→加入蛋白酶水解→

加入载体→喷雾干燥→肠膜蛋白粉。

（1）原料预处理　将猪肠黏膜经过滤除杂，于烘干箱中烘干后粉碎。

（2）加入蛋白酶水解　为多蛋白酶分阶段水解。加入中性蛋白酶、木瓜蛋白酶及碱性蛋白酶中的一种水解，水解完成后灭酶，再加入另一种蛋白酶水解。其中，水解条件为：中性蛋白酶在底物浓度为 5%～7%、每克蛋白酶加量为 3 000～5 000 U、pH 为 6.5～7.5、温度为 40～50 ℃ 的条件下水解 3～5 h；木瓜蛋白酶在底物浓度为 5%～7%、每克蛋白酶加量为 2 000～4 000 U、pH 为 6.5～7.5、温度为 40～50 ℃ 的条件下水解 3～4 h。

（3）加入载体　以小麦麸皮或大豆皮为载体。

（4）喷雾干燥　主要采用离心式喷雾干燥。喷雾干燥是采用雾化器将原料分散成雾滴，并用热空气干燥雾滴而获得产品的一种干燥方法。制备好的浆料经雾化器在干燥塔被分散成雾滴，与来自热风炉的热空气充分接触而被烘干。干燥后的物料随热风被送入旋风分离器沉降分离出产品，旋风分离器出口接袋式除尘器，收集被空气带走的细小颗粒状肠膜蛋白粉作为产品。

2. 采用肝素钠残液制备肠膜蛋白粉　其工艺过程为：预处理→脱盐脱水→酶解→加载体→喷雾干燥→肠膜蛋白粉。

（1）预处理　将肝素钠残液经过 180 目筛过滤除杂。

（2）脱盐脱水　将预处理后的肝素钠残液在温度为 15～35 ℃、压强为 1.0～2.5 MPa条件下经滤膜进行脱盐脱水。

（3）酶解　向底物浓度为 3%～6% 的肝素钠残液中添加占底物重量为 0.2%～0.8% 的复合型动物蛋白水解酶进行酶解，得到酶解液。

（4）加载体　向酶解液中加入小麦麸皮完全溶解并搅拌均匀，其中小麦麸皮的添加量为底物重量的 20%～50%。

（5）喷雾干燥　喷雾干燥的条件为：喷雾干燥塔进风口温度为 180～210 ℃，出风口温度为 80～100 ℃。

3. 采用新鲜的屠宰废弃物（胰腺、十二指肠和胆囊）**制备肠膜蛋白粉**　工艺流程如图 8-17 所示。

图 8-17　肠膜蛋白粉工艺流程

（1）清洗　从屠宰场收购猪和羊的新鲜胰腺、十二指肠和胆囊，洗净，低温保存备用。

（2）打碎　将胰腺、十二指肠和胆囊共同在捣碎机中打碎。

（3）酶解　将待酶解肠膜水分调至 70%～86%，然后加热至 86～95 ℃ 维持 20 min，再开通循环冷却水冷却至 33～40 ℃ 并维持，用碳酸氢钠调整 pH 至 7～9。将打烂的胰腺混合物按 1% 加入酶解罐中，在 37 ℃ 条件下，不断慢速搅拌（2 r/min）2 h。

（4）湿法膨化　在 110～130 ℃ 下湿法膨化肠膜蛋白粉。

（5）混合、干燥　酶解与膨化的肠膜蛋白粉按 1∶3 的比例混合，干燥。

4. 以肠衣废液为原料生产肝素钠和肠膜蛋白粉

（1）酶解　每升肠衣废液中加碱性蛋白酶1 g；用碱液调整混合物的pH为8.5～9，升温至54～56 ℃，保温3 h，每升肠衣废液中加木瓜蛋白酶1 g，保温1 h；升温至85～90 ℃，保温15～20 min，用100目滤布过滤得到酶解液。

（2）吸附、过滤　将酶解液降温至55～57 ℃后加入树脂，搅拌吸附8 h，用80目尼龙布过滤袋将树脂滤出，收集滤液。

（3）洗涤、洗脱

①将盛有树脂的尼龙布过滤袋放入清水中清洗，直至无杂物为止；

②将收集在尼龙布过滤袋中的树脂用浓度为2%～5%的氯化钠溶液洗涤30～40 min，洗去蛋白质等杂质；

③然后用浓度为20%～24%的氯化钠溶液洗脱树脂3次，收集所有的洗脱液。

（4）沉淀步骤如下：

①按乙醇与洗脱液的体积比为（2～2.5）：1加入乙醇，然后用塑料棒搅匀直至出现颗粒为止，此时乙醇浓度为30%～40%；

②沉淀24 h后去除上清液，收集肝素钠沉淀。

（5）浓缩　滤液在真空浓缩机中进行浓缩，使浓缩后体积至原来的1/3。

（6）干燥　步骤如下：

①将洗脱后的肝素钠置于65～70 ℃温度条件下干燥10～12 h，取得固体，即得到肝素钠；

②将浓缩后的液体进行喷雾干燥，其中进风温度为185～190 ℃，即得到肠膜蛋白粉。

5. 以猪肠黏膜或其提取肝素后的肠渣为原料制备肠膜蛋白粉　工艺流程：原料混合→酶解→干燥。

（1）原料混合　将水和原料按质量比为（15～30）：100混合后，在25～40 ℃的条件下搅拌20～40 min（搅拌速度为80～150 r/min）。

（2）酶解　按碱性蛋白酶和原料质量比为（0.05～1）：100向混合物中加入碱性蛋白酶（酶活性为8万～10万 U/g），升温至40～60 ℃后，采用固体氢氧化钠调节pH至9.0～11.0，在40～60 ℃条件下保温水解1～4 h，获得水解液。

（3）干燥　将水解液喷雾干燥或滚筒干燥，即制得肠膜蛋白粉。

（二）羽毛粉

羽毛粉是由毛发、羽毛及抽绒剩下的羽毛梗经加工而成。羽毛粉蛋白质含量一般为80%～86%，含硫氨基酸中的胱氨酸含量为2.93%，居所有天然饲料之首，缬氨酸、亮氨酸和异亮氨酸的含量分别约为7.23%、6.78%和4.21%，高于其他动物性蛋白质，但赖氨酸、蛋氨酸和色氨酸的含量相对缺乏。蛋白质中85%～90%为角蛋白，属于硬蛋白类，结构中肽与肽之间由双硫键（—S—S—）和硫氢键相连，具有很大的稳定性。畜禽体内的酶基本无法分解羽毛粉，因此不经处理的羽毛粉消化率很低（30%～32%）。羽毛粉除蛋白质品质差、氨基酸不平衡和利用率低外，通常还存在异味，影响适口性。因此，羽毛粉作为饲料应用还需要经过进一步的加工处理，如酶解、发酵、膨化等，旨在改善羽毛粉品质、去除恶臭，提高羽毛粉蛋白质的利用率，调节氨基酸平衡，改善适口性，降低饲料生产成本，提高经济效益。我国每年可收集利用的禽类羽毛有 20 万～30 万 t，而大部分羽毛未被合理利用，既浪费了资源，又污染了环境。因此，对羽毛粉蛋白质饲料资源进行开发与利用，在畜牧生产中具有重要的现实意义。

羽毛粉的加工工艺如下：

1. 蒸汽高温高压水解法　指利用水解罐中的热蒸汽将羽毛粉进行处理。其主要加工设备包括锅炉、蒸汽水解罐、蒸汽烘干罐、粉碎机等。工艺流程：羽毛→预处理（除杂脱水）→高温高压水解→烘干→羽毛粉成品。该方法主要靠控制压力、温度及时间，通过破坏羽毛角蛋白稳定的空间结构，使其成为可被动物消化吸收的可溶性蛋白质，以提高利用率。目前该方法在小型羽毛粉加工企业中应用较广泛。

（1）预处理　指将羽毛清洗、除杂、脱水，控制羽毛含水量为 25%～35%。如果水分含量太高，则蒸汽用量大；如果水分太低，则出现水解不均匀，有夹生或烧焦现象。

（2）水解　指将羽毛投入水解罐中密闭通入蒸汽。根据生产经验，蒸汽压强 0.45 MPa、持续时间 60 min 为最佳水解条件。

（3）烘干　指将料放入烘干罐中烘干，出成品。成品颜色呈浅褐色。烘干后，胃蛋白酶消化率可达到 65% 以上。

2. 酶解法制备羽毛蛋白粉　角蛋白是一种中性缓冲不溶性多肽，一般的蛋白酶（胃蛋白酶、胰蛋白酶等）很难将其分解。酶解法是利用某些特异性的酶水解羽毛，一般需要通过多个阶段的酶解作用。酶解法降解羽毛粉的加工温度低，可减少对热敏性氨基酸的破坏，增加可消化氨基酸含量，提高羽毛粉中蛋白质的消化利用率。工艺流程：羽毛预处理→酶解→过滤→干燥。

（1）羽毛预处理　家禽羽毛经清洗、除杂、剪碎、晾干后装入烧杯，置入高压蒸汽灭菌锅内 120 ℃灭菌 40 min，然后经处理、沥干，于恒温干燥箱中 80 ℃干燥 12 h，最后经粉碎、研磨、过 100 目筛后得到羽毛粉，干燥保存待用。

（2）酶解　将羽毛粉置于容器中，1 g 羽毛粉加入 100 mL 蒸馏水、角蛋白酶 0.015～0.052 5 g、碱性蛋白酶 0.007 5～0.026 52 g，在酶解液的 pH 为 4～12（或角蛋白酶 0.01～0.06 g，酶解液的 pH 为 5～10）、酶解温度为 25～50 ℃、酶解时间为 4～36 h 条件下，置于恒温摇床中进行酶解。

（3）过滤　将酶解反应液进行过滤。

（4）干燥　将过滤料液放入烘干罐中，烘干、粉碎、检测（消化率、蛋白质含量、水分、灰分）、包装成品。

该工艺虽然简单，但拓宽了适用领域，pH 作用范围广、酶解温度低、效率高，酶解上清液可溶性蛋白质含量较高；同时，含有 11 种含量较高的氨基酸成分，可以加工为氨基酸产品和饲料添加蛋白质，既降低了生产成本，又提高了综合经济效益。

3. 酶解-水解法　此方法是将酶解法和水解法相结合而形成的。酶解过程所用的酶制剂为角蛋白酶，部分企业利用自己培养的高产角蛋白酶菌种来生产粗酶液，大部分企业直接购买商品角蛋白酶。工艺流程如图 8-18 所示。

（1）装料　向羽毛加工罐中添加 50% 的待加工羽毛原料，羽毛含水量控制在 40%

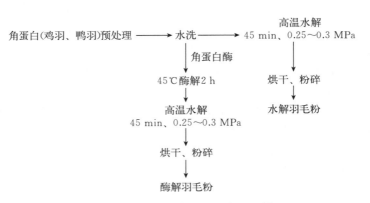

图 8 - 18 酶解-水解法生产羽毛粉

左右，温度控制在 50 ℃左右。

（2）加酶 选用角蛋白酶，添加量为干羽毛原料量的 0.3%，用 50 ℃左右温水将酶粉溶解后加入罐中。

（3）加还原剂 选用焦亚硫酸钠，添加量为干羽毛原料量的 0.8%。将焦亚硫酸钠加入 30 kg 水中，边加边搅拌，当焦亚硫酸钠溶解后，立即倒入水解罐中。

（4）酶解

① 第 1 阶段酶解 酶解温度控制在 45 ℃，酶解时间为 2 h。

② 第 2 阶段酶解 在第 1 阶段酶解结束后，充分搅拌混匀，再加入剩余的另一半原料，并不断地搅拌。当继续酶解 2 h 后，羽毛的大部分羽枝断裂，羽梗被软化。

（5）高温水解 将水解罐扣盖密闭开始加温加压，当压强达到 0.25～0.30 MPa（温度 120～125 ℃）时，开始计时水解 45 min。

（6）烘干 指料放入烘干罐中烘干、冷却、粉碎、检测（消化率、蛋白质含量、水分、灰分）、包装，出成品。

酶解-水解法制备的羽毛粉由于加工温度低，加工时最高温度不超过 125 ℃，其氨基酸基本不会被破坏，其中的 8 种必需氨基酸含量均高于普通高温高压水解羽毛粉，改善了羽毛氨基酸的平衡性；其中的胃蛋白酶消化率可达到 85% 以上，使羽毛粉的营养价值明显提高，产品在市场上价格也提高 10% 左右，比较受饲料生产企业的青睐。

4. 膨化法生产羽毛粉 羽毛粉膨化是通过机械挤压剪切的方式，将加入机内的干羽毛粉（含水量 20% 左右）置于高温高压的状态下，溶成胶冻状通过设备前端的喷料口被连续地喷出机外，瞬时在为常温常压的条件下，被熔化的羽毛爆裂、膨化、脱水，形成圆柱状酥脆的膨化物，最后再粉碎。经过这一加工过程，羽毛角蛋白中的二硫键和肽氢键被彻底裂解，蛋白质的四级结构处于松散、断裂状态，使不能被畜禽消化吸收的角蛋白，变成消化吸收率达 80% 以上的多种氨基酸，同时膨化羽毛粉也得到了熟化和灭菌。工艺流程：干羽毛清杂→膨化→粉碎→装袋入库。

（1）原料的采购 羽毛原料的采购一般有两种方法：一是从各城市的大中农贸市场、养殖场、分割禽类生产厂家购进；二是向羽毛承包人订货。采购羽毛原料时，要检验其含水率和杂质。在羽毛原料中多设点检验其含水率，取其平均值。为了降低成本，含水率应可能低，羽毛原料要求干燥、干净。

（2）加工设备　一般使用锤片式粉碎机和 GYP‑100 型（或 GP‑150 型干法膨化机）各 1 台，3 m³ 落尘室 1 间。

（3）操作过程　干燥的羽毛原料里多掺杂纸片、塑料袋、秸秆等物质，需要人工拣净。用水分测定仪测含水率，应为 10%～16%。在膨化加工之前，应掺水至 18%～20%，混合后静置 1～3 h，然后进入膨化工序。膨化中要必须不断观察落地的羽毛棒，以掌握羽毛粉的加工状态和质量情况。后经粉碎装袋入库。若该物料的流动性差，则可适当加入一定比例含油量较高的物料，如大豆粉，以提高物料的流动性。

（4）羽毛膨化加工的质量控制　多次试验和生产后证明，影响膨化羽毛粉质量的因素是温度和原料的含水率等。

① 原料　鸡、鸭等禽类羽毛都可以作为膨化羽毛粉的原料，购入时越干燥越有利于降低成本。必要的话，可将白羽毛和其他颜色的羽毛分开；另外，要把握好羽毛中杂质的数量。

② 膨化腔温度　当原料羽毛含水率在 18%～20%、膨化腔温度在 195～215 ℃时，出料稳定、质量好。自动温控设置在 210 ℃。

③ 感观分析　纯白色羽毛膨化后呈浅米色，杂色羽毛膨化后呈土灰色，可以根据用户要求生产。

（5）羽毛膨化加工会出现的膨化状态

① 焦化状　这是羽毛在机腔内停留时间太长的缘故，颜色较黑、手感硬、臭味重，断面大面积闪亮、凸凹不平，为不合格产品。

② 半焦化状　这种情况一般出现在焦化状后连续出料时，有时也会在返料时出现，颜色为褐红色，较粗、较硬，没有闪亮点，夹有原料、绒毛，为不合格产品。

在膨化羽毛粉加工过程中，应尽可能缩短上述两种状态的持续时间。

③ 喷爆状　羽毛在膨化加工的过程中，常会出现"喷爆"现象，它是在喷口向外大面积地、呈雪花一样喷出，噪声很大。这种状况是由于原料含水率低、时断时续地运料、膨化腔内压力大所造成的。品质很好但不易粉碎。

④ 致密状　这时喷出的棒状物直径是喷口孔径的 2 倍以上，断面呈致密状、多微孔、较硬，手捻时易成粉，是较好的产品形态。

⑤ 酥脆棒状　这种棒状膨化羽毛粉落地后，可以看到粗的短棒且表面不规则，酥软，手捻既成末；表面、断面均由微小颗粒组成，有膨化香气。在显微镜下呈蝴蝶结状，这种膨化羽毛粉是理想的产品形态。

（6）羽毛膨化设备　包括螺杆和套装在该螺杆外面的前后螺套，螺杆的螺纹部插入前后螺套内，而其后端的后支承轴用轴承座支架起来并同传动装置连接而可被驱动；在前螺套的前端即螺杆之螺纹部的前端封接一个带出料孔的出料板；在后螺套的后侧顶部连接一个进料斗；在螺杆的前端即螺纹部的前端也带有前支承轴，该前支承轴从出料板的出料孔以外部分穿过并被轴承座支架起来。螺杆被前后支承轴所支承，在旋转时不会产生摆动，故前后螺套不会产生直接摩擦。设备不会因螺杆被磨损而要经常维修，其使用寿命也更长。前支承轴是从出料板的出料孔以外部分穿过的，可确保被螺杆送至其前端的羽毛可顺利由出料孔逸出。

5. 生物发酵法 该法可提高羽毛粉的消化率、氨基酸平衡率及改善适口性，逐渐成为羽毛粉加工的首选方法。分解羽毛粉角质蛋白的微生物在自然界普遍存在，科研人员从长期堆积的羽毛堆中选育出一种以羽毛为碳源和氮源大量生长的地衣芽孢杆菌（BL-1），对水解羽毛粉发酵 3 d，可使胃蛋白酶消化率提高到 90%。工艺流程：菌种活化→菌种扩培→一次发酵→二次发酵→羽毛粉。

（1）菌种活化培养基 羽毛粉 20 g/L，玉米粉 10 g/L，K_2HPO_4 1 g/L，KH_2PO_4 0.4 g/L，NaCl 0.4 g/L，pH 为 7.2。

（2）菌种扩大培养 麸皮 40 kg、水解羽毛粉 60 kg、水 80 kg，搅拌均匀，按 2% 接入 BL-1 的液体菌种，于 30 ℃ 培养 2 d。

（3）一次发酵 用培养好的种子液一次性接入混合原料（羽毛粉 1.4 t、棉粕 0.5 t、麸皮 0.1 t），水分控制在 30%～35%，常温发酵 2 d，中间每隔 6 h 翻料 1 次。

（4）二次发酵 将经一次发酵的混合原料按 0.2% 比例接入有效微生物群（effective microorganisms，EM）菌种，进行堆积厌氧发酵 3～4 d。发酵出来的羽毛粉，有淡淡的酒香味，适口性好，并且可使棉籽粕中的棉酚含量降低 80% 以上。

随着基因工程技术的不断发展，微生物发酵技术也在不断向着更高效、更经济的方向发展。采用基因工程技术能从根本上改善菌种的产酶能力，增加角蛋白酶酶活和多种对角蛋白质有高效分解作用的酶的产酶能力。羽毛粉经发酵处理后，形成了一种由动物性蛋白质、植物性蛋白质和菌体蛋白构成的复合型蛋白质原料，蛋白质含量为 70% 以上，胃蛋白酶的消化率达到 90%。加入 1% 赖氨酸的生物发酵羽毛粉，可完全替代猪饲料中的鱼粉，可替代肉鸡饲料中 70% 的鱼粉。发酵羽毛粉为饲料工业的发展提供了优质的蛋白质原料，得到了广大饲料企业和养殖企业的认可，为饲料企业生产升级换代羽毛粉产品提供了一种可选的加工方法。

6. 羽毛粉与血粉复配 指用活化的菌种先发酵羽毛粉，与血粉混合复配，调节氨基酸平衡，经酶解、水解，再与复合微生物厌氧发酵。工艺流程：菌种活化→羽毛菌解→加鲜血混合酶解→蒸煮→水解→酶解→晾晒→厌氧发酵→晾晒→烘干→过筛→检验→合格→包装→成品。

（1）菌种活化 40 kg 麸皮、20 kg 水解羽毛粉加 2 kg 菌种（$2×10^{10}$ CFU/g）混匀，加水至含水量 45%，好氧发酵 2 d。

（2）发酵 将活化好的菌种均匀加入 1 500 kg 羽毛中，罐外堆置 3 d 后加工。

（3）酶解和水解 菌解好的羽毛，输送到水解罐中，然后加入鲜血、还原剂 2 kg、复合酶原酶 2 kg，先 40～45 ℃ 酶解 40 min，然后 15～25 min 内升温至 125 ℃，$2.5×10^5$ Pa 下保持 20 min，迅速降压，保温烘干（100 ℃）2 h，水分在 40% 左右即可。操作过程：投料约一半后开始先加还原剂，然后加酶，投料（羽毛、鲜血）→加酶→蒸煮→停气→排空→干燥→出料。

（4）厌氧发酵 出料后，待温度降到 50 ℃ 以下，加入 0.5% 厌氧菌并混合均匀，调节水分至 45% 左右，20～30 ℃ 厌氧发酵 4～7 d，晾干或烘干。

该工艺可以提高羽毛粉胃蛋白酶的消化率，调节氨基酸平衡，提高羽毛粉蛋白质的品质与利用率，降低饲料生产成本，提高经济效益。

7. 其他方法 目前的生产实际及大量试验研究表明，使用单一加工方式会对羽毛粉的角蛋白结构进行一定程度的分解，但降解效率仍无法满足日益增长的生产需求，因此越来越多的方法被结合起来使用。采用蒸煮法和酶解法相结合的方法，用真代谢能法评定在135℃、0.4 MPa条件下蒸煮30 min的3种羽毛粉的营养价值及其在肉鸭上的能量和氨基酸利用率。结果显示，加工参数一定时，经过蒸煮的羽毛粉能量和氨基酸的代谢率数值均较高，且角质化程度低的羽毛粉蒸煮酶解后氨基酸的代谢率更高，显著了提高肉鸭的表观代谢率。

（三）肉、骨及其加工产品

骨占动物体重的20%～30%，骨中富含多种营养成分，主要包括蛋白质、脂肪及矿物质等。骨中不仅含有动物和人体可以利用的钙质，还含有脑组织不可缺少的磷脂质、磷蛋白，延缓衰老的胶原蛋白、软骨素，以及各种氨基酸、A族维生素和B族维生素。对骨进行开发利用，可以变废为宝，社会效益和经济效益巨大。

我国从20世纪80年代才开始引进丹麦、瑞典和日本等肉类加工发达国家的先进技术，在骨类食品开发上较为滞后。经过近20年的努力，我国在各种畜骨的利用上取得了很多进展，已经形成了一些加工方法，如低温速冻加工、高温高压蒸煮后加工、常温常压蒸煮水解法、酸水解法、酶水解法等。目前我国畜禽骨利用的厂家大多采用高温高压蒸煮后加工的方法。此法生产速度快、加工能力强，但高温高压会引起风味物质的大量损失。也有一些厂家采用常温常压蒸煮水解，此法需要时间长，能源消耗多。随着生物工程技术的发展，酶水解法以其资源利用率高、节能、低成本、效益显著等优势，成为替代传统加工方法的有效手段，代表着技术的发展方向。

肉骨粉类产品包括肉粉、骨粉、肉骨粉。肉粉是以纯肉屑或碎肉制成的产品。骨粉是动物的骨经脱脂脱胶后制成的产品。饲用肉骨粉是屠宰厂、肉品加工厂的下脚料中除去可食部分后的残骨、内脏、碎肉等原料经过高温高压、蒸煮、灭菌、脱脂、干燥、粉碎而制成的产品。我国规定，肉粉中含骨量超过10%即为肉骨粉。饲用肉骨粉为黄色至黄褐色油性粉状物，具有肉骨粉固有气味，无腐败气味，除不可避免地有少量混杂外，肉骨粉中不应该添加毛发、蹄、角、羽毛、血、皮革、胃肠内容物及非蛋白氮物质，不得使用发生疾病的动物废弃组织及骨加工制作饲用肉骨粉。

1. 肉粉加工　指屠宰厂加工的副产品（碎肉、皮及皮下脂肪、肌腱、器官等）放到加压蒸煮罐内，经蒸煮挤压后，控温、灭菌、脱油、烘干和粉碎而得到产品。纯肉粉肉香味浓，诱食性强，流动性好，蛋白质含量超过50%，氨基酸比例平衡，必需氨基酸含量高，B族维生素含量丰富，富含钙、磷等微量元素，能部分替代豆粕、鱼粉等昂贵原料在饲料工业中的作用。由于原料的原因，纯肉粉中会含有少量的毛发成分。肉粉类产品中粗蛋白质含量为50%～65%，水分含量不超过10%，粗脂肪含量为10%左右，粗灰分含量在13%以下，一般不含粗纤维。但由于产品中存在杂质，因此可能检测到1%左右的粗纤维。在氨基酸总和为40%以上的肉粉产品中，甘氨酸、精氨酸、脯氨酸的含量较高。肉粉中甘氨酸的含量为8%左右（高的可达10%），精氨酸的含量为4%～5%，脯氨酸的含量为5%左右，胱氨酸的含量不要超过1%，亮氨酸、异亮氨酸的含量要相对较低，丝氨酸与苏氨酸的比例不要超过1.4∶1，最好在1.1∶1左右。

（1）肉粉加工方法　生产工艺流程如图8-19所示。

① 对畜禽产品加工后下脚料去杂、清洗，下脚料主要是动物内脏、脂肪、碎肉屑和不宜食用的屠体。

② 将去杂、清洗后的下脚料绞切、破碎。

③ 进入热喷炉中三段加温，第一段温度为100～110 ℃，第二段温度为120～140 ℃，第三段温度为150～160 ℃。水蒸气冷凝回收，不凝性气体脱臭排放。

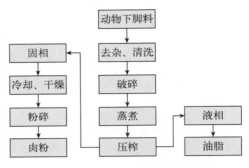

图8-19　肉粉生产工艺流程

④ 进入压榨机中进行固液分离，即肉粉冷却，干燥，粉碎，分筛、检验后包装入库；液相中的油水分离后，油脂回收检验后包装入库。

（2）高压分解法生产肉粉　工艺流程：高压分解→分离→加胶原蛋白→压饼→粉碎→灭菌→产品。

① 高压分解　将动物碎肉装入高压罐内，然后向高压罐内通入热饱和蒸汽，恒温加热，使碎肉分解成油脂、胶原蛋白和肉糜。高压罐内压强为1.18～2.2 MPa、温度为132～145 ℃、含水量为25%～40%。动物碎肉包括畜禽加工企业中各种畜禽下脚料、肉屑、肉皮、肉渣、残肢，肉联厂不能食用的过期肉类，冷冻厂过期的肉类等各种牲畜原皮边料。

② 分离　采用真空罐将油脂和胶原蛋白吸出精炼，提纯油脂，剩下的肉糜留在高压罐内。

③ 加胶原蛋白　将肉糜从高压罐中放出，再将分离出的胶原蛋白加入肉糜中。

④ 压饼　将加有胶原蛋白的肉糜烘干后压榨成饼。

⑤ 粉碎　将饼粉碎成细末即可得到肉粉。

⑥ 灭菌　对肉粉消毒除臭后进行二次灭菌，消除巴氏杆菌和大肠埃希氏菌。保证大肠埃希氏菌数不超标，而且经二次灭菌处理后，即使在夏季使用也保证安全、可靠。产品中添加适量的抗氧胺，可保持肉粉的新鲜度，防止菌类滋生，并确保没有沙门氏菌、金黄色葡萄球菌、志贺氏菌的产生，产品质量符合国家饲料卫生标准。

2. 骨粉加工　新鲜骨中含有大量水分，并带有残肉、脂肪和结缔组织等，很易腐败，而其腐败与分解速度与堆放方法、温度、湿度、污染程度等均有密切关系。新鲜骨应被尽快加工处理，如果不能及时加工则应堆放在低温、空气流通和干燥的场所，并每隔3～5 d要翻动1次。堆骨的垛应垫以洁净的垫席。干燥后的骨骼可置于温度较高的地方保存，但也要通风和避免受日光照射。寒冷地区，冬季和春季可露天保存，但要覆盖，严防被泥沙沾污。骨粉可分为粗制骨粉、蒸制骨粉和胶制骨粉，主要根据骨上所带油脂和有机成分的含量而分。

（1）粗制骨粉的加工　将骨碎成小块，置于锅内煮沸3～8 h，以去除骨上的脂肪。加工粗制骨粉时，最好与水煮抽油法相结合，除了可加工骨粉外，还可剔出部分骨油和骨胶；蒸煮过的碎骨，沥尽水分并经晾干后，放入干燥室或干燥炉中，以 100～140 ℃ 的温度烘干 10～12 h，最后用粉碎机将干燥后的骨头磨成粉状即为成品。

（2）蒸制骨粉的加工 蒸制骨粉是将骨放入密闭罐中，通过蒸汽法将骨油和部分蛋白质去除，以剩余的骨头残渣为原料，经干燥粉碎后即为蒸制骨粉。此骨粉比粗制骨粉蛋白质含量低，但色泽洁白，易于消化，没有特殊异味。

（3）煅烧骨粉的加工

① 蒸煮 将动物骨和清水放置在蒸煮容器内，在温度为 120～140 ℃ 的条件下，向蒸煮容器输入压强为 0.2～0.4 MPa 的蒸汽，蒸煮 1.5～2.5 h，然后分离出液态产物。

② 煅烧 将蒸煮过的动物骨放置在燃烧炉内，在温度为 980～1 020 ℃ 的条件下，煅烧至其重量为原重量的 28%～32%，然后出炉。

③粉碎 将煅烧好的动物骨通过粉碎装置进行粉碎，获得粒径为 0.3～0.5 mm 的骨粉，即得白色粉末状的骨粉成品。

蒸煮能够将骨胶、油脂等有机物分离出来，并且这些分离产物也能够被利用。煅烧不仅实现了动物骨的干燥，同时也去除了蒸煮过程中大部分无法去除的有机物；煅烧以后所制得的骨粉色泽好，晶相结构合理，活性高，作为饲料或食品添加材料时也更易被吸收。

（4）鲜骨超细化加工 鲜骨经过超细化加工，可制得粒径小于 10 μm 的超细脱脂鲜骨粉。该技术主要是根据鲜骨的构成特点，针对不同组成部分的性质，采用不同的粉碎原理、方法，将鲜骨进行粉碎及细化，从而达到超细化加工的目的。对刚性的骨骼，主要通过冲击、挤压、研磨力场作用使之粉碎及细化；对肉、筋类柔韧性部分，主要通过强剪切力、研磨力场作用使之被反复切断及细化，整个粉碎过程是通过一套具有冲击、剪切、挤压、研磨等多种作用力组成的复合力场的粉碎机组来实现的。考虑到鲜骨中含有丰富的脂肪及水分，对保质、保鲜不利，为此该技术中还包含一套脱脂、脱水装置，因而可直接制得超细脱脂鲜骨粉。其工艺为：鲜骨→清洗→破碎→粗碎→细碎→脱脂→超细粉碎→干燥灭菌→成品。

（5）微细骨粉的加工

① 投料 将 1～20 mm 的脱脂干骨粒投入粉碎装置的喂料口中。

② 粉碎 投入的物料在粉碎室内，在粉碎动刀和环形粉碎定刀的作用下进行粉碎。

③ 分选 粉碎后的物料进入预选室进行粗选，然后通过送料风机送到选料器分离出达标的粉末状骨粉，从旋风分离器出料口排出；未达标的骨粉又通过选料器的回料口回到粉碎室的喂料口进入粉碎机再次粉碎。

④ 回收包装 即微细骨粉成品排出后进行包装或者直接进行加工。

与现有的技术相比，本方法的优势是：粉碎的微细骨粉精细度大大提高，粒度范围可达到 20～300 目（粒度≤0.335 mm）。在生产过程中，该粉碎装置设有回收再利用装置，能充分利用原料成分，提高了骨粒原料的利用率，从而降低了生产成本。

微细骨粉的粉碎装置，包括粉碎室、预选室、风室 3 个部分。粉碎室用于粉碎物料，左上端平行装有喂料口，内部依次纵向分布着一组粉碎动刀、一组环形粉碎定刀和一组送料风机。预选室用于粗选物料，垂直于粉碎室，设有一个平行粉碎机出口，粉碎机出口上端为选料器，选料器内部为选料帽，粉碎机出口的左下端为回料口，延伸至粉碎室的喂料口处;选料器用于分离出达标的骨粉。风室用于将微细骨粉排出和回收,并除尘、洁净空气,包括旋风分离器、出料口、风机系统和除尘系统。旋风分离器下口装有闭风卸料器;出料口位于旋风分离器的正下方;风机系统通过气流的流量和压力来控制物料的粒度,包括风机风阀和风机;除尘系统为袋式除尘器系统,功能是将超细粉料回收,排出洁净空气。其工作原理为:由电机带动粉碎机动刀高速运转,使设备产生高速气流带动物料产生高强度的撞击力、切割力、摩擦力,来达到独特的粉碎功能。动刀粉碎过程中,转子产生高速度气流随刀片方向旋转,物料在气流中加速并被反复冲击、切割摩擦,同时受到 3 种粉碎作用:①粉碎机粗选室粒度控制,通过预选室选料斜刀的轴向移动控制进入风室物料的粒度;②粉碎机出口选料器粒度控制,通过粉碎机出口的选料器里选料帽的高、低变化控制进入旋风分离器里物料的粒度;③风机进口风阀开度控制粒度,通过风机风阀开度控制选料及送料系统风的流量及压力,从而控制带入系统物料的粒度。

(6)多肽骨粉的加工　加工工艺:原料处理→高压蒸煮→磨浆→酸解→稀释离心→中和配料→均质→酶解→浓缩→喷雾干燥→包装。

①原料处理　将检疫合格的动物鲜骨清洗干净,用破碎机破碎成小块。

②高压蒸煮　破碎后的鲜骨放入蒸煮罐中,加入 1～1.5 倍体积的水,通入高温蒸汽升温至 115～130 ℃,气压达 0.2～0.3 MPa,蒸煮 3.5～4.5 h。

③磨浆　蒸煮好的骨块,经固液分离,将骨块进行粗磨、细磨,粒度为 0.045～0.075 mm。

④酸解　磨浆后的骨泥打入罐中,加酸进行水解,升温升压,在 115～125 ℃、0.2～0.3 MPa 条件下,酸解 3.5～4.5 h 后降温降压出罐;加入 12%～18% 柠檬酸、10%～15% 乳酸、70%～90% 的盐酸,用机械搅拌。其中,加入的柠檬酸为 60.4% 含 7 个水分子的柠檬酸、乳酸为 90% 的乳酸、盐酸为 36% 的盐酸。

⑤稀释离心　酸解后的液体加 1～1.5 倍体积的水稀释,然后打入沉降离心机中离心,去除沉淀。

⑥中和配料　用食品级的碱进行中和,物料中加入 12%～18% 碳酸钙、12%～18% 碳酸钠机械搅拌。

⑦均质　将中和配料好的物质在 40～60 MPa 均质机中均质。

⑧酶解　在底料浓度为 8%～12%、温度为 50～55 ℃、pH 为 6.5～7 时加入蛋白酶进行酶解。

⑨浓缩　将滤液置于真空浓缩罐中,调整物料温度为 55～65 ℃,在 0.09～0.1 MPa 条件下进行浓缩。

⑩喷雾干燥和包装　浓缩后的液体进行喷雾干燥,温度为 130～150 ℃,时间为 15～30 s。将干燥后的产品包装,出成品。

3. 骨油加工　骨中含有可占骨重 10% 左右的骨油,骨油可采取以下 3 种方法提取。

(1)水煮法

①洗骨和浸骨　将新鲜的骨用清水洗净,并浸出血液,洗涤水温为 15～20 ℃。可用滚筒洗涤机洗涤,也可在池中用流水洗涤 30 min。

②粉碎　无论什么骨,在蒸煮前都需粉碎,即将其砸成 20 cm 大小的骨头。粉碎

的目的是最大限度地提取油脂和缩短熬炼时间，骨块粉碎越小，出油率越高。

③ 水煮（熬炼）　将粉碎后的骨块倒入水中加热，水量以浸没骨头为宜，煮沸后使温度保持在 70～80 ℃，加热 3～4 h 后大部分油脂已分离，并浮在上层。将浮在上层的油脂移入其他容器中，静置冷却并去除水分，此即为骨油。

这种方法能提取骨中含油量的 50%～60%，用此法提取骨油加热时间不宜过长，以免骨胶溶出。

（2）蒸汽法　将洗净粉碎后的骨头放入密封的罐中，通过蒸汽加热，使温度达到 105～110 ℃，加热 30～60 min 后骨头中大部分油脂和胶原均已溶入蒸汽冷却凝水中。此时可从密封罐中将油和胶液汇集在一起，加热静置后使油分离，如趁热时用牛乳分离机分离油脂，则效果好而且速度快，不致使胶液损失。

（3）抽提法　将干燥后的碎骨置于密封罐中，加入溶剂（如轻质汽油、乙醚等）后加热，使油脂溶解在溶剂中，然后使溶剂挥发再回到碎骨中。如此循环提取，分离出油脂。

4. 骨胶的加工

① 骨的粉碎与洗涤　把新鲜的骨粉碎，用水洗涤。为使洗涤彻底，可用稀亚硫酸溶液处理，其漂白脱色效果好，并有防腐作用。

② 骨的脱脂　胶液油脂含量直接影响成品质量，应尽量除尽，如水煮时间过长，则影响胶液的得收率，故宜用轻质汽油，以抽提法去除骨中的全部油脂。

③ 煮沸　将脱脂的骨放入锅中加水煮沸，使胶液溶出。煮胶时，每煮数小时取出胶液 1 次，如此 5～6 次即可将胶液全部取出。

④ 浓缩　将全部胶液收集在一起，加热蒸发去除水分，提高浓度使其冷却后呈皮胶状。用真空罐浓缩可提高成品的质量和色泽。

⑤ 切片和干燥　浓缩的胶液，流入容器中，使其全部形成冻胶，再把冻胶切成薄片干燥，干燥后即为成品。

5. 骨制磷酸氢钙　磷酸氢钙是白色或灰白色的无定形粉末，稍溶于水。骨制的磷酸氢钙是骨明胶生产的副产品，因其科学的钙磷配比和低氟及低重金属含量而优于矿物质生产的磷酸氢钙，可广泛应用于食品工业、饲料工业等行业，作为钙的补充剂和强化剂。骨制磷酸氢钙主要是以明胶生产过程中的酸浸液为原料，每生产 1 t 明胶可以生产 2.5 t 的磷酸氢钙，既解决了明胶生产过程中废酸液的排放问题，又降低了环境污染，更能为生产者带来了更大的经济效益。

（四）血液

作为畜禽屠宰加工过程中的主要副产品，畜禽血液营养丰富，蛋白质含量为 17%～22%，且必需氨基酸含量高，脂肪含量低（0.15%～0.2%），素有"液态肉"之称。畜禽血液不仅营养丰富，而且产量高。全世界每年可利用的畜禽血液总量是相当可观的。1994 年以来，全世界每年大约宰杀 30 亿头（只）牛、猪和羊，血产量近亿吨。而我国各种动物血尤为丰富，是世界上动物血液资源最丰富的国家之一，特别是畜禽血液。从 1990 年以来，我国肉类生产量一直居世界首位，其中生猪产量接近世界总量的 1/2，2011 年我国生猪供应量已达 6.4 亿头。虽然畜禽血液产量尚未有精确的统计数据，但以每头猪约可收集 3 kg 血液计算，我国 2011 年猪血产量就已达 2 000 万 t。而以血液蛋白质含量为 18% 计算，这些血液相当于 360 万 t 蛋白质。此外，我国每年家禽出栏量超过 100 亿只，肉牛出栏量超过 5 000 万头，羊出栏量超过 2 亿只。由此可见，我国畜禽血液资源丰富，具有广阔的应用前景。

畜禽血液是一种重要的蛋白质资源，血粉粗蛋白质含量可达 90% 以上，且易消化，是一种优质动物性蛋白质资源。目前，畜禽血液的利用仍以血粉（包括水解血粉）、血浆蛋白粉、血球蛋白粉（包括水解血球蛋白粉）、水解珠蛋白粉、血红素蛋白粉为主。血粉即全血粉，是通过向屠宰动物的血液中通入蒸汽后，凝结成块，排出水分，用蒸汽加热干燥粉碎而制成的产品。根据加工工艺不同可分为喷雾干燥血粉、滚筒干燥血粉、蒸干血粉、发酵血粉、载体血粉、晒干血粉和膨化血粉。血浆蛋白粉就是将占全血 55% 的血浆分离、提纯、喷雾干燥而制成的乳白色粉末状产品，按血液的来源和加工方法分为猪血浆蛋白粉、低灰分猪血浆蛋白粉、母猪血浆蛋白粉和牛血浆蛋白粉 4 类，作用效果大体相同，其中以猪血浆蛋白粉最为常用，一般情况下血浆蛋白粉多指猪血浆蛋白粉。血球蛋白粉是指动物屠宰后血液在低温处理条件下，经过一定工艺分离出血浆经喷雾干燥后得到的粉末。血球蛋白粉又被称为喷雾干燥血球蛋白粉，生产血球蛋白粉要求的基本条件是低温处理、分离血浆和喷雾干燥。

国外发达国家非常重视畜禽血液资源的开发利用，许多国家都设置了血液开发利用研究中心，如丹麦、瑞典、德国、美国等国家都有较先进的技术和设备，并形成商品化、规模化和产业化。国内开发利用畜禽血液资源时间较晚，且技术工艺和设备较落后。目前国内部分企业采用蒸煮法、喷雾法及发酵法来利用畜禽血液资源，其主要问题是生产率低、耗能大、成本高、产品质量差，不能规模化生产，已不适应大中企业规模化生产的需要。大部分企业将血液废弃转卖，严重污染环境。近些年，我国畜牧业产业化发展迅速，屠宰工业集中规模宰杀畜禽，大量血液原料用现有落后设备已远远满足不了企业和市场的需求，迫切需要先进工艺和设备来解决环境污染问题和提高企业的综合经济效益。

1. 血粉

（1）蒸煮血粉　蒸煮血粉是最传统的一种血粉加工方法，其将高压蒸汽直接通入血液中蒸煮，同时不停搅拌，直到形成脆松团块为止，再用螺旋压榨机脱水至 50% 以下，60 ℃干燥后粉碎即可。蒸煮血粉热加工的时间较长，蛋白质变性严重，生物学效价较低，并且蒸煮血粉的腥味比较重。但蒸煮血粉工艺简单，规模可大可小，设备投资少，目前仍由一些小厂在生产。该工艺流程概括为：原料蒸煮→挤压脱水→干燥→粉碎→成品。

（2）膨化血粉　先将新鲜血液通过高温蒸煮，使蛋白质凝固变性，再通过挤压脱出大部分水分，将含有一定水分的血液处理物加入膨化机，在膨化机的螺杆、螺套和血粉物料之间的摩擦、挤压和剪切作用下，物料被挤压螺杆连续地向前推进，使腔内形成足够的压力和温度，借助机器的加热系统，血粉蛋白质变性，水分在瞬间汽化，呈黏流状的血粉膨胀成原来的几倍至几十倍，中间呈现多孔性，而且水分在汽化时带走了热量和水分，膨化后的血粉立即冷却成型。膨化血粉为深红褐色，带晶状闪光的多微孔粉末，具有烤香味，体外的消化率较高。该加工方式也存在热处理对氨基酸的破坏等问题。工艺流程：新鲜血液→脱水→干燥→粉碎（直径2～3 mm）→调整含水率（一般在12%左右）→膨化（温度170～180 ℃，螺杆转速340 r/min）→粉碎→成品血粉。畜禽血液经膨化以后，血细胞表面的硬质蛋白质细胞壁破裂，细胞内的营养物质被释放出来，极有利于动物的消化吸收。经测定，膨化后猪血粉的可消化率高达97.6%。同时，膨化过程中的高温、高压可杀死沙门氏菌、大肠埃希氏菌等致病微生物，保证了饲用的安全性。另外，它还具有易于运输、耐储存等多种优点，是血粉加工中一种比较理想的加工工艺。但是由于需要专门的设备，因此膨化血粉的加工投资比较大。

（3）水解血粉 动物血液是高分子动物蛋白质，由于特殊的分子结构，虽然其蛋白质和氨基酸的含量都比较高，但动物对其的利用率通常都很低。因此，如果通过一些水解蛋白质的酶类将这些生物大分子水解成小分子蛋白质或肽类，则动物对其的利用率将有很大程度的提高。目前，国内应用木瓜蛋白酶水解血粉的研究比较多。木瓜蛋白酶属于巯基蛋白酶类，对许多蛋白质和肽类都有水解作用，利用它生产水解血粉的工艺流程主要包括以下几步：自然凝固动物血液→烘干（45 ℃）→粉碎→混匀（缓冲体系＋木瓜蛋白酶）→水解→烘干→粉碎→成品血粉。使用该法生产的猪血粉应用体外酶解法测定表观消化率可达75.7%。但是该法在生产过程中操作比较复杂，最适酶浓度、温度、酶解时间及缓冲浓度都不易控制。因此，虽然利用木瓜蛋白酶水解血粉是一种经济、实用的提高血粉利用价值的途径，但在生产中的应用推广还存在一定的难度。

（4）发酵血粉 是将血液拌入孔性载体，如麸皮、米糠等中，接种蛋白分解菌（如霉菌、酵母菌或各类蛋白酶），经过一系列酶促反应和酶解，将畜禽血蛋白降解为肽、短肽和氨基酸，再经干燥和粉碎制得的产品。工艺流程为：动物鲜血＋吸附载体混合吸收→微生物接种→发酵→干燥→杀菌→粉碎→成品。动物血液经微生物发酵后，具有以下优点：

① 饲料营养丰富 发酵酶解血粉由兼产多种酶的菌种组合发酵，血粉酶解更完全、更充分，不仅富含蛋白质，而且含有维生素、矿质元素等，游离氨基酸总量比未经发酵的血粉增加14.9倍，而且还增加了蛋氨酸、色氨酸等必需氨基酸含量。

② 饲料的消化吸收率提高 微生物菌种在发酵过程中分泌的大量蛋白酶、淀粉酶、糖化酶、纤维素酶、植酸酶和果胶酶，可将血粉原料中占绝对优势的大分子蛋白质降解成小分子蛋白质、多肽和游离氨基酸，以及可降解血粉原料中的纤维类物质；另外，植酸酶还可将血粉原料中的植酸钙、植酸磷等水解成无机钙、磷等，大大提高了血粉中营养成分包括无机离子的消化吸收率。血粉在发酵过程中还会积累很多的发酵副产品，如促生长因子，这为血粉增添了更多的优势；酵母菌经过发酵可产生一些酯类物质，具有浓厚的曲香味，大大改善了血粉的味道，提高了其适口性。

③ 安全性更高 发酵酶解血粉所使用的菌种是对人兽无毒无害的微生物，在发酵过程中会自然形成菌落优势，抑制其他杂菌的生长，发酵后的成品先经过高温烘干后再包装入袋，于密封、阴凉干燥处储存，避免了发酵后产品染菌的可能。

由于制作发酵血粉具有投资少、工艺简单、产品质量好等优点，因此制作发酵血粉被认为是小规模饲用血粉的发展方向。不过，目前发酵血粉仍存在粗蛋白质含量低、载体用量大、发酵时间长、氨基酸不平衡等问题。

2. 喷雾干燥血浆蛋白粉 血浆约占血液容积的55%，其中90%是水，其余为血浆蛋白（白蛋白、球蛋白、纤维蛋白原）、脂蛋白、脂滴、无机盐、酶、激素、维生素和各种代谢产物。喷雾干燥血浆蛋白粉是将动物屠宰后的血液，经过一系列加工而获得的蛋白质产品。由于具有营养全面、消化率高、适口性好、能显著减缓仔猪断奶应激反应等多种优点，因此被广泛应用于早期断奶仔猪的教槽料及其他特种饲料中。

喷雾干燥血浆蛋白粉的主体生产工艺分为三部分：首先是血浆蛋白的分离，一般采用高速液-液离心分离，其次是血浆蛋白浓缩，最后是喷雾干燥，其中工艺的难点主要在于浓缩，目前主要采用膜过滤技术浓缩提纯血浆。膜分离技术是近年来用途很广泛的分离技术，通过膜表面的微孔结构可对物质进行选择性分离。被浓缩的血浆再经喷雾干燥，制得粉状产品。工艺流程为：新鲜血液→加入抗凝剂并离心→血浆→超微过滤→浓缩血浆→喷雾干燥→血浆蛋白粉→无菌打包→低温储存。

3. 喷雾干燥血球蛋白粉 血细胞约占动物血液体积的45%，主要包括红细胞、白细胞和血小板。血球蛋白粉的主要蛋白——血红蛋白是良好的铁源，可防止幼畜和高产家畜患贫血症。在早期断奶仔猪饲料中添加喷雾干燥血球蛋白粉有与血浆蛋白粉类似的效果，既能提高仔猪平均日采食量和平均日增重，也可减少腹泻、缓解应激和防治疾病，但效果不如血浆蛋白粉。此方法生产的血球蛋白粉仍未有效解决其消化率低和适口性等问题。工艺流程为：新鲜血液→加入抗凝剂并离心分离→红细胞→血球浓缩→喷雾干燥→血浆蛋白粉→无菌打包→低温储存。

4. 酶解血球蛋白粉 目前国内学者对酶解血球蛋白粉进行了研究，国外则未见报道。血球蛋白粉消化率低的主要原因是血球蛋白紧密的二级结构，该结构可能最大限度地保护肽键，血球蛋白在蛋白酶，如胰蛋白水解酶和木瓜蛋白水解酶的作用下，可被降解为氨基酸和小肽等。酶解动物蛋白常用的酶有胰蛋白酶、胃蛋白酶、中性蛋白酶及木瓜蛋白酶等，与酸、碱水解相比，酶解的专一性强。但由于酶解可能会产生苦味肽，因此适口性问题可能比较突出。将由分离血液而得到的血球蛋白加热到55℃左右，加入胰蛋白酶或木瓜蛋白酶等酶解5~7 h后，经干燥处理即可得到酶解血球蛋白粉。

5. 血粉加工设备

（1）传统生产设备 如图8-20所示，血粉传统生产设备包括炒箱、搅拌齿、搅拌轴、变速装置、电机、电炉、支撑架。炒箱固定在支撑架中部，电机固定在支撑架上部，电炉置于炒箱下面，变速装置一端连接电机，另一端连接搅拌轴，搅拌轴上安装搅拌齿置于炒箱内。血粉加工方法：开启电炉加热炒箱，把凝固的血块倒入炒箱，随后开启电机，电机转动并通过减速装置使搅拌轴和搅拌齿低速转动，搅拌齿

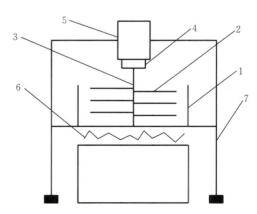

图8-20 血粉传统生产设备
1. 炒箱 2. 搅拌齿 3. 搅拌轴 4. 变速装置
5. 电机 6. 电炉 7. 支撑架

在转动时搅动血块，使血块相互混合、均匀受热，加热搅拌过程中，血块逐渐被烘干粉碎成血粉。

（2）新型生产设备　现代新型血粉生产设备可克服传统技术设备生产的血粉得粉率较低、消化率不高、生产过程耗能较高及生产过程会造成环境污染等问题，且所生产的血粉得粉率高、颗粒均匀、消化率高、品质好，生产过程安全、可靠，并能连续规模商品化生产。

（五）动物内脏粉

动物内脏粉是新鲜或经冷藏、冷冻保鲜的食用动物内脏经高温蒸煮、干燥、粉碎获得的产品。

（六）水生软体动物及其加工产品

目前有关水生软体动物的综合加工利用已有部分报道。水生软体动物副产品蛋白质的水解方法可分为酸水解、碱水解和酶水解等多种方法。其中，酸水解和碱水解是比较传统的方法。碱水解会使蛋白质水解生成的氨基酸消旋化，从而失去部分营养价值。与酸或碱对蛋白质的水解不同，酶对蛋白质的水解能在较温和的条件下进行，副反应和副产品少，不仅能较好地保存水解产物中肽的营养价值，而且还可以选择酶的种类和反应条件，进行定位水解产生特定组成或特定 C -端、N -端氨基酸残基的水解产物或肽，由此控制蛋白质水解产物的功能特性，因而能较好地满足蛋白质水解产物应用的需要，成为蛋白质水解产物制备的发展方向。

选择合适的蛋白酶非常重要。首先要考虑水生软体动物副产品蛋白质酶解液的质量，要求获得的酶解液具有较高的水解度和良好的风味；其次必须考虑酶解效率和蛋白酶的价格，蛋白酶的性价比越高越好。通常，动物源蛋白酶，如胃蛋白酶、胰蛋白酶等对蛋白质的水解效果较好，但由于原料来源困难、价格较高，因此不适合较大规模的工业化应用。植物源蛋白酶，如木瓜蛋白酶、菠萝蛋白酶等尽管酶解效率相对较低、容易失活，但由于原料来源丰富，生产相对简单，因此价格比动物源蛋白酶低很多，可用于水生软体动物副产品酶解液的生产。微生物蛋白酶是通过发酵法生产的，随着大量基因工程菌的应用，发酵法产酶的效率大大提高，为大规模工业应用创造了条件，蛋白酶溶解性好，活力高，适合水生软体动物副产品酶解液的制备。

乌贼内脏粉是以乌贼（或其他头足类）内脏为原料，经发酵、分离油脂、添加载体、干燥、冷却、粉碎等工序制得的黄褐色、褐色、黑褐色或黑色粉末状制品，常用作饲料添加剂。乌贼内脏粉蛋白质含量高，氨基酸组成较理想，除含有必需氨基酸外，还含有丰富的含硫多功能氨基酸——牛磺酸，富含卵磷脂和胆固醇。饲料中的磷脂和胆固醇对于甲壳类动物的生存和生长具有重要作用。饲料中若缺乏磷脂和胆固醇，甲壳类动物就不能完成蜕壳，而导致高死亡率。乌贼内脏粉中含有一定量的荧光物质及甘氨酸、L-丙氨酸、L-缬氨酸。上述几种物质协同作用，在很大程度上能促进水产动物的索饵和摄饵行为，使饲料一投入水中就能很快吸引鱼、虾、蟹争食，从而提高配合饲料的适口性和利用率。

（七）虾壳粉

虾壳粉是以海虾为原料，通过高温蒸煮、消毒灭菌、烘干去肉、过筛等工序加工而成的，含有丰富的甲壳素（几丁质）、蛋白质、胆碱、磷脂、胆固醇、虾青素及磷、钙、铁、锰、锌、铜等多种有益元素。添加虾壳粉可提高饲料的适口性，是水产动物饲料中常用的诱食剂和着色剂。虾饲料中添加虾壳粉具有良好的诱食作用，同时虾壳粉也具有增加虾的抗病能力、促进虾的生长和改善虾肉风味的效果。

1. 虾壳粉的加工工艺流程　如图 8-21 所示，原料虾、虾头、虾壳等通过高温蒸煮→消毒、杀菌→烘干→粉碎→筛分除杂→保鲜→包装→入库。虾头粉主要来源于分离虾仁后，剩下的虾头和虾壳进一步分离，只剩下虾头，经

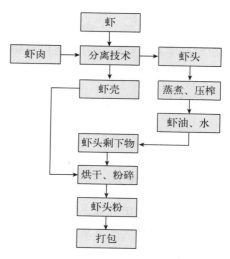

图 8-21　虾壳粉生产工艺流程

过蒸煮，使虾副产品熟化；经过压榨，使虾头等物质和虾油、水等分离；再经过烘干、粉碎，变成虾头粉；最后冷却、打包。

由于虾壳粉中的几丁质、非蛋白氮含量高，养殖动物对其消化率低，因此其使用价值受到了影响，并限制了其在饲料中的添加比例。为了提高虾壳粉的利用价值，可以通过物理、生物等处理方式，降解几丁质中高分子有机物壳聚糖。

（1）物理方法　目前较常用的方法为高温高压膨化。在虾壳粉水分含量为 24%、螺杆转速为 314 r/min、挤压温度为 120 ℃、供料速度为 116 r/min 的条件下，虾壳的膨化效果最好。电镜检测显示，膨化前虾壳粉结构致密，组织完整，呈片状、条形；经过挤压喷爆处理后，虾壳粉的致密结构被破坏，表面破碎、凹凸不平，呈现出不规则的细小碎片；同时，挤压膨化处理对虾壳粉晶体的破坏较为明显，结晶度有较大程度的降低。

（2）生物方法　主要为发酵法和酶解法。

① 发酵法　从自然界中提取能够分解几丁质的菌种，并加以分离和纯化。在菌种最适生存条件下，虾壳粉被有益菌发酵分解。在发酵分解过程中要注意菌种纯度、活力，以及发酵环境的控制。经过发酵，虾壳粉中几丁质被菌类分解、代谢后，可变成高消化率的蛋白质原料。

② 酶解法　对虾壳粉进行酶解后，能加快几丁质中高分子有机物壳聚糖的分解，使壳聚糖变成消化吸收率高的小分子有机肽，提高了虾壳粉的利用率。

2. 南极磷虾粉的加工方法与工艺　南极磷虾是生活在南极水域的磷虾类的统称，生物资源量巨大，每年的捕获量为 $(0.6 \sim 1.0) \times 10^8$ t，目前处于尚未充分开发利用的状态。南极水域寒冷，严酷的生境条件使得南极磷虾具备特殊生物活性物质和营养价值。南极磷虾已经成为近年来食品、医学和药学等领域的研究热点之一。随着水产养殖业的迅猛发展，我国对高品质水产养殖饲料的需求量和进口量也越来越大。南极磷虾粉是目前南极磷虾船载加工最主要、产量最大的产品之一。

由于磷虾体内含有活性很强的消化酶，而这些酶在磷虾死后会立即将虾体组织分解，因此，在磷虾捕获后必须立即对其进行加工。如果是作为人的食品，那么磷虾必须在捕获后的3 h内加工完毕；如果是做动物饵料，则必须在10 h内加工完毕。因为无法使用加工船和陆地上的加工设备，因此整个加工过程必须在拖网船上完成。目前，船载南极磷虾粉的生产主要是采用蒸煮-压榨方法，该法由于采用较高的处理温度（100 ℃左右），因此会对营养组分的特性及后续加工利用产生较大的影响。

第六节　糟渣类加工工艺与运用

一、柑橘渣的加工方法与工艺

新鲜柑橘渣水分含量高，约为80%，且富含可溶性糖类物质，因此易腐败变质。目前常用的处理方式有干燥法、青贮法、生物发酵法。

1. 干燥法　干燥法处理柑橘渣是直接或间接将柑橘皮渣中的水分含量降低到12%左右，可采用自然晾晒法和机械干燥法两种方法干燥。自然晾晒法系采用"有日则晒、无日则贮"的生产模式，天气晴朗时将鲜柑橘皮渣晾晒至水分约12%，然后粉碎。该法简单、易行，设备投资少，但规模有限，且产品质量不稳定，不利于大面积推广应用。机械干燥法将鲜柑橘皮渣切碎成约0.6 cm颗粒，加入其重量0.2%～0.5%的石灰粉，混合反应至颜色变成淡灰色后，或经压榨，回填浓缩糖浆；或不经压榨，干燥至含水量低于12%时冷却、粉碎或制粒。该法工艺复杂，能量消耗大，生产成本高，但产品质量高，适合规模化生产。另外，柑橘皮渣干燥过程中使用有机溶剂能对其适当脱油、脱色，可改善产品适口性及外观。这种方法在巴西、美国佛罗里达州等柑橘加工业发达的国家和地区被广泛采用，仅巴西每年出口欧盟的柑橘渣颗粒就有上百万吨，美国每年也有约70万t。

2. 青贮法　青贮法是将柑橘渣填埋、压实、密封，通过厌氧发酵产生酸性环境，抑制和杀死腐败微生物，达到保存饲料的目的。青贮柑橘渣具有改善营养价值、适口性好、可长期保存、操作简单等优点。

3. 固态发酵法　鲜柑橘渣含大量果胶、纤维素和半纤维素，可作为一种发酵基质。发酵柑橘渣系鲜皮渣经过某些特定微生物发酵而得的，通常只要菌种选择适当及发酵方法适宜，柑橘渣的营养价值都会有很大改善，且固态发酵具有能耗低、投资少、技术简单、产率高等优点。在国内，中国农业科学院柑橘研究所和重庆市畜牧科学院在柑橘渣发酵饲料方面做了大量的研究工作，对柑橘渣的发酵菌种与发酵方法、营养价值评定及其在动物生产中的应用开展了系列研究。随后，其他科研工作者围绕柑橘渣的发酵及其在畜禽上的应用技术进行了探索。因发酵菌种、辅料及发酵工艺不同，柑橘渣发酵饲料的营养成分差异较大，据其营养特点主要可归纳为能量饲料和蛋白质饲料两大类。发酵柑橘渣中含有较多的无氮浸出物和蛋白质，热能值也高，氨基酸、矿物质和维生素的含量更为丰富。但固态发酵过程中存在严重的浓度梯度和传热传质不均的问题，同时对工艺要求严格（图8-22），制约了固态发酵的生产应用。

非粮型饲料资源高效加工技术与应用策略

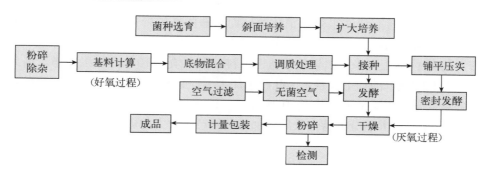

图 8-22 微生物固态发酵工艺流程

二、白酒糟及其加工产品的加工方法与工艺

白酒糟制饲料主要可分为三大类：一是白酒糟的青贮；二是将鲜糟干燥制成粉状或粒状饲料；三是对白酒糟进行深层处理生产菌体蛋白饲料。

1. 白酒糟制青贮饲料工艺技术 将白酒糟与辅料（秕谷或碾碎粗饲料）按 3：1 混合，在厌氧条件下，乳酸菌大量繁殖，使白酒糟中的淀粉和可溶性糖变为乳酸。当乳酸浓度增加到一定程度后，霉菌和腐败菌的生长就被抑制。这样含水量高的酒糟，就可以保存其营养成分，使残留的乙醇挥发掉，从而使酒糟保存时间长达 6～7 个月。一般储存方法是，将酒糟置于窖中 2～3 d，待上面渗出液体时将清液去除，再加鲜酒糟。如此反复，最后一次留有一定量的清液，以隔绝空气，然后用板盖好，用塑料布封好，饲喂前用石灰水中和酸即可（李政一，2003）。

2. 生产去壳酒糟加工蛋白质饲料的工艺技术 余有贵等（2007）指出，分离大曲酒糟稻壳的工艺主要有 4 种：①挤压分离法；②漂洗分离法；③干燥搓揉分离法；④干燥振打分离法。各种工艺方法各有优缺点，适用于工业化生产去壳酒糟饲料的方法有振打分离工艺与搓揉分离工艺。典型生产工艺如图 8-23 所示。

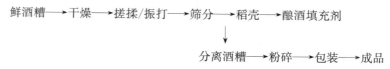

图 8-23 去壳酒糟饲料生产的典型工艺流程

3. 生产酒糟菌体蛋白饲料的工艺技术 利用白酒糟为基本原料，添加单一或多种微生物菌种发酵，可得到菌体蛋白饲料。酒糟菌体蛋白饲料生产有固态发酵工艺和液态发酵工艺两种，其中以固态发酵工艺为主。典型生产工艺流程为：酒糟→配料→灭菌→冷却→接种→固态发酵→出料→低温干燥→粉碎→包装→成品。

三、黄酒糟及其加工产品的加工方法与工艺

传统的糟烧酒都是采用固态发酵生产，为了使淀粉充分转化为酒精，经第一次固态发酵后的糟也可采用液态法进行发酵、制取，以提高出酒率。经榨出来的黄酒糟，轧碎

190

后，呈现酥松状，投入大缸中踩紧后密封，让残存的淀粉酶和酵母菌在厌氧条件下进行固态酒精发酵 1 个月，然后加入预先清蒸的稻壳，上甑蒸酒，得头吊糟烧酒。再将头吊得到的酒糟加曲、加酵母，再进行发酵，蒸馏得到复制糟烧酒。主要工艺流程如图 8-24 所示（赵军和刘月华，2005）。

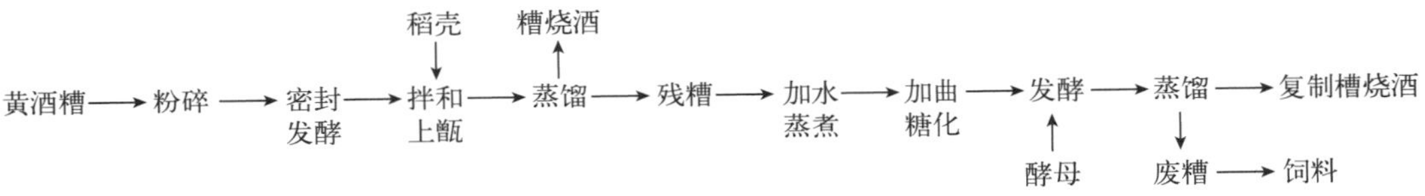

黄酒糟 —→ 粉碎 —→ 密封发酵 —→ 拌和上甑 —→ 蒸馏 —→ 残糟 —→ 加水蒸煮 —→ 加曲糖化 —→ 发酵 —→ 蒸馏 —→ 复制糟烧酒

稻壳　糟烧酒（上）

酵母（下）　废糟 —→ 饲料

图 8-24　黄酒糟一般发酵流程

王建军（2007）等在 30 ℃、90％以上湿度的条件下，采用 RLM 组合〔热带假丝酵母（R）、绿色木霉（L）、米曲霉（M）〕，以发酵时间、营养盐添加量、搅拌次数和菌种比例 4 个因素为变量进行 L9（34）正交试验，通过测定发酵产物的真蛋白质含量，确定最佳发酵工艺。结果表明，最佳发酵工艺条件为：发酵时间 48 h，少次搅拌，少量添加营养盐，菌种比例（R∶L∶M）为 2∶1∶1，发酵产物的真蛋白质含量达27.27％，比未发酵黄酒糟的真蛋白质提高了 17.14％。

赵建国和钟世博（2002）采用有较强同化淀粉能力的热带假丝酵母固态发酵黄酒糟生产蛋白质饲料，确立了固体发酵培养基最佳配比、营养液的添加量、初始含水量、初始 pH 及发酵时间。对发酵产品的分析表明，粗蛋白质高达 57.27％，真蛋白质高达50.64％，淀粉降解率高达 58.9％，氨基酸总量为 46.11％。张遐耘和张文悦（1998）采用液体纤维素酶酶解纤维素并用饲料酵母生产单细胞蛋白，为黄酒糟的综合利用开辟了新的途径。

四、啤酒糟及其加工产品的加工方法与工艺

1. 常规干燥处理

（1）原料接受过程　湿啤酒糟属固液二相，在接收时，首先检验水分、气味、颜色。湿啤酒糟有一定的热蒸汽，因此在罐顶端要放置大口径的通气管。应及时进行干燥处理，并对暂贮罐进行清洗消毒，防止由于交叉污染导致湿啤酒糟腐败变质。

（2）挤压过程　挤压多余的水分，可以减少干燥机负荷，降低干燥温度，有利于保持啤酒糟的有效成分。

（3）干燥过程　一般将温度控制在 82～83 ℃，主要采用快速高温干燥方法和通风冷却干燥方法。

（4）啤酒干糟粉碎过程　干糟粉碎对饲料的可消化性有显著影响，适度的粉碎可提高饲料的转化率，减少动物粪便的排泄量。另外，粉碎还可改善和提高物料的加工性能。

粉碎工艺的确定：因糖化时大麦芽已经过粉碎，因此酒糟作饲料时再次粉碎即可达到粒度要求。粉碎机风网系统及吸风量的设计原则为"以通风为主，吸尘为辅"，不仅能有效控制粉尘外溢，而且能起到降温、吸湿、防止物料过度粉碎、提高产量、降低能耗的作用。工艺流程：湿酒糟、废酵母、凝固蛋白→水解蛋白酶、复合纤维素酶源→搅

拌均质→50～60 ℃（保温 6 h）预脱水→烘干→粉碎→制粒→冷却包装。

2. 混贮处理　混贮处理是将水分含量低、市场来源广泛、价格低廉的饲料来源与啤酒糟混贮，探讨其对储存和改善啤酒糟饲料饲用品质的影响。

3. 酶解处理　经过一定时间的酶解反应后，不仅可显著提高啤酒糟的营养水平，而且在营养组分中，酶可以提高动物对饲料的消化能力，提高饲料的利用率。

4. 脱色处理　将啤酒糟蛋白通过酶解的方法制备水解液，不但提高了其溶解性、营养性，而且有利于其应用与发展。啤酒糟中所含的色素使水解液呈现深褐色，会严重影响啤酒糟蛋白水解液的应用。脱色剂是酶解液脱色的主要影响因素，人们对不同脱色剂和脱色条件进行了研究，以期找到适合工业化生产的最优工艺，为啤酒糟蛋白水解液脱色的生产实践提供了理论依据。

5. 微生物发酵处理　啤酒糟可以利用理化或微生物方法进行加工处理。近年来运用理化方法处理的酒糟废液仍含有大量的有机物，COD 值在 1 500 mg/L 左右，若直接排放，将对环境产生严重影响。而微生物发酵方法，由于具有生产条件简单、防止污染、能最大限度地利用资源等优点，已成为国内外高效利用啤酒糟的一个发展趋势。特别是利用啤酒糟为基本原材料进行混合菌种发酵，可得到菌体蛋白饲料。这样不仅可以变废为宝、减少污染，而且可以将原本作为粗饲料添加的啤酒糟变为精饲料，即高营养含量添加剂。王颖（2010）通过单因素试验和正交优化试验，确定了混合菌种发酵啤酒糟生产高蛋白质饲料的最佳发酵条件为：啤酒糟与豆粕配比为 7：3；接种量为 20%，硫酸铵添加量为 0.5%，尿素添加量为 0.5%，发酵时间为 1 d。在此条件下，真蛋白含量达到 39.13%。全桂香等（2012）以啤酒糟为原料，以酵母菌、乳酸菌及其混合菌作为微生物发酵剂，检验发酵前后啤酒糟中粗蛋白质、真蛋白、粗纤维含量的变化规律，详细探讨了混合菌中乳酸菌和酵母菌接种量的不同对啤酒糟发酵饲料品质的影响。结果发现，在温度为 28 ℃、pH 为 4 的条件下，发酵 3 d 后，酵母菌和乳酸菌发酵的啤酒糟中粗蛋白质和真蛋白含量显著提高，乳酸菌和酵母菌混合菌种发酵啤酒糟的最佳比例为 2：3，最佳接种量为 4%。在最佳条件下，粗蛋白质和真蛋白含量比原料分别提高了 68.29% 和 35.66%，粗纤维的含量则下降 27.63%。

五、葡萄酒糟加工产品的加工方法与工艺

冯昕炜（2012a）等以饲料酵母、酿酒酵母的混合菌种为发酵剂发酵葡萄酒渣，研究酵母菌发酵葡萄酒渣的营养价值。结果表明，经过酵母菌发酵的葡萄酒渣营养价值提高，粗蛋白质含量为（21.62±0.60）%，中性洗涤纤维含量为（53.13±11.29）%，酸性洗涤纤维含量为（45.09±1.08）%，钙含量为（0.64±0.04）%，磷含量为（0.66±0.09）%。说明用酵母菌发酵葡萄酒渣可使其饲用价值得到改善。冯昕炜（2012b）等以葡萄酒渣为主要底物接种酵母菌进行发酵，酿酒酵母和饲料酵母的配比为 2：1，发酵时间为 30 h。结果表明，发酵葡萄酒渣中的粗蛋白质、灰分、磷含量显著高于烘干的葡萄渣，而水分、NDF 和 ADF 显著低于烘干的葡萄渣，钙含量显著高于烘干的葡萄渣，二者粗脂肪含量差异不显著。葡萄渣经酵母菌发酵后，营养成分大幅度增加，纤维含量下降。齐文茂（2013）将葡萄皮渣加入配合饲料中发现，葡萄皮渣、豆粕、麸皮和

玉米面质量比为 1∶2∶1∶2，发酵 9 d，饲料含水量为 51%、发酵温度为 27 ℃、硫酸镁量为 0.1%、磷酸二氢钾含量为 0.1%时，该条件下进行饲料发酵后，饲料中粗纤维含量由 16.1%降为 11.23%，达到国家标准要求。

六、酒精糟及其加工产品的加工方法与工艺

（一）玉米酒精工业的生产工艺与影响因素

1. 玉米酒精工业的生产工艺　含可溶性物质的干燥酒糟饲料（dried distillers grains with solubles，DDGS）是玉米深加工生产酒精的副产物，包括了食用酒精、工业酒精和燃料乙醇的生产。目前国内玉米 DDGS 的生产工艺根据前处理的不同，分为全粒法、干法和湿法 3 种。干法加工步骤简单，易于操作，投资较小；湿法加工由于产出了高附加值的玉米油，故综合效益较高，但同时由于将玉米油从 DDGS 中分离出来，所以最终生产的 DDGS 在营养价值尤其是能值上不如干法生产的 DDGS 产品。目前国内大型酒精厂多选择使用湿法或半湿法的生产工艺。

（1）**全粒法**　即玉米不经处理，直接经除杂、粉碎就投料，直接生产酒精，其副产品为干酒糟固形物（dried distillers grains，DDG）、可溶性的干酒糟滤液（dried distillers solubles，DDS）、DDGS。图 8-25 为全粒法生产玉米酒精糟示意图。

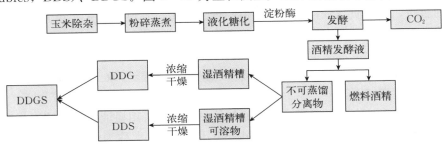

图 8-25　全粒法生产酒精工艺流程

（2）**干法**　即玉米被预先湿润，再用大量温水浸泡，然后破碎筛分，分掉部分玉米皮和玉米胚，获得低脂肪的玉米淀粉，生产酒精，获得副产品是玉米油、玉米胚芽饼、纤维饲料，以及 DDG、DDS、DDGS。图 8-26 为干法生产玉米酒精工艺流程。

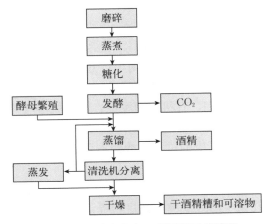

图 8-26　干法生产玉米酒精工艺流程

（3）湿法 玉米先经浸泡，像用玉米生产淀粉一样，先破碎除皮，分离胚芽、蛋白质，获得粗淀粉浆，再生产酒精，可获得玉米油、玉米蛋白质粉、玉米纤维蛋白质饲料，以及 DDG、DDS、DDGS。图 8-27 为湿法生产玉米酒精示意图。

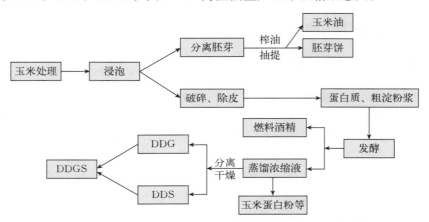

图 8-27 湿法生产玉米酒精工艺流程

不同的原料处理工艺对成产出的 DDGS 品质、营养成分有很大的影响。用全粒法生产酒精获得的 DDGS 优于用湿法和干法生产酒精而获得的 DDGS。因为全粒法将玉米中所有的脂肪、蛋白质、微量元素及残留的糖分全部归入酒精糟中。但是，全粒法生产酒精的综合效益较差，湿法生产能够获得更高的综合效益。酒精生产企业出于盈利的目的大多选择湿法生产工艺（李爱科，2012）。

2. 玉米酒精工业生产工艺的影响因素 生产工艺可能导致玉米 DDGS 营养成分变异，具体影响因素如下。

（1）提油与否 中国以玉米为生产原料的酒精厂，采用提油与不提油工艺产出的玉米 DDGS 大约各占一半。提油 DDGS（de-oiled DDGS）常称为低脂型 DDGS，工艺大多采用半干法或改良湿法，将玉米胚芽提油，流程一般为通过热水适度浸泡玉米籽粒，根据玉米胚芽与胚乳吸水能力和韧性不同，将胚芽与胚乳分离，然后通过压榨和浸出，将胚芽中的油脂提出（刘辉和郭福阳，2013）。不提油 DDGS（也称为全油 DDGS，full-oil DDGS），基本为干法工艺生产。与提油 DDGS 的生产过程相比，不提油 DDGS 只减少了提油环节，后续工艺相似。

由于玉米胚芽占玉米籽粒中约 84% 的脂肪（张秋琴等，2008），因此相比于全油 DDGS 10% 左右的脂肪含量，提油玉米 DDGS 的脂肪含量显著降低到 3%～5%（贾连平，2012）。如果没有其他特殊工艺引入，则可以想象提油 DDGS 中的其他组成成分，如蛋白质、纤维等，将都会随着脂肪的提出而成一定比例的增加。另外，提油过程中，物料会经历蒸炒（110 ℃）、压榨、有机溶剂浸提，高温脱溶（115 ℃）等环节（张志强等，2003）。因此，相对于不提油 DDGS 产品，提油 DDGS（尤其胚芽粕部分）在加工中经历了更多可能发生美拉德反应的过程，故而推测有可能会降低有效能值和氨基酸的消化率。

（2）全部提油与部分提油 绝大部分采用提油工艺的厂家均对胚芽采用全部提油，但也有个别厂家仅对其几条生产线上的一条进行提油，之后与不提油的产品混合进行销售。这样的产品脂肪含量为 5%～9%，介于普通提油产品和全油产品之间。由于为部分提油，因此其产品组成应介于提油产品和全油产品之间，视其提油程度的多少决定其与两种产品的差异程度。

（3）提油后胚芽粕加入的差异　尽管绝大多数采用提油工艺的厂家会将提油后的胚芽粕全部回流发酵并最终进入形成 DDGS，但也有少数厂家主要出于对 DDGS 颜色的考虑（发现少加胚芽粕会使 DDGS 颜色变浅），而只将一部分胚芽粕回流。由于胚芽粕的组成成分和消化率与 DDGS 不同，例如胚芽粕较之 DDGS 的纤维素含量较高，而有效能值较低。因此，减少胚芽粕的加入量，除了按照厂家本意为可以使 DDGS 的颜色变浅外，实际上提升了这种工艺 DDGS 的营养价值。

（4）DDS：DDG 的差异　正常情况下，DDS 占 DDGS 干物质的 30% 左右，但由于 DDS 比例较大时会使 DDGS 颜色变深，故一些厂家（不论提油与否）会刻意减少 DDS 的添加比例，也有厂家将部分产品的 DDS 比例减少，同时将另外部分产品的比例增加。另外，由于 DDS 干燥能耗较高，因此少量供能有限的厂家也因此降低了 DDS 的比例。

酒精厂目前对 DDS 添加比例的多少主要基于颜色的考虑，而非营养成分。事实上，国外有一些研究报道了增加浓缩酒糟溶质（condensed distillers solubles，CDS）比例确实会使 DDGS 的颜色加深。但由于 CDS 和湿酒糟谷物（wet distillers grains，WDG）的成分差异明显，因此两者比例的不同会导致其化学组成及氨基酸消化率发生变化（Martinez-Amezcua 等，2007；Kingsly 等，2010）。显然，这种因市场对颜色的格外关注，导致了某些产品会出现人为造成的营养差异。

（5）干燥设备与干燥工艺的差异　目前国内仅有极少数厂家采用环式热风干燥设备，绝大部分采用管束干燥机。管束干燥机大部分为国产，少量为进口。不同厂家在干燥具体操作时有许多差别。比如，有的单台独立干燥，有的两台一组（一台先干燥湿糟，第二台干燥湿糟与浓浆混合物）；干燥机所用蒸汽类型也有不同（饱和蒸汽或过热蒸汽，两者温度有所不同，前者为 150～185 ℃，后者一般为 200 ℃以上）；干燥时间和返混比例不同等。这些差异都可能会影响美拉德反应的发生程度，从而影响 DDGS 的品质和颜色。

（6）固液分离方式的差异　玉米酒精废醪是以玉米为原料生产酒精的过程中产生的蒸馏残液，欲将其干燥，目前的措施是先将其进行固液分离，先将液态部分（清液）蒸发浓缩，再将固态部分（湿糟）与浓缩的液态部分（浓浆）混合干燥。目前国内只有少数中小型厂家仍采用板框压滤这种简单的分离方法，虽然投资少，但效率低，滤布易粘连，不能连续生产。另一种采用较多的是离心机分离，基本为卧式螺旋沉降离心机。控制好湿糟总固形物含量和清液悬浮物含量是离心的重点，因为湿糟总固形物含量低时，会增加干燥工段的回混率，增加能源消耗，也可能会造成 DDGS 过度干燥，导致颜色加深（刘辉和郭福阳，2013）。对于酒精糟的处理，关键的一步就是固液分离，否则很难对其进行深加工。固液分离的方法主要有自然沉淀法、板框压滤和离心分离 3 种。

自然沉降法是最原始的分离方法，效率低，且对空气有污染，工作环境差，这种方法已经逐渐被淘汰。板框压滤法主要的设备为压滤机，它能实现酒精糟的固液分离，虽然这种方法的分离效果较好，但是压滤机不能连续工作，效率低，并且压滤机的能耗高，劳动强度大，这种方法也将被淘汰。

目前，国内大型酒精生产企业多采用卧式螺旋沉降离心法对酒精糟进行固液分离（王平先，2006）。也有一些企业采用立式离心分离机，只是由于立式离心机的处理量小、滤网寿命短等缺陷，因而没有卧式离心机应用广泛。卧式螺旋沉降离心机工作原理为转鼓与螺旋以一定差速同向高速旋转，物料由进料管连续进入分离器中，加速后在离心力场的作用下，较重的固相物沉积在转鼓壁上形成沉渣层，输料螺旋将沉积的固相物连续不断地推至转鼓锥端，经排渣口排出机外。较轻的液相物形成内层液环，由转鼓大端溢流口连续溢出转鼓，经排液口排出机外（李泽新等，2011）。作为酒糟处理的第一步，固液分离效果的好坏直接影响后面工序的操作，如果含水量较高则干燥耗汽多，干燥器列管上易结垢，影响热效率，离心液中不可溶物浓度高，回流时拌料浓度增加，易堵塞管道，影响液化，导致酵母发酵能力下降，同时还会影响蒸发效率。

固液分离完成后，接下来就是对滤渣和滤液进行干燥。滤液中含有可溶性蛋白质等丰富的营养物质。滤液从含干物质2%左右经多效蒸发设备蒸发浓缩至含固形物45%的浆状酒精糟，需要消耗很多能量，是形成DDGS成本的主要环节。滤渣和浓缩后的酒精糟被输送至干燥设备中干燥至含水量在12%以下，即制得DDGS产品。一般采用滚筒式热风干燥机或者转盘式干燥机进行干燥（李爱科，2012）。干燥过程影响DDGS的最终品质，烘干的温度过高、时间过长都会导致DDGS发生美拉德反应，使DDGS颜色变为深褐色，有焦煳的气味，大大降低DDGS中有效赖氨酸的含量。

（7）发酵环节的差异　首先根据发酵罐数目及程序分为单个发酵罐独立（间歇式）发酵和多个发酵罐连续发酵。发酵中使用的酵母有国产、自产和进口之分。发酵时间为50～80 h。发酵环节的种种差异，可能会导致发酵效率不同，从而使DDGS中残留的淀粉或还原糖的含量不同，进而造成DDGS其他最终成分、有效能值的差异，以及影响美拉德反应的发生程度。但是，不同菌种所产生的发酵产物、对其他组分的影响是否有差异，以及不同发酵效率对最终DDGS营养成分的影响，目前尚不清楚。

（8）除杂环节的差异　有些厂家对除杂环节较为重视，并认为减少杂质会对后续工段有利，也可减少对整体设备的磨损及维护，提高产品质量，因此会进行较为彻底的除杂；但有些厂家（尤其小型厂家）仅作简单处理，甚至几乎没有除杂。由此，会造成不同产品间除其他原因外，额外的灰分、纤维素等含量及对应其他成分比例的差异。

（9）掺假、掺杂的差异　绝大部分厂家并无掺假、掺杂，但有个别厂家在DDGS中（尤其旺季）加入了玉米皮或加浆玉米皮。也有文献报道，DGS中被掺入了植物物质、动物物质、非蛋白氮和无机矿物质等（邱代飞和黄家明，2013）。由此，若只增加玉米皮，则会明显增加纤维素的含量；若增加加浆玉米皮或浆液，则还会使灰分含量增加，两者都会明显降低DDGS的营养价值。

（二）木薯等酒精糟的生产工艺

木薯的碳水化合物含量很高，但蛋白质、脂肪等营养物质含量较低。发酵过程中碳水化合物大部分变成了酒精和二氧化碳，因此残留在酒精糟液中的营养物质含量就更少，饲用价值低，制饲料不经济。提高木薯酒精糟液饲料价值的方法包括：①混合原料发酵，各种原料的营养成分通过互补，补充了木薯发酵渣营养的不足，提高了酒精糟饲料的营养价值，同时改善了木薯酒精糟饲料的适口性。②提高酒精发酵渣液的浓度，增加营养物质的含量。③添加无机氮源，经微生物发酵可将其转化为能被动物消化吸收的有机氮源。

提高木薯酒精糟液的饲料价值后，可以直接饲喂，或制成 DDGS，也可以与秸秆混合经固态发酵制成生物蛋白质饲料（周兴国，2003）。制成 DDGS 的方法与玉米 DDGS 的生产工艺相同，主要流程就是固液分离和干燥。国内研究固态发酵制饲料的技术路线主要有以下 3 种方法。

1. 木薯酒精糟液浓缩物固态发酵制饲料　农业部规划设计研究院以木薯酒精糟为主原料，辅以油菜籽饼粕、麦麸，采用固态发酵技术，发酵前粗蛋白质含量 27.0%，发酵后粗蛋白质含量达到 39.40%，提高率为 46%，工艺过程中并将油菜籽饼粕中有毒的芥子苷脱出，扩大了蛋白饲料来源，工艺流程见图 8-28。

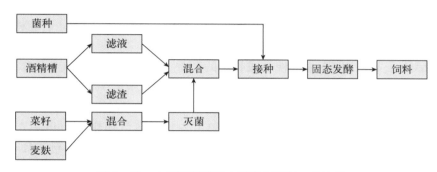

图 8-28　木薯酒精糟固态发酵制饲料工艺流程

2. 薯干酒精糟液浓缩物和秸秆固态发酵制饲料　南阳理工学院以薯干酒精浓缩物为主原料，辅以秸秆、麦麸，采用 EM 菌种固态发酵技术，制成了富含有益菌体的活性饲料。饲料的粗蛋白质含量达到 25.60%，总氨基酸含量为 22.80%，粗纤维含量为 29.42%，适口性好，猪的生长速度快，抗病力强，粪便臭味大大减轻。

3. 稻谷酒精糟液和秸秆固态发酵制饲料　天津大学研究表明，在添加多种酶和多种菌的条件下固态发酵，不经浓缩处理的稻谷酒精糟液和玉米秸秆，可以制成富含有益菌体的生物蛋白质饲料。发酵前玉米秸秆的粗蛋白质含量为 5.80%，粗纤维含量为 32.99%；发酵后饲料的粗蛋白质含量为 22.69%，粗纤维含量为 26.47%。

第七节　牧草加工工艺与运用

一、槐叶及其加工产品的加工方法与工艺

槐叶含水量高，难保存。通过加工调制，不仅可以延长饲喂时间，提高其利用价值，还可解决畜禽越冬的饲料问题。

1. 水泡法　将较嫩的槐叶用水洗净，放入缸内或水泥池内，用 80%～100% 的温开水烫一下，然后放入清水中浸泡 2～4 h 使其脱去苦味，清水用量以超出料面为宜。将泡好的叶片切碎后即可混入日粮中进行饲喂。

2. 干燥法　将采摘的槐叶进行自然晾干或烘干，于阴凉处储存备用。烘干温度为

90 ℃，时间为 20 min。干燥法可分为地面干燥法、叶架干燥法和高温快速干燥法。在潮湿地区一般采用叶架干燥法来晒制干槐叶，高温快速干燥主要用来生产干槐叶粉或干槐叶块。槐叶粉的细度要求因畜禽品种不同而异，一般猪选择使用 2 mm 孔的箩底，鸡选择使用 1 mm 孔的箩底。

3. 盐渍法 将槐叶洗净、切碎，倒入缸内或水泥池中，按 5% 的用量取食盐，按一层树叶一层食盐分层压实，进行盐渍。经过盐渍法处理后，槐叶不易腐烂，有鲜香味，而且适口性更好。

4. 青贮法 先将槐叶洗净、切碎、沥干水，然后再一层层地装入青贮容器内。青贮原料的适宜含水量为 70%～75%。鉴定水分的简便方法是，将槐叶搓碎，用手握紧，指缝有水珠而以不滴下为宜。若槐叶内含水量过多，可晾晒一定时间后再进行青贮；含水量少时，可进行人工喷水调节。新鲜叶可直接饲喂，也可青贮使用。若能将落叶和枯黄叶进行微贮，则能提高其营养价值，饲喂收益更高。

5. 发酵法 先将采摘下来的槐叶或收集的秋季自然落叶晒干，加工粉碎成槐叶粉。然后掺入一定量的谷物粉，用 30～50 ℃温水搅拌均匀后，压实，堆积发酵 48 h 后即可取用。发酵可提高槐叶的营养价值，减少其中的单宁含量。发酵的饲料主要用于喂猪、鸡。

6. 蒸煮法 将槐叶放入金属筒内，用 180 ℃左右的蒸汽加热 15 min 后，使树叶的组织受到破坏，利用筒内设置的旋转刀片将原料切成棉花状。该种饲料适合喂牛、羊，在饲料中掺入的比例为 30%～50%。

二、苜蓿及其加工产品的加工方法与工艺

苜蓿常见的加工调制方法主要有青刈、晒制干草、青贮等，随着苜蓿加工技术的提高，加工的产品由最初的草捆、草粉、草颗粒、草块等初级产品发展到苜蓿叶蛋白等系列深加工产品。苜蓿干草和青贮是目前奶牛养殖中用量多和市场需求量比较大的草产品。

苜蓿干草是草食家畜冬、春季节必不可少的粗饲料，由于其饲用价值高、原料丰富、调制方法简单、成本低、便于长期储存等特点，因此是北方牧草调制加工的主要类型。为了便于储存和运输，常将调制的干草打成干草捆。草捆通常由捡拾打捆机将经过自然干燥或人工高温烘干后干燥到一定程度的牧草打制而成，其他干草产品基本上都是在它的基础上进一步加工而成的。根据所打制的草捆密度，草捆又有低密度草捆或高密度草捆之分，通常低密度草捆由捡拾打捆机在田间直接作业而成，高密度草捆在低密度草捆的基础上由二次压缩打捆机打成。

干草调制的基本程序为：鲜草刈割、压扁、干燥、捡拾打捆、堆贮、二次加压打捆和储存。

（一）适时刈割

为保证苜蓿干草良好的营养物质基础，适时刈割是关键。苜蓿一般在孕蕾期或初花期进行收割，也即以百株开花率在 10% 以下为宜，这样经晾晒后粗蛋白质含量可达 18% 以上。刈割时，土壤表层干燥程度与苜蓿干草的加工质量有关，如果土壤表面过

湿，则影响苜蓿干草的加工质量，一般认为留茬高度应控制在 7.6～10 cm，过低不利于下一茬苜蓿的生长。最后一茬高度应在 7 cm，以利于苜蓿过冬，并且刈割频率为春季至夏季 30～40 d 间隔，盛夏至秋季 40～50 d 间隔。

（二）干燥

苜蓿干草捆制作工艺流程中，掌握草捆打制时干草的最佳含水量是关键，含水量一般以 20%～25% 为宜，可避免营养物质的过量损失。常见的干燥方法有自然干燥法、人工干燥法和物理化学干燥法。自然干燥法简便易行，成本低廉，是国内外干草调制多采用的方法。但一般情况下，此法干燥时间长，受气候及环境的影响大，养分损失也较大。自然干燥法又分地面干燥和草架干燥。地面干燥简便易行，为常用的干燥方法。

苜蓿干草调制中，为保证干草的营养物质不流失，必须加快干燥速度，使分解营养物质的酶失去活性，并且要及时堆放，避免日光暴晒后胡萝卜素损失。压扁处理能显著提高干草中的粗蛋白质和胡萝卜素水平，并明显缩短干燥时间，减少叶片组织因呼吸、酶活动所造成的损失。电镜下，压扁茎秆的最明显效果就是将木质化细胞和非木质化细胞分开，增加茎秆表面积，减弱其持水力。把刚刈割的苜蓿中其含水量下降到 14% 的安全含水量所用的时间称为干燥速度，而干燥速度决定了干燥后苜蓿的营养水平和质量。

1. 压裂茎秆干燥法　苜蓿干燥时间的长短主要取决于其茎秆干燥所需的时间，叶片的干燥速度比茎秆快得多，常用割草压扁机将茎秆压裂，消除茎秆角质层和纤维素对水分蒸发的阻碍，增大导水系数，加快茎中水分蒸发的速度，尽快使茎秆与叶片的干燥速度同步。压裂茎秆干燥牧草的时间比不压裂干燥能缩短 30%～50%，可减少呼吸作用、光化学作用和酶的活动时间，从而减少苜蓿的营养损失，但压扁会使细胞破裂，细胞液渗出导致营养损失。机械方法压扁茎秆对初次刈割的苜蓿的干燥速度影响较大，而对再次刈割的苜蓿的干燥速度影响不大。干草捆采用压扁割晒，并于干草含水量 22% 时打捆，同时采用生物干草保护剂处理，可减少叶片脱落等 30%～35% 的损失，减少营养损失近 50%。

（1）地面晾晒　苜蓿自然干燥常用地面晾晒法。将收割的苜蓿在地面铺成 10～15 cm 厚的草层，含水量至 50% 左右时集成小垄或小堆，隔一定时间进行翻草，有利苜蓿干燥。

苜蓿的茎和叶中蛋白质含量差别很大（叶中蛋白质含量是茎的 2 倍），自然干燥过程中，叶的干燥速度比茎快得多，当叶已达到安全水分含量时，茎中的含水量还很高，只要轻微移动就会造成严重的落叶损失，这也是苜蓿自然干燥造成蛋白质含量急剧减少的原因之一。利用晚间、早晨各翻晒一次，此时叶片坚韧，干物损失少，既能加速苜蓿干燥速度，又能使苜蓿鲜泽、留叶率高。当含水量在 20% 以下时，即可打捆作业。苜蓿叶片散失是干草营养物质损失的主要原因，最大限度地保存叶片是减少苜蓿干草损失的重要环节，据此可采取高水分打捆。

（2）人工干燥　自然条件下晒制的苜蓿干草营养物质损失大，人工干燥可实现迅速干燥。人工干燥有风力干燥和高温快速干燥。采用人工加热的方法，可使苜蓿水分快速蒸发直到安全水分含量。由于干燥速度决定了干燥后苜蓿营养物质含量和干草质量，故通常采用高温快速烘干机干燥，其烘干温度可达 500～1 000 ℃，苜蓿干燥时间仅有 3～5 min，但其烘干成本较高。高温烘干后的干草，其中的杂草种子、虫卵及有害杂菌可全部被杀死，有利长期保存。

（3）干燥剂干燥　将一些碱金属盐的溶液喷洒到苜蓿上，经过一定化学反应后，草茎表皮角质层被破坏，加快了草株体内水分散失的速度。此种方法不仅减少干燥中叶片损失，而且提高干草营养物质消化率。常用干燥剂有氯化钾、碳酸钾、碳酸钠和碳酸氢钠等。

2. 田间打捆　一般在含水量达到 15%～25% 时打捆。田间晾晒 2 d 后，含水量达到 22% 以下时，可在早晚空气湿度大时打捆，以减少叶片损失及防止其破碎。虽然在苜蓿草含水量大于 20% 时打捆，可减少呼吸，从而保留叶子，但此时打捆的干草在储存中易变质。国内外也有人采用高水分调制苜蓿干草的方法。高彩霞等（1997）通过试验表明，29% 水分打捆比 14% 水分打捆（传统方法），每平方米产草量在 0.16 kg 以上，粗蛋白质含量高出 12.7 kg，随含水量下降，茎叶比增加，叶片损失率增大。29% 水分打捆和 18% 水分打捆，前者粗蛋白质含量明显高于后者，NDF、ADF 极显著低于后者，但对灰分的影响不大。美国制作含高水分草捆时常添加丙酸，以防止霉变，保存营养。

传统打捆实践中多采用体积为 26 cm×46 cm×90 cm、重为 15～20 kg 的规格，现在多打成 500 kg 的大草捆，雨水一般渗不透，不易变质，不过需要相关的机械设备。打捆后的草捆要及时包装，以便于商品化。

3. 草捆的储存　草捆常进行堆垛储存。储存草捆的草棚应选在干燥、阴凉、通风处，草捆堆垛时，草捆间要留有通风口，以利于空气流动。苜蓿干草含水 20%～25% 时，用 0.5% 丙酸喷洒；含水 25%～30% 时，用 1% 丙酸喷洒储存效果好。要常备杀虫灭鼠药，远离火源，草捆用塑料袋包装后可提高其商品化水平。干草长期储存后干物质含量及消化率降低，胡萝卜素被破坏，草香味消失，适口性也差，营养价值下降，因此不能长时间储存。含水量在 20% 以上的草捆，可加入干草防腐添加剂。防腐添加剂中含多种乳酸发酵微生物，通过发酵产生的乳酸、乙酸和丙酸，可降低草捆 pH，抑制有害微生物繁殖，防止草捆发热腐烂，使干草获得较佳的颜色和气味。

三、羊草及其加工产品的加工方法与工艺

干草是指天然草地生长的或人工种植的牧草及禾谷类饲料作物，经自然或人工干燥调制的能长期保存的草料。干草的特点是营养性好、容易消化、成本比较低、操作简便易行、便于大量储存。在草食家畜的日粮组成中，干草起到的作用越来越被畜牧业生产者所重视，它是秸秆、农副产品等粗饲料很难替代的草食家畜饲料。新鲜牧草只限于夏、秋季节应用，而制成干草后一年四季都可以使用，因此制成干草有利于缓解草料在一年四季中供应不均衡的矛盾。另外，干草也是制作草粉、草颗粒和草块等其他草产品的原料。制作干草的方法和所需设备可因地制宜，既可利用太阳能自然晒制，也可采用大型的专用设备进行人工干燥调制，调制技术比较容易掌握，制作后使用方便，是目前常用的饲草加工保存的有效方法。

羊草自然风干和人为调制是有区别的，羊草收割后水分含量一般在90%左右。表面看起来羊草已经枯萎死亡，但植物细胞仍处于呼吸状态，羊草的生理活性并没有立即停止，这就意味着，植物本身仍在消耗营养物质，羊草的营养价值在不断下降。而通过自然或人工烘干的干羊草则处于生理干燥状态，细胞呼吸和酶的作用迅速减弱甚至停止，这样就避免了羊草的养分丢失，同时羊草的这种干燥状态也防止了其他有害微生物对羊草所含的养分进行分解而发生霉变现象，以达到长期保存的目的。

羊草由湿到干的调制过程一般可分为两个变化阶段，每个阶段的衡量指标都是以水分含量为依据的。第一阶段，羊草从收割到水分降至40%左右。这个阶段的特点是：细胞尚未死亡，呼吸作用继续进行，羊草养分分解作用很大，此期为营养物质损失阶段，此期时间越长，营养物质的损失越大。为了减少此阶段的养分损失，必须尽快使水分降至40%以下，以促使细胞及早死亡，这个阶段养分的损失量一般为5%~10%。羊草收割后如果自然晾干，则此阶段的持续时间长，如果遇到阴雨天时间会更长，营养成分损失就更多；而用人工干燥，则此段的时间就短。第二阶段，羊草水分从40%降至17%以下。这个阶段的特点是：羊草细胞的生理作用停止，多数细胞已经死亡，呼吸作用不再进行，但仍有一些酶参与一些微弱的生化活动，养分受细胞内酶的作用而被分解，仍有少量营养物质被损失。当羊草的水分低于14%时，微生物已处于生理干燥状态，繁殖活动也已趋于停止，羊草处于可储备时期，此期羊草的养分损失很少。

适宜的刈割时间能够影响和保持草地单位面积产量、牧草总产量和再生产量，并能影响羊草的营养价值，羊草的适宜刈割时间为抽穗-开花期，这样既可获得较高的生物产量，又可获得较高的营养价值。刈割后要将其调制成干草，调制干草主要有自然干燥法和人工干燥法两种，不论采用哪种方法，干燥的过程都是越短越好，因为干燥的速度越快，干草损失的营养物质就越少。

人为控制牧草的干燥过程，主要是加速收割后牧草的水分蒸发过程，能在很短的时间内将刚收割的牧草水分迅速降到40%以下，使牧草的营养损失降到最低，获得高质量的干草。羊草一般采用压裂草茎方法干燥，刈割后使用压扁机压扁。压扁机的功能就是能将羊草茎秆压裂，破坏茎的角质层及维管束，并使之暴露于空气中，茎内水分散失的速度就可大大加快，基本能与叶片的干燥速度同步。这样既缩短了干燥期，又使羊草各部分干燥均匀。之后就是干燥晒制期，为了能使植物细胞迅速死亡，停止呼吸，减少营养物质的损失，一般选晴朗的天气，将刚收割的饲草在原地或附近干燥地铺成又薄又长的条形，暴晒4~5 h，使鲜草中的水分迅速蒸发，由原来的75%以上降到40%左右，完成晒干的第一阶段目标。随后继续干燥使牧草水分由40%降到14%~17%，最终完成干燥过程。然后改变晾晒方式，因为如果此时仍采用平铺暴晒法，不仅会因阳光照射过久使胡萝卜素大量损失，而且一旦遭到雨淋后养分损失会更多。因此，当水分降到40%左右时，应利用晚间或早晨的时间进行一次翻晒，同时将两行草垄并成一行，或将平铺地面的半干青草堆成小堆，堆高约1 m，直径1.5 m，重约50 kg，继续晾晒4~5 d，等全干后收贮。

牧草干燥后为便于运输和储存，需要打捆，牧草打捆通常有3个过程：①原地打捆。饲草收割后在阳光下晾晒2~3 d，当含水量在18%以下时，可在晚间或早晨进行打捆。在打捆过程中，应该特别注意的是不能将田间的土块、杂草和霉变草打进草捆里。调制好的干草应具有深绿色或绿色，闻起来有芳香的气味。②草捆储存。草捆打好后，应尽快将其运输到仓库里或在贮草坪上码垛储存。码垛时草捆之间要留有通风间隙，以便草捆能迅速散发水分。但要注意底层草捆不能与地面直接接触，应垫上木板或水泥板。在贮草坪上码垛时垛顶要用塑料布或防雨设施封严。③二次压缩打捆，草捆在仓库里或贮草坪上储存 20～30 d 后，当其含水量降到 12％～14％时即可进行二次压缩打捆，两捆压缩为一捆，其密度可达 350 kg/m³ 左右。高密度打捆后，体积缩小了一半，降低了运输和储存的成本。

调制好的干草应及时妥善收藏保存，若青干草含水量比较多，则其营养物质容易发生分解和破坏，严重时干草会发酵、发热、发霉，青干草变质，失去原有的色泽，并有不良气味，饲用价值大大降低。储存时应尽量缩小与空气的接触面，减少日晒雨淋等的影响。

四、黑麦草及其加工产品的加工方法与工艺

黑麦草晒制干草的最佳刈割时期为抽穗中期至盛花期，晒制干草常用田间干燥和架上晒草两种方法。田间干燥法是将鲜草刈割后，选择地块将青草摊开暴晒，每隔数小时适当翻晒。此种方法特别适用于日照充足、雨水少的地区。草架晒草法适用于多雨地区或阴雨季节。储存干草常用的方法是搭棚堆，存放干草时干草与棚顶要保持一定距离，便于通风散热；露天堆垛法也是储存干草较理想的方法，而且投资很小；草捆储存法是近年来发展的新技术，也是最先进和最好的干草储存方式。

在鲜草产量比较高的季节，在满足家畜需要外还有盈余的情况下，晒制干草是一种较间接的加工方式，并且储存也较容易。但南方的天气往往难以满足晒制干草的条件，因此如何在短时间内把鲜草中的含水量降到安全水平以下便是一个重要的问题，目前对此方面的研究还较少。研究表明，喷化学干燥剂在缩短多花黑麦草干燥时间上无效，但在提高其体外消化率上效果显著，与自然晒干和阴干相比，压扁茎秆、喷化学干燥剂及两者结合使用有效地提高了牧草的体外消化率。

受我国南方春季阴雨天气的影响，多花黑麦草不易被调制成优质干草。由于其中的水分含量为 84％～88％，因此对青贮质量有一定影响。杨春华等（2006）以含水量分别为 55％、70％的多花黑麦草为材料，进行袋装青贮并对其品质进行鉴定，结果表明含水量为 55％时青贮效果最好，其粗蛋白质含量比含水量为 70％的青贮多花黑麦草高出 2.2％，而粗纤维含量、氨态氮与总氮比值分别低 2.1％和 0.045％。沈益新等（2004）研究了多花黑麦草拔节期和抽穗期刈割后进行直接青贮、凋萎后青贮、凋萎后添加甲酸或乳酸或丙酸等有机酸青贮，结果表明多花黑麦草春季拔节期或抽穗期刈割后直接青贮，因植株含水量过高而导致青贮失败；但经过凋萎，植株含水量降至 70％左右时青贮，可使青贮饲料感官品质达到中等水平；在凋萎的基础上再添加甲酸或乳酸或丙酸等有机酸后青贮，可提高春季多花黑麦草青贮饲料的品质。张瑞珍等（2008）研究了不同刈割高度牧草水分含量发现，30 cm 高时刈割牧草水分含量为 87.9％，粗蛋白质含量为 25.2％，茎叶比为 1∶5.78；而 75 cm 高时刈割牧草水分含量为 86.9％，粗蛋白质含量为 15.8％，茎叶比为 1∶1.87。说明不同刈割高度对牧草水分含量有影响，对粗

蛋白质、碳水化合物含量的影响较大，刈割高度增加有利于青贮。干燥和青贮牧草是解决季节或地区间草畜不平衡的关键，特别在城市畜牧场和动物饲养场的供求上具有更重要的作用。因此，选择适宜的方法干燥和青贮牧草，减少调制过程中营养物质的损失，是保证干草质量的有效措施。

五、象草及其加工产品的加工方法与工艺

象草一般多用作青饲料，但亦可晒制干草或作青贮。紫色象草再生力强，种植后 50 d 开始刈割利用，每隔 20～30 d 刈割 1 次，1 年可刈割 5～8 次，产量高，产鲜草（22.5～37.5）×10^4 kg/hm²。拔节初期是紫色象草营养品质最好、生物产量最高的时期，随着刈割次数的增加品质逐渐降低，粗纤维含量逐渐提高，草质逐渐变劣，应及时刈割利用。用作草食大家畜（如牛、羊、鹿、大象等）的饲料，在株高 130～150 cm 刈割利用。

1. 晒制干草

（1）刈割时期　在广东、广西、福建和我国台湾等地，气候温暖，雨水充沛，象草在种植当年即可刈割。在生长旺季，每隔 20～30 d 即可刈割 1 次，每年可刈割 6～8 次，一般每公顷可产鲜草 225～375 t，高者可达 450 t。据广东省燕塘畜牧场资料，3—5 月每 40～50 d 刈割 1 次；6—9 月每 25～30 d 刈割 1 次；10 月至次年 2 月每 70～80 d 刈割 1 次。象草是高秆，茎部易于老化，刈割时间太迟则纤维素含量增加，品质下降；如果刈割时间过早，则草质细嫩，但产量较低。一般以株高在 100 cm 左右刈割为宜。用于喂兔时，以株高 30～50 cm 刈割较适宜，留茬 10 cm 左右。总之，当株高为 100～130 cm 时即可刈割头茬草，每隔 30 d 左右刈割 1 次，1 年可刈割 6～8 次，留茬 5～6 cm。割倒的草稍等萎蔫后切碎或整株饲喂畜禽，可提高适口性。

（2）晒制　象草割倒后，就地摊晒 2～3 d，晒成半干后搂成草垄，使其进一步风干，待含水量降至 15% 左右时运回保存，严防叶片脱落。

（3）储存　我国南方地区由于雨水多，露天储存易蓄水霉变，因此用草棚进行储存。在草棚中间堆成圆锥形或方形、长方形草垛，这样既可以防水，又可以通风，且堆积方便，损失也少。

（4）品质鉴定　优等的干贮象草味芳香，没有霉变，水分含量没有超标。储存后应每隔 15～20 d 检查一次温度、湿度，一旦发现问题要及时处理。

2. 青贮　在象草生长旺季，将鲜喂用不完的部分切成 3～5 cm 小段装成袋或入窖青贮。青贮后的物料味酸、色黄绿，质地柔软、湿润，茎、叶脉纹清晰，品质为中上，可在缺少优质青饲料的冬季利用。做法如下。

（1）切碎揉搓　象草刈割后，晾晒 3～5 h，使水分含量降至 70%～75%。由于茎秆粗，叶片大，因此不利于打捆包裹。经切碎揉搓后，茎叶破碎，变得柔软，打捆更紧实，包裹效果更好，饲喂利用率更高。

（2）打捆　利用打捆机，将揉搓后的象草匀速地喂入打捆机，机械自动打捆。当草捆重量在 70 kg 左右，标示轴显示完成打捆，停止喂料，开启捆扎制动，麻绳自动捆扎，完成后开启出料阀将草捆抛出。

（3）拉伸膜包裹　将草捆送入包裹机，开机后踩紧制动阀，包裹机旋转，将膜贴紧

草捆，拉伸膜自动包裹。包膜两层后放开制动阀，剪断拉膜，完成裹包。

（4）储存　草捆包膜后可放入草料房，置于空地上也行。储存期间，要注意定期检查包膜是否破损，特别是防止被老鼠咬破，出现破损后及时用塑胶布封好，以免空气、雨水侵入，影响青贮品质。质量好的拉伸膜牢固耐用，在露地存放 6 个月均无破损现象。

（5）利用　在贮料经 30～40 d 完成发酵过程后，即可按需要使用。使用前需要检查贮料品质，如果手握感到松软，颜色呈青黄色或黄褐色，具酸香味，则表明青贮品质较好，一般包裹青贮能达到较好的品质保证，保质期在 1 年以上。如果出现腐烂发霉、酸臭味的包裹，即为变质，不能使用。象草经包裹青贮后，保存期延长，也便于运输和存放，在饲喂利用上能够有效控制日粮配方，且象草易种植、产量高，包裹青贮质量稳定、成本低，经济效益高，应用前景十分广阔。

六、稻草及其加工产品的加工方法与工艺

稻草要得以充分利用，必须解决 3 个问题：①改善适口性；②破坏稻草的组织结构和细胞壁成分；③给家畜消化道中的微生物提供良好的活动环境，促使纤维素水解酶的分泌。近年来，随着机械设备和处理工艺等方面的发展，稻草的处理方法也得到了改进，从而促进了稻草在家畜饲养中的进一步利用。目前对稻草的处理方法主要有物理方法、化学方法和生物学方法。

（一）切短和粉碎

将稻草秸秆切短或粉碎做成草粉是处理稻草最简单、最常用的方法。切短和粉碎后的草粉便于牛、羊采食和咀嚼，加快其通过瘤胃的速度，能减少能量消耗，提高采食量及利用率。研究表明，动物对切短和粉碎后的稻草能增加 20%～30% 的采食量，对牛的适宜长度是 4～6 cm，对羊的适宜长度是 2～3 cm。

（二）浸泡

将稻草放入水中浸泡一段时间（具体时间根据季节、温度而定），可以将稻草中的纤维软化，提高其适口性。在浸泡的过程中加入一定量的食盐，饲喂时拌入一定量的精饲料，不仅能提高适口性、采食量和消化率，还能提高代谢能和利用率，增加动物体内脂肪中不饱和脂肪酸的比例。浸泡处理的饲料在瘤胃中发酵后，能减弱瘤胃内的氢化作用，提高挥发性脂肪酸生成的速度，降低乙酸和丙酸生成的比例。用此方法调制的饲料，水分不能过大，应按用量处理，浸后一次性喂完。

（三）加工成颗粒料

将稻草粉碎后混合搭配饲料添加剂，再利用造粒机可制成颗粒状的混合饲料。选择的稻草要未腐烂，无金属物、无石块、无污染物，另外不能含有太多泥土。饲料的加工工艺流程：选料→粉碎→拌菌剂→拌水→装容器→发酵→造粒→晾干→装袋储存或直接饲喂。颗粒料的优点为：营养价值全面；能有效保存营养成分，减少养分流失，适口性

好，采食时间短；体积小，便于保存；经过高温烘干和制粒过程，能有效杀灭原料中的病原微生物和寄生虫虫卵；粉尘少，有利于牲畜健康；适合规模化生产。缺点是：需要整套设备，成本和运行费用较高，投资较大。

（四）碾青

在晒场先铺厚约 30 cm 的稻草，再铺厚约 30 cm 的鲜苜蓿或其他多汁鲜草，最后铺厚约 30 cm 的稻草，用石磙碾压，鲜草汁液流出后被稻草吸收，这样既能缩短鲜草干燥时间，又能提高稻草的营养价值和利用率。

（五）微贮

微贮是将稻草切短、粉碎后通过专用优良菌种在适宜的厌氧环境下对稻草中的粗纤维进行分解，使其变成香、甜、熟并带酒香味的饲料。该处理方法可提高稻草的营养价值和利用率，改善其适口性，并且成本低，制作简单。以"华巨秸秆微贮宝"微贮 1 t 稻草为例，首先是复活菌种。将 50 mL 菌种倒入 2 000 mL 1% 糖水中，充分溶解，常温下静置 1～2 h。其次是菌液配制。将复活的菌种倒入 0.7%～1.0% 的食盐水中拌匀，配制好的菌液不能过夜，即配即用。然后将切短的稻草（养牛 4～6 cm、养羊 2～3 cm）装入窖中，每装 20～30 cm 喷洒一遍菌液，喷洒均匀，用脚踩实，继续装填，反复操作直至秸秆高出窖顶 30～35 cm。最后用聚乙烯薄膜覆盖，清除窖内空气，封严后加盖稻草，再盖土，含水量控制在 60%～70%。取用时间随温度变化有所不同，夏季一般 10 d 后可取用，冬季至少经 30 d 才可用。含水率的检查方法：取样，用双手扭拧，如滴水，则含水量在 80% 以上；如不滴水，松开后手上水分明显，则含水率为 60% 左右。

（六）氨化

稻草的氨化是利用尿素在脲酶的作用下分解成氨而使稻草起氨化作用。首先在牛舍附近地势较高、干燥、清洁、排水良好、交通方便的地方建造氨化窖。窖形以圆井形为优，窖的大小按所需氨化稻草的数量而定，一般以 2.5～3 m 的窖面直径为宜。从地面垂直挖下，深 3～4 m，窖壁砌上砖石，并比地面砌高 1 m，这样既可增加容量，又可防止人畜掉下窖内。内壁及底部抹一层水泥或石灰砂浆，并打磨光滑，防止透风渗水。窖顶离地面 2 m 高盖瓦，防止雨淋。氨化工作开始进行时，预先把窖内清理干净，窖底和窖壁用干草点火进行火焰消毒，然后把稻草切成 5～10 cm 长的小段，每吨稻草用 3% 尿素水溶液 600 kg 均匀喷洒在已切短的稻草上，填入窖内，层层踩实压紧，直至高出窖面 50 cm。充分压实后，盖上一层塑料薄膜，上面再铺上一层 30～50 cm 厚的碎土进行封顶，严防透风和雨淋。工作结束后半个月内，由于氨化的稻草逐渐下沉，因此要加强检查，如发现封顶的碎土出现裂缝，要立即添加碎土进行密封，严防泄气。密封窖藏后，夏天经 15～20 d、冬天经 30 d 便可达到氨化的目的。如不开窖，则可长期保存。取出的氨化稻草要摊开放置 1 d，使其残留的氨气完全挥发后才能饲喂。开始饲喂时，先少量，再逐渐增加饲喂量，牛经过 5～7 d 的逐渐适应过程后才可敞开饲喂。稻草经氨化处理后，植物的细胞壁松软膨胀，木质素和半木质素的结构被破坏，从而提高了有机物的消化率，且能为牛提供非蛋白质氮，供瘤胃内微生物利用，从而起到强化粗蛋白质营养的作用。但氨化稻草并非"万能饲料"，仍需与其他饲料配合饲喂，才能满足营养需要。氨化是目前最经济、最简便、应用最广泛的化学处理方法。

七、麦秸及其加工产品的加工方法与工艺

(一) 化学方法

1. 氨化

(1) 氨化池氨化法　其具体的做法是：①在向阳、背风、地势较高、土质坚硬、地下水位低而且便于制作、饲喂、管理的地方建氨化池。池的形状可为长方形或圆形。池的大小及容量根据氨化秸秆数量而定，而氨化秸秆的数量又取决于饲养家畜的种类和数量。一般每立方米池可装切碎的风干秸秆 100 kg 左右。一头体重 200 kg 的牛，年需要氨化秸秆 1.5～2.0 t。挖好池后，用砖或石头铺底，砌垒四壁，用水泥抹面。②将秸秆粉碎或切成 1.5～2.0 cm 的小段。③将 3%～5% 的尿素用温水配成溶液，温水量视秸秆的含水量而定，一般秸秆的含水量为 12%，为每 100 kg 秸秆加 30 kg 左右的尿素溶液。④将配好的尿素溶液均匀地洒在秸秆上，边洒边搅拌，或者一层秸秆均匀洒一次尿素溶液，边装边踩实。⑤装满后，用塑料薄膜盖好池口，四周用土覆盖密封。

(2) 塑料袋氨化法　塑料袋一般为 25 m 长、1.5 m 宽，对塑料袋的要求是无毒的聚乙稀薄膜制成，厚度在 0.12 mm 以上，最好用双层塑料袋。将切断的秸秆用配制好的尿素溶液（相当于秸秆风干质量 4%～5% 的尿素溶解在相当于秸秆质量 40%～50% 的清水中）均匀喷洒，装满塑料袋后，封严袋口，放在向阳的干燥处。存放期间，应经常检查，若嗅到袋口处有氨气味，则应重新扎紧；发现塑料袋有破损，则要及时用胶带封严。秸秆氨化一定时间后，就可取出饲用。氨化时间的长短要根据气温而定。气温为 20～30 ℃ 需 7～14 d，气温高于 30 ℃ 只需 5～7 d。氨化秸秆在饲喂家畜之前要进行品质鉴定，一般来说，经氨化的秸秆颜色应为杏黄色，有烟香味和刺鼻的氨味。若发现氨化秸秆大部分已发霉时，则不能用于饲喂家畜。秸秆氨化处理后，粗蛋白质含量由 3%～4% 提高到 8% 左右，有机物的消化率提高 10%～20%，并含有多种氨基酸，可以代替 30%～40% 的精饲料；另外，还可杀死野草籽，防止霉变。因此，用氨化秸秆喂羊、牛等，效果很好。秸秆也可以粉碎成草糠，作动物辅助饲料。

2. 生石灰喷粉法　即将切碎秸秆的含水量调至 30%～40%，然后把生石灰粉均匀地撒在湿秸秆上，使其在潮湿的状态下密封，6～8 周后即可取出饲喂家畜。石灰的用量为干秸秆重的 6%。也可按 100 kg 秸秆加 3～6 kg 生右灰拌匀，放适量水以浸透秸秆，然后在潮湿的状态下保持 3～4 d，即可取出饲喂。用此种方法处理的秸秆饲喂家畜，可使秸秆的消化率达到中等干草的水平。生石灰处理秸秆的效果虽然不如氢氧化钠，但生石灰具有原料来源广、成本低、不需清水冲洗等优点，还可补充秸秆中的钙质。经生石灰处理后的秸秆消化率可提高 15%～20%，家畜的采食量可增加 20%～30%。由于经石灰处理后，秸秆中钙的含量增加，而磷的含量却很低，钙、磷比达 4∶1 甚至 9∶1，极不平衡，因此在饲喂此种秸秆饲料时应注意补充磷，以钙、磷比为 2∶1 时营养搭配较适宜。

3. 碱化法 将麦秸铡成小段,按每 100 kg 麦秸取浓度为 1.6%～2% 的氢氧化钠溶液 6 kg,用喷雾器边喷边拌,使麦秸均匀湿润。24 h 后再用清水洗净,即可饲用。据有关试验证明,用这种方法加工处理的麦秸,可保持麦秸的清香气味,牛羊爱吃,而且消化率和营养价值都可明显提高。

(二)物理方法

1. 铡短 将从大田收集的麦秸利用铡草机切成 1～2 cm 的草段,然后用于饲喂奶牛,可以提高奶牛的采食量和采食速度。

2. 粉碎 将收集的麦秸通过筛底孔径为 0.8 cm 的粉碎机进行粗粉碎,但粉碎得太细会影响奶牛的正常反刍。

3. 揉搓 将收集的麦秸通过揉搓机,揉搓成丝条状后再与其他草料搭配饲喂奶牛,效果明显。经过处理的麦秸与青贮饲料、精饲料补充料、优质干草混合搭配饲喂奶牛,或直接用 TMR 机制作全混合日粮来饲喂奶牛,可显著提高产奶量。

八、玉米秸秆类及其加工产品的加工方法与工艺

1. 青贮玉米秸 与未处理的玉米秸秆相比较,青贮后玉米秸秆的营养得到了全面改善,青贮后粗蛋白质含量较青贮前提高了 70 g/kg 左右,在适宜收获期将玉米秆进行青贮处理,不仅保存了玉米秸秆的营养价值,而且粗蛋白质含量也有所提高,粗纤维含量有所降低,有利于提高饲料的消化率。青贮可以明显改善秸秆的适口性,将青贮与添加剂联用,已成为改善秸秆营养价值的重要方法,在反刍动物的养殖中被广泛利用。

(1)袋贮玉米秸 将铡短的玉米秸一层一层地装入塑料袋内,排出袋内空气,把袋口扎紧,放在适当的地方,经 30 d 后就可开口取料喂畜。塑料袋可用市售无毒双幅筒型塑料薄膜,口袋大小以贮料多少而定,一般以 1 袋装料 100～150 kg 为宜,便于搬运。

(2)窖贮玉米秸 在地势高、水位低的地方挖窖,圆形、方形均可。窖的大小,视养畜头数多少而定。为了减少损失,窖的四周应铺上塑料薄膜。把玉米秸铡短,层层入窖、踩实、封严。一般经过 17～21 d 的乳酸发酵,即可开窖利用。

(3)堆贮玉米秸 就是把新鲜玉米秸秆,梢朝里、根朝外,层层上垛踩实,垛底四周挖好排水沟,垛顶用杂草盖严以防雨水,进行堆贮,留到冬天喂畜,牛和羊特别爱吃。

2. 盐化玉米秸 玉米秸盐化就是把铡短的玉米秸用一定浓度的盐水浸泡,增强其适口性的一种方法。铡短的玉米秸按每 25 kg 加入 0.1～0.15 kg 食盐,然后加入 5 kg 温水,在温度 15 ℃下浸泡 6～12 h,加上适量精饲料,就可供 1 头奶牛食用 1 d,饲料利用率在 80% 以上。盐化玉米秸适口性好,奶牛采食几次后就会迅速适应。这种方法安全、简便易行,适合个体养牛户采用。

3. 氨化玉米秸 氨化玉米秸秆是生产中会用到的一个方法,氨化后玉米秸秆中的粗蛋白质含量可提高 3.38%。奶牛日采食量增加 0.62 kg,采食速率增加 0.62 kg/h,日产奶量平均增加 2.36 kg,每千克鲜奶成本降低 0.03 元,效果优于普通玉米秸秆。奶牛日粮中饲喂 50% 氨化玉米秸与全部饲喂羊草相比,粗蛋白质含量无变化,而添加氨

化玉米秸秆能降低奶牛饲养成本。

（1）氨水调制玉米秸　首先准备好氨化窖（池），若是土坑则应铺上塑料薄膜。然后将铡短的玉米秸放入氨化窖（池）内，同时按玉米秸重量1∶1的比例喷洒3％浓度的氨水，装满后用塑料薄膜封严。在20℃左右密封2～3周就可启封，取出晒干后就可饲喂。

（2）尿素氨化玉米秸　在准备好的氨化窖（池）内，一边加入铡短的玉米秸，一边均匀地喷洒尿素溶液（尿素用量占饲料干物质重量的4％左右，水的用量占饲料重量的20％～30％）。也可在铡碎的玉米秸中，每500 kg玉米秸洒入0.5 kg尿素、3.5 kg食盐、1.5 kg玉米面，喷洒约250 kg清水，以手捏不滴水为宜。经踏实后，再用塑料薄膜密封好。3周左右就可开封饲喂。

4. 热喷玉米秸　把铡碎的玉米秸放在特定的容器内加热，当达到一定压力时迅速喷爆，使其膨化，这是一项新的饲料加工技术。处理后的玉米秸外观呈焦黄色，柔软，具有煳香味，增加了适口性。但由于膨化机价格高，且需要大量能源，因此该法只适于有一定实力和规模的农场及养殖大户。

5. 微贮玉米秸秆　微生物青贮简称微贮。从20世纪90年代开始，应用微生物和酶制剂处理秸秆的研究与开发开始兴起，而且正在被广大农村养殖户所接受。微贮玉米秸秆饲料的品质优于传统青贮处理，具有更高的营养价值和适口性，在饲养管理和基础日粮相同的前提下，饲喂微贮甜玉米秸秆饲料可显著提高奶牛的产奶量（3.79％），每头奶牛日均增产牛奶0.76 kg，每头奶牛日均多收益2.04元，每头奶牛年均多收益622.20元。因此，大力推广微贮甜玉米秸秆，可为大规模奶牛场带来非常可观的经济效益。

九、花生秸及其加工产品的加工方法与工艺

（一）刈割

为了使花生秸秆的营养价值得到充分开发和利用，探讨科学利用花生秸秆的具体措施，有人进行了刈割时期和刈割高度对花生秸秆饲料利用影响的定量研究。结果表明，花生的提前收获既对维生素B_2、粗蛋白质、粗脂肪含量有影响，又对花生产量和质量有较大影响。其中，提前10 d收获，比正常收获时粗蛋白质、粗脂肪水平均提高20％，维生素B_2和维生素B_6也可达到较高的水平，显著高于正常收获。粗纤维的含量差异不大。提前15～20 d收获虽然有较高的维生素、粗蛋白质和粗脂肪含量，但对花生的自粒重、饱果数及单株总果数有较大影响，极大地降低了花生产量与质量。另外，刈割高度为3～5 cm能够使粗蛋白质、粗脂肪含量达到最大，分别比正常收获时提高31％和72％，其营养价值完全可以与优良牧草及饲料作物相比。

（二）青贮

青贮能否成功的关键因素是青贮原料中水溶性碳水化合物含量的高低，乳酸菌能否充分发酵。青贮原料中的水溶性碳水化合物的含量一般不低于2％。花生秸尽管营养物质丰富，但水溶性碳水化合物含量较低决定了其不宜单独青贮。对花生秸进行微贮，饲

喂家畜的效果较好。目前，花生秸作为青贮饲料来源，通常采用与其他碳水化合物含量较高的青贮原料混合进行青贮，如花生秸与甘薯秧、苜蓿、玉米秸及多种混合青贮等，营养效果较好。

（三）微贮

1. 微贮机理　在花生秧中加入微生物高效活性菌种，在密封、厌氧的环境中，使其发酵成为具有酸香味的饲料，且蛋白质、脂肪含量增加，粗纤维软化，消化率提高，奶牛喜食。

2. 微贮步骤

（1）建窖　在地势高燥、向阳、距牛舍近的地方挖一长方形窖，窖长、窖宽、窖深分别为 5 m、2.5 m 和 2 m。窖四壁铺一层砖，用水泥抹平，四角呈半圆形以利踏实。

（2）花生秧预处理　将花生秧抖净，铡为 5 cm 左右，测含水量（24.8%），待用。

（3）微贮活干菌的配制　活干菌用量为每吨花生秸 3 g。配制方法：在 2 kg 清水中溶入 20 g 食糖，再加微贮活干菌，因该贮量为 13 t，故加微贮活干菌 39 g，置常温下活化 1~2 h，将复活后的菌剂倒入预先配制好的 0.8% 的盐水中，拌匀备用。每吨花生秸需加 0.8% 的食盐水 1 000 kg，使微贮料含水量达 62%。

（4）堆窖　窖底铺放的铡短的花生秧 30 cm 厚，压实，均匀地喷洒菌液，以每吨花生秧 2 kg 的比例均匀抛撒玉米面以增效；随后再铺 30 cm 铡短的花生秧，压实，喷菌液，撒玉米面增效。如此循环操作，直至高出窖口 30 cm 左右，再压实，喷菌液，撒玉米面，最后按 250 g/m² 的量均匀撒上细盐粉，盖上塑料膜，膜上再铺 30 cm 厚的干秸秆，上面覆土 20 cm，堆成山包状，拍实、封严。

微贮花生秸自收贮后经 36 d 开窖取用，开窖后微贮花生秧呈黄绿色，具有微酸、醇香味，手感松软、湿润。经分析对比，微贮前花生秧的粗蛋白质和粗脂肪含量分别为干物质的 11.28% 和 2.11%，微贮后分别占干物质的 12.11% 和 2.76%，比微贮前分别提高 0.83% 和 0.65%。为防止贮料霉坏变质，要从窖的一端开始开窖取料，并注意掌握好每天的用量，要喂多少取多少。当天取，当天喂完。每次取用后要及时用塑料膜盖严。

花生秸经微贮后，蛋白质及脂肪含量均有所提高，并有浓郁的酸香味，适口性很好。由于在微贮过程中半纤维素-木聚糖链和木质素聚合物的酯链酶解，因此增加了花生秧的柔软性和膨胀度，使瘤胃微生物能直接与纤维素接触，从而提高了粗纤维的消化率，使奶牛避免了由于花生秧纤维不易消化而导致的前胃疾患，成为饲喂奶牛的好饲料。

微贮不像青贮那样必须趁鲜储存，可在任何时候、任何生长阶段进行储存，不受储存时间的制约，不受所贮秸秆含水量的限制，不会像青贮玉米秸那样和播种小麦争劳力。微贮也不像氨化那样需购置昂贵的充氨设施，是目前秸秆处理的较佳选择。微贮不仅可使花生秧营养成分提高，变为适口性好、消化率高的好饲料，而且其他作物秸秆，如麦秸、玉米秸、甘薯蔓及树叶、杂牧草等均可进行微贮处理，以提高品质，改善饲喂效果，增加饲养的经济效益。

十、豆秸及其加工产品的加工方法与工艺

秸秆等非常规饲料资源常被随意丢弃和焚烧，除了人的思想观念陈旧以外，最主要的原因是由秸秆本身的结构所决定的。作物秸秆等低质粗饲料的主要成分是纤维物质，中性洗涤纤维（NDF）占干物质的 70%～80%；酸性洗涤纤维（ADF）占干物质的 50%～60%，而粗蛋白质含量很少，仅占 3%～6%。低质粗饲料中含有如此高的纤维，不仅降低了饲料的消化利用率，而且适口性也大受影响，限制了动物采食，往往不能满足反刍动物的营养需要。通过长期的不断努力，伴随现代营养学原理的建立和发展应用，国内外学者研究并试用了许多改善作物秸秆营养价值的方法，取得了一定的进展，主要有以下几种方法。

（一）物理处理

物理处理就是借助人工和机械等手段，通过浸泡、蒸煮、切短、揉碎、粉碎、膨化、热喷、射线照射等方法改变大豆秸秆的物理性状，便于家畜咀嚼，减少能耗；同时，也可改善适口性，提高采食量。虽然切短、揉碎、粉碎及浸泡等方法在实践中经常使用，但是均不能提高大豆秸秆的消化率，需与其他方式结合使用。热喷、膨化和射线照射等技术可以提高秸秆的消化率。但是，由于设备一次性投资高，加上设备安全性差、技术不成熟，因此限制了其在生产实践中的推广应用。

（二）化学处理

化学处理主要是通过添加一定量的化学试剂，经一段时间的作用后，达到提高秸秆消化率的目的。

1. 碱化处理　氢氧化钠处理能大幅提高大豆秸秆等粗饲料的营养价值，碱化处理的原理就是用碱类物质减弱饲料纤维内部的氢键结合力，破坏酯键或醚键，从而使纤维素分子膨胀，半纤维素和一部分木质素溶解。这样就有利于反刍动物前胃中的微生物发挥作用，从而提高秸秆的消化率，改善适口性，增加采食量。郭佩玉等（1995）通过电镜观察也证实了碱处理能使粗饲料的组织结构发生变化，更易被瘤胃微生物消化。目前，碱处理常用试剂为氢氧化钠或氢氧化钙，氢氧化钠的处理效果是各种处理中最好的，然而由于过量钠离子随粪便排出后可引起土壤渗透压增加，容易导致土壤板结，且氢氧化钙添加过多会影响适口性，因此碱化处理有被氨化处理代替的趋势。

2. 氨化处理　在平整、干燥的地上，将 0.1～0.2 mm 厚的无毒聚乙烯塑料薄膜铺开，按每 100 kg 秸秆（干物质重）添加 12 kg 碳酸氢铵、45 kg 水的比例，将水均匀喷到大豆秸上。将混匀的大豆秸逐层撒到铺开的薄膜上，边堆垛边撒碳酸氢铵，逐层踩紧压实。最后，根据场地大小或饲喂需要，将垛堆到适宜大小，并把垛下铺和上盖的塑料薄膜一起盖好，四周用泥土填实封严，避免漏气。处理时间为 30 d。启封后，把氨化大豆秸放在自然光照下干燥晾晒，并用农具不断翻晒使余氨散尽，等到自然干燥后即可饲喂。

（三）生物处理

青贮是一个复杂的微生物群落动态演变的生化过程，其实质就是指在厌氧条件下，利用秸秆本身所含有的乳酸菌等有益菌将饲料中的糖类物质分解产生乳酸，当酸度达到一定程度（pH 3.8~4.2）后，抑制或杀死其他各种有害微生物，如腐败菌、霉菌等，最后乳酸菌的繁殖也受到酸度影响而被抑制，从而可以长期保存饲料。青贮可分为普通常规青贮和半干青贮。半干青贮的特点是干物质含量比一般青贮饲料多，且发酵过程中微生物活动较弱，原料营养损失少，因此半干青贮的质量比一般青贮的要好。

十一、青贮饲料的制作工艺

（一）适宜制作青贮的原料

青贮能否成功首先与所选用的饲料种类有关，一般来说，禾本科牧草比豆科牧草易于储存，含糖量高的牧草比含糖量低的牧草易于储存。

1. 容易青贮的原料　玉米、高粱、甘薯、向日葵、燕麦等的茎叶，其含糖量一般高于最低需要含糖量（2%）。

2. 不易青贮的原料　花生、紫云英、黄花苜蓿、三叶草、大豆、豌豆、苕子和马铃薯等豆科植物的茎叶，含糖分较少，不利于乳酸菌的繁殖，宜与其他青贮的禾本科原料混合青贮或采用半干青贮。

3. 不能单独青贮的原料　南瓜蔓、西瓜蔓、甜瓜蔓和番茄茎叶等，含糖量极少，单独青贮不易成功，只有与其他易于青贮的原料混贮或加入添加剂等才能青贮成功。

青贮饲料的制作可以采用常规青贮法和特种青贮法，其青贮原理和制作方法稍有差异。

（二）常规青贮

1. 青贮饲料的特点

（1）能够保存青绿饲料的营养特性　青绿饲料在密封厌氧条件下保藏，既不受日晒、雨淋的影响，也不受机械损失的影响；储存过程中，氧化分解作用微弱，养分损失少，一般不超过10%。据试验，青绿饲料在晒制成干草的过程中，养分损失一般达20%~40%。每千克青贮甘薯藤干物质中含有胡萝卜素可达94.7 mg，而在自然晒制的干藤中，每千克干物质只含2.5 mg胡萝卜素。在相同单位面积耕地上，所产的全株玉米青贮饲料的营养价值比所产的玉米籽粒加干玉米秸秆的营养价值高出30%~50%。

（2）可以四季供给家畜青绿多汁的饲料　调制良好的青贮饲料，管理得当时可储存多年，因此可以保证家畜一年四季都能吃到优良的多汁料。青贮饲料仍保持青绿饲料的水分子和维生素含量高、颜色青绿等特点。我国西北、东北、华北地区，气候寒冷，生长期短，青绿饲料生产受到限制，整个冬、春季都缺乏青绿饲料。调制青贮饲料能将夏、秋季多余的青绿饲料保存起来，供冬、春季利用，解决了冬、春季家畜缺乏青绿饲料的问题。

（3）消化性强，适口性好　青贮饲料经过乳酸菌发酵后，产生的大量乳酸和芳香族化合物，具酸香味，柔软多汁，适口性好，各种家畜都喜食。青贮饲料对提高家畜日粮

非粮型饲料资源高效加工技术与应用策略

内其他饲料的消化率也有良好的作用。用同类青草制成的青贮饲料和干草，青贮饲料的消化率有所提高（表8－39）。

表8－39　青贮饲料与干草消化率比较

种类	消化率（%）				
	干物质	粗蛋白质	脂肪	无氮浸出物	粗纤维
干草	65	62	53	71	65
青贮饲料	69	63	68	75	72

（4）青贮饲料单位容积内贮量大　青贮饲料储存空间比干草小，可节约存放场地。$1 m^3$ 青贮饲料重量为 $450 \sim 700 kg$，其中含干物质 $150 kg$；而 $1 m^3$ 干草重量仅 $70 kg$，约含干物质 $60 kg$。$1 t$ 青贮苜蓿占体积 $1.25 m^3$，而 $1 t$ 苜蓿干草则占体积 $13.3 \sim 13.5 m^3$。在储存过程中，青贮饲料不受风吹、日晒、雨淋的影响，也不会发生火灾等事故。青贮饲料经发酵后，可使其所含的病菌虫卵和杂草种子失去活力，减少对农田的危害。例如，玉米螟的幼虫常钻入玉米秸秆越冬，翌年便孵化为成虫继续繁殖为害，秸秆青贮是防治玉米螟的最有效措施之一。

（5）青贮饲料调制方便，可以扩大饲料资源　青贮饲料调制的方法简单，易于掌握。修建青贮窖或制备塑料袋的费用较少，一次调制可长久利用。调制过程受天气条件的限制较小，在阴雨季节或天气不好时，晒制干草困难，对青贮的影响则较小。调制青贮饲料可以扩大饲料资源，一些植物具有异味，直接饲喂时适口性差，利用率低；但经青贮后，气味改善，柔软、多汁，提高了适口性，成为家畜喜食的优质青绿多汁饲料。有些农副产品，如甘薯、萝卜叶、甜菜叶等收获期集中、量大，短时间内用不完时又不能直接存放，或因天气条件限制不易被晒干，若及时调制成青贮饲料，则可充分发挥此类饲料的作用。

2. 青贮原理　青贮发酵是一个微生物活动和生物化学变化的复杂过程。青贮为乳酸菌的生长繁殖创造了有利条件。大量繁殖的乳酸菌，能将青贮原料中的可溶性糖类变成乳酸，当乳酸达到一定浓度时便抑制了有害微生物的生长，从而达到保存饲料的目的。因此，青贮的成败，主要取决于乳酸发酵的程度。

（1）青贮时各种微生物及其作用　刚刈割的青饲料中，带有各种细菌、霉菌、酵母等微生物，其中腐败菌最多，乳酸菌很少（表8－40）。

表8－40　每克新鲜饲料上微生物的数量

饲料种类	腐败菌（$\times 10^6$ 个）	乳酸菌（$\times 10^3$ 个）	酵母菌（$\times 10^3$ 个）	酪酸菌（$\times 10^3$ 个）
草地青草	12.0	8.0	5.0	1.0
野豌豆燕麦混播	11.9	1 173.0	189.0	6.0
三叶草	8.0	10.0	5.0	1.0
甜菜茎叶	30.0	10.0	10.0	1.0
玉米	42.0	170.0	500.0	1.0

资料来源：王成章（1998）。

由表8-40看出，新鲜青饲料上腐败菌的数量，远远超过乳酸菌的数量。青饲料如不及时青贮，在田间堆放2～3 d后，腐败菌会大量繁殖，每克青饲料中往往有数亿个以上。因此，为促使青贮过程中有益乳酸菌的正常繁殖活动，必须了解各种微生物的活动规律及其对环境的要求（表8-41），以便采取措施，抑制各种不利于青贮的微生物的活动，消除一切妨碍乳酸形成的条件，创造有益于青贮的乳酸菌活动的最适宜环境。

表8-41　几种微生物生存的所需条件

微生物种类	氧气	温度（℃）	pH
乳酸链球菌	±	25～35	4.2～8.6
乳酸杆菌	—	15～25	3.0～8.6
枯草杆菌	+		
马铃薯杆菌	+		7.5～8.5
变形杆菌	+		6.2～6.8
酵母菌	+		4.4～7.8
酪酸菌		35～40	4.7～8.3
醋酸菌	+	15～35	3.5～6.5
霉菌	+	—	—

注："+"指好氧（营好氧呼吸），"—"指厌氧（营厌氧呼吸），"±"指兼性（既能营好氧呼吸，又能营厌氧呼吸）。

资料来源：王成章（1998）。

① 乳酸菌　种类很多，其中对青贮有益的主要是乳酸链球菌（*Streptococcus lactis*）、德氏乳酸杆菌（*Lactobacillus delbruckii*）。它们均为同质发酵的乳酸菌，发酵后只产生乳酸。此外，还有许多异质发酵的乳酸菌，除产生乳酸外，还产生大量的乙醇、醋酸、甘油和二氧化碳等。乳酸链球菌属兼性厌氧菌，在有氧或无氧条件下均能生长繁殖，耐酸能力较低，在青贮饲料中酸量达0.5%～0.8%、pH为4.2时即停止活动。乳酸杆菌为厌氧菌，只在厌氧条件下生长和繁殖，耐酸力强，在青贮饲料中酸量达1.5%～2.4%、pH为3时才停止活动。各类乳酸菌在含有适量的水分和碳水化合物、缺氧环境条件下，生长繁殖速度快，可使单糖和双糖分解生成大量乳酸。

$$C_6H_{12}O_6 \rightarrow 2CH_3CHOHCOOH$$
$$C_{12}H_{22}O_{11} + H_2O \rightarrow 4CH_3CHOHCOOH$$

上述反应中，每摩尔六碳糖含能量2 832.6 kJ，生成乳酸仍含能量2 748 kJ，仅减少83.7 kJ，损失不到3%。

五碳糖经乳酸发酵，在形成乳酸的同时，还产生其他酸类，如丙酸、琥珀酸等。

$$C_5H_{10}O_5 \rightarrow CH_3CHOHCOOH + CH_3COOH$$

根据乳酸菌对温度的要求不同，可将其分为好冷性乳酸菌和好热性乳酸菌两类。好冷性乳酸菌在25～35 ℃温度条件下繁殖速度最快，正常青贮时主要是好冷性乳酸菌在活动。好热性乳酸菌发酵后，可使温度达到52～54 ℃；如超过这个温度，则意味着还有其他好气性腐败菌等微生物参与发酵。高温青贮养分损失大，青贮饲料品质差，应当避免。

乳酸的大量形成，一方面为乳酸菌本身生长繁殖创造了条件，另一方面产生的乳酸可使其他微生物，如腐败菌、酪酸菌等死亡。乳酸积累的结果是酸度增强，乳酸菌自身也受到抑制而停止活动。在良好的青贮饲料中，乳酸含量一般占青饲料重的 1%～2%，pH 下降到 4.2 以下时，只有少量的乳酸菌存在。

② 酪酸菌（丁酸菌） 它是一种厌氧、不耐酸的有害细菌，主要有丁酸梭菌、蚀果胶梭菌、巴氏固氮梭菌等。在 pH 4.7 以下时不能繁殖，只在温度较高时才能繁殖。酪酸菌活动的结果是，使葡萄糖和乳酸分解产生具有挥发性臭味的丁酸，也能将蛋白质分解为挥发性脂肪酸，使原料发臭、变黏。

$$C_6H_{12}O_6 \rightarrow CH_3CH_2CH_2COOH + 2H_2 \uparrow + 2CO_2 \uparrow$$

$$2CH_3CHOHCOOH \rightarrow CH_3CH_2CH_2COOH + 2H_2 \uparrow + 2CO_2 \uparrow$$

当丁酸含量达到万分之几时，即影响青贮饲料的品质。在青贮原料幼嫩、碳水化合物含量不足、含水量过高、装压过紧时，均易促使酪酸菌大量繁殖。

③ 腐败菌 凡能强烈分解蛋白质的细菌都统称为腐败菌。此类细菌种类很多，有嗜高温的，也有嗜中温的或嗜低温的；有好氧的，如枯草杆菌、马铃薯杆菌；有厌氧的，如腐败梭菌；有兼性厌氧的，如普通变形杆菌。它们能使蛋白质、脂肪、碳水化合物等分解产生氨、硫化氢、二氧化碳、甲烷和氢气等，使青贮原料变臭变苦，养分损失大，不能饲喂家畜，导致青贮失败。不过腐败菌只在青贮饲料装压不紧、残存空气较多或密封不好时才大量繁殖；在正常青贮条件下，当乳酸逐渐形成、pH 下降、氧气耗尽时，腐败菌活动即迅速被抑制，最后死亡。

④ 酵母菌 好气性菌，喜潮湿，不耐酸。在青饲料切碎尚未装贮完毕时，酵母菌只在青贮原料表层繁殖，分解可溶性糖，产生乙醇及其他芳香类物质。待封窖后，空气越来越少，酵母菌的作用随即减弱。在正常青贮条件下，青贮饲料装压较紧，原料间残存的氧气少，酵母菌活动时间短，所产生的少量乙醇等芳香物质能使青贮具有特殊气味。

⑤ 醋酸菌 好气性菌，在青贮初期有空气存在的条件下，可大量繁殖。酵母经乳酸发酵产生乙醇，再经醋酸发酵产生醋酸。结果可抑制各种有害不耐酸的微生物，如腐败菌、霉菌、酪酸菌的活动与繁殖。但在青贮窖内氧气残存过多时，醋酸会产生过多。因醋酸有刺鼻气味，所以会影响家畜的适口性并使饲料品质降低。

⑥ 霉菌 是导致青贮饲料变质的主要好气性微生物，通常仅存在于青贮饲料的表层或边缘等易接触空气的地方。正常青贮情况下，霉菌仅生于青贮初期，酸性环境和厌氧条件下，足以抑制霉菌的生长。霉菌可破坏有机物质，分解蛋白质产生氨，使青贮饲料发霉变质并产生酸败味，品质降低，甚至失去饲用价值。

（2）青贮发酵过程 青贮的发酵过程一般可分为 3 个阶段，即好气性菌活动阶段、乳酸菌发酵阶段和青贮稳定阶段。

① 好气性菌活动阶段 新鲜青贮原料在青贮容器中被压实密封后，植物细胞并未立即死亡，在 1～3 d 仍进行呼吸作用，分解有机物质，直至青贮饲料内氧气消耗尽，呈厌氧状态时才停止呼吸。在青贮开始时，附着在原料上的酵母菌、腐败菌、霉菌和醋酸菌等好气性微生物，利用植物细胞因受机械压榨而排出的富含可溶性碳水化合物的液汁，迅速繁殖。腐败菌、霉菌等繁殖程度最为强烈，它破坏青贮饲料中的蛋白质，形成

大量吲哚、气体及少量醋酸等。好气性微生物的活动及植物细胞的呼吸，使得青贮原料间存在的少量氧气很快被消耗殆尽，形成厌氧环境。另外，植物细胞呼吸、酶氧化及微生物活动时还放出热量，厌氧和温暖的环境为乳酸菌的发酵创造了条件。如果青贮原料中氧气过多，植物呼吸时间过长，好气性微生物活动旺盛，则会使原料内温度继续升高，有时高达60 ℃左右，因而削弱乳酸菌与其他微生物的竞争能力，使青贮饲料营养成分损失过多，品质下降。因此，青贮技术关键是尽可能缩短第一阶段时间，通过及时青贮和切短压紧密封来减少呼吸作用和好气性有害微生物的繁殖，以减少养分损失，提高青贮饲料的质量。

② 乳酸菌发酵阶段　厌氧条件及青贮原料中的其他条件形成后，乳酸菌迅速繁殖，形成大量乳酸。酸度增加，pH下降，腐败菌、酪酸菌等活动受到抑制，甚至绝迹。当pH下降到4.2以下时，各种有害微生物都不能生存，就连乳酸链球菌的活动也会受到抑制，只有乳酸杆菌存在。当pH为3时，乳酸杆菌也停止活动，乳酸发酵即基本结束。一般情况下，糖分适宜原料发酵5～7 d，微生物总数达高峰，其中以乳酸菌为主。玉米青贮过程中，各种微生物的变化情况见表8-42。从此表中可以看出，玉米青贮后0.5 d，乳酸菌数量即达到最高峰，每克饲料中达16.0亿个。第4天时下降到8.0亿个，pH达4.5，而其他微生物则已全部停止繁殖。因此，玉米青贮发酵过程比豆科牧草快，青贮品质也好，是最优良的青贮作物。

表8-42　玉米青贮发酵过程中各种微生物数量的变化

青贮日数（d）	每克饲料中的细菌数量（×10⁴ 个）			pH
	乳酸菌	大肠好气性菌	酪酸菌	
开始	甚少	0.03	0.01	5.9
0.5	160 000.0	0.025	0.01	5.9
4	80 000.0	0	0	4.5
8	17 000.0	0	0	4.0
20	380.0	0	0	4.0

资料来源：南京农学院，《饲料生产学》（1980）。

③ 青贮稳定阶段　在此阶段青贮饲料内各种微生物停止活动，只有少量乳酸菌存在，营养物质不会再损失。在一般情况下，糖分含量较高的玉米、高粱等青贮后20～30 d就可以进入稳定阶段，豆科牧草需3个月以上。若密封条件良好，青贮饲料可长久保存下去。

3. 调制优良青贮饲料应具备的条件　在制作青贮饲料时，要使乳酸菌快速生长和繁殖，必须为其创造良好的条件。有利于乳酸菌生长繁殖的条件是：青贮原料应具有一定的含糖量、适宜的含水量及厌氧环境。

（1）青贮原料应有适当的含糖量　乳酸菌要产生足够数量的乳酸，必须有足够数量的可溶性糖分。若原料中可溶性糖分很少，即使其他条件都具备，也不能制成优质的青贮饲料。青贮原料中的蛋白质及碱性元素会中和一部分乳酸，只有当青贮原料中pH为4.2时，才可抑制微生物活动。因此，乳酸菌形成乳酸，使pH达4.2时所需要的原料含糖量是十分重要的条件，通常把它叫做最低需要含糖量。原料中实际含糖量大于最低需要含糖量，即为正青贮糖差；相反，即为负青贮糖差。凡是为正青贮糖差青贮原料就容易青贮，且正数愈大愈易青贮；凡是为负青贮糖差的青贮原料就难以青贮，且差值愈大的愈不易青贮。最低需要含糖量是根据饲料的缓冲度计算的，即：饲料最低需要含糖量（％）＝饲料缓冲度×1.7。饲料缓冲度是中和每100 g全干饲料中的碱性元素，并使pH降低到4.2时所需的乳酸克数。因青贮发酵消耗的葡萄糖只有60％变为乳酸，所以得100/60＝1.7的系数，也即形成1 g乳酸需葡萄糖1.7 g。

例如，玉米每100 g干物质需2.91 g乳酸，才能克服其中碱性元素和蛋白质等的缓冲作用，使其pH降低到4.2，因此2.91是玉米的缓冲度，最低需要含糖量为2.91％×1.7＝4.95％。玉米的实际含糖量是26.80％，青贮糖差为21.85％。

紫花苜蓿的缓冲度是5.58％，最低需要含糖量为5.58％×1.7＝9.50％，因紫花苜蓿中的实际含糖量只有3.72％，所以青贮糖差为－5.78％。豆科牧草青贮时，由于原料中含糖量低，因此乳酸菌不能正常大量繁殖，乳酸产量少，pH不能降到4.2以下，这样就会使腐败菌、酪酸菌等大量繁殖，导致青贮饲料腐败发臭，品质降低。因此，要调制优良的青贮饲料，青贮原料中必须含有适当的糖量。一些青贮原料干物质的含糖量见表8-43。

表8-43　一些青贮原料干物质中的含糖量

饲料	易于青贮原料		饲料	不易青贮原料	
	青贮后pH	含糖量（％）		青贮后pH	含糖量（％）
玉米植株	3.5	26.8	紫花苜蓿	6.0	3.72
高粱植株	4.2	20.6	草木樨	6.6	4.5
菊芋植株	4.1	19.1	箭筈豌豆	5.8	3.62
向日葵植株	3.9	10.9	马铃薯茎叶	5.4	8.53
胡萝卜茎叶	4.2	16.8	黄瓜蔓	5.5	6.76
饲用甘蓝	3.9	24.9	西瓜蔓	6.5	7.38
芜菁	3.8	15.3	南瓜蔓	7.8	7.03

资料来源：王成章（《饲料生产学》，1998）。

（2）青贮原料应有适宜的含水量　青贮原料中含有适量水分，是保证乳酸菌正常活动的重要条件。水分含量过低或过高，均会影响青贮发酵过程和青贮饲料的品质。水分过低，青贮时难以踩紧压实，窖内留有较多空气，造成好气性菌大量繁殖，易使饲料发霉腐败；水分过多时易压实结块，利于酪酸菌活动。同时植物细胞液汁被挤后流失，养分损失较大（表8-44）。

表8-44　青贮原料含水量与排汁量、干物质损失的关系

原料含水量（％）	干物质含量（％）	每100 kg青贮原料中		排汁中干物质损失率（％）
		排汁量（kg）	排汁中干物质重量（kg）	
84.5	15.5	21.0	1.05	6.7
82.5	17.5	13.0	0.65	3.7

（续）

原料含水量（%）	干物质含量（%）	每100 kg青贮原料中		排汁中干物质损失率（%）
		排汁量（kg）	排汁中干物质重量（kg）	
80.0	20.0	6.0	0.30	1.5
78.0	22.0	4.0	0.20	0.9
75.0	25.0	1.0	0.05	0.2
70.0	30.0	0	0	0

从表8-44可以看出，青贮原料中含水量为84.5％时，排汁中损失的干物质占青贮原料干物质的6.7％；而含水量为70％的青贮原料，已无液汁排出，干物质不受损失。青贮原料中水分过多时，细胞液中糖分过于稀释，不能满足乳酸菌发酵所要求的一定糖分浓度，反利于酪酸菌发酵，使青贮饲料变臭、品质变坏。因此，乳酸菌繁殖活动最适宜的含水量为65％～75％，豆科牧草的含水量以60％～70％为好。青贮原料适宜含水量因质地不同而有差别，质地粗硬的原料含水量可达80％，而收割早、幼嫩多汁的原料含水量则以60％较合适。判断青贮原料水分含量的简单办法是：将切碎的原料紧握手中，然后手自然松开，若原料仍能保持球状，且手有湿印，则其水分含量在68％～75％；若草球慢慢膨胀，手上无湿印，则其水分在60％～67％，适于豆科牧草的青贮；若手松开后，草球立即膨胀，其水分在60％以下，只适于幼嫩牧草低水分青贮。

豆科牧草由于含糖量较少，含水量以60％～70％较适宜；质地粗糙的禾本科牧草，含水量可高达72％～82％。全株玉米、玉米秸水分适宜；甘薯藤、紫云英、大头菜和笋壳的含水量均过高。因此，高水分可能是甘薯藤、紫云英、大头菜等原料青贮时的不利因素之一。

含水过高或过低的青贮原料，青贮时应处理或调节。对于水分过多的饲料，青贮前应稍晾干凋萎，使其水分含量达到要求后再青贮。如凋萎后还不能达到适宜含水量，则应添加干料进行混合青贮。也可以将含水量高的原料和低水分原料按适当比例混合青贮，如玉米秸和甘薯藤、甘薯藤和花生秧、玉米秸和紫花苜蓿是比较好的组合，青贮的混合比例以含水量高的原料占1/3为适合。

（3）创造厌氧环境　为了给乳酸菌创造良好的厌氧生长繁殖条件，需得原料切短，装实压紧，将青贮窖密封良好。将青贮原料切短的目的是为了便于装填紧实，取用方便，家畜便于采食，且减少浪费。同时原料切短或粉碎后，青贮时易使植物细胞渗出液汁，糖分流出附在原料表层，有利于乳酸菌繁殖。切短程度应视原料性质和畜禽需要来定。对牛、羊来说，细茎植物，如禾本科牧草、豆科牧草、草地青草、甘薯藤、幼嫩玉米苗等，切成3～4 cm长即可；对粗茎植物或粗硬的植物，如玉米、向日葵等，切成2～3 cm较为适宜。叶菜类和幼嫩植物，也可不切短青贮。对猪、禽来说，各种青贮原料均应切得越短越好，细碎或打浆青贮更佳。原料切短后青贮，易装填紧实，易使窖内空气排出。否则，窖内空气过多，好气菌大量繁殖，氧化作用强烈，温度升高（可达60 ℃），青贮饲料的糖分分解，维生素被破坏，蛋白质消化率降低。一般原料装填紧实适当的青贮，发酵温度在30 ℃左右，最高不超过38 ℃。青贮的装料过程越快越好，这样可以缩短原料在空气中暴露的时间，减少由于植物细胞呼吸作用造成的损失，也可避免好气性菌大量繁殖。窖装满压紧后立即覆盖，造成厌氧环境，促使乳酸菌快速繁殖和乳酸积累，保证青贮饲料的品质。

4. 青贮设备 青贮设备种类很多，但常用的有青贮窖和青贮塔。这些设备都应有它的基本要求，才能保证良好的青贮效果。首先，青贮的场址应选择土质坚硬、地势高燥、地下水位低、靠近畜舍、远离水源和粪坑的地方。其次，青贮设备要坚固牢实，不透气、不漏水。

（1）青贮塔 是地上的圆筒形建筑，一般用砖和混凝土修建而成，长久耐用，青贮效果好，便于机械化装料与卸料。青贮塔的高度应不小于其直径的2倍，不大于直径的3.5倍，一般塔高12～14 m、直径3.5～6.0 m。在塔身一侧每隔2 m高开一个0.6 m×0.6 m的窗口，装时关闭，取时敞开。

近年来，国外采用气密（限氧）的青贮塔，由镀锌钢板或钢筋混凝土构成，内边有玻璃层，防气性能好。提取青贮饲料可以从塔顶或塔底用旋转机械进行。可用于制作低水分青贮、湿玉米青贮或一般青贮，青贮饲料品质优良。但成本较高，只能依赖机械装填。

（2）青贮窖 有地下式及半地下式两种。地下式青贮窖适于地下水位较低、土质较好的地区，半地下式青贮窖适于地下水位较高或土质较差的地区。青贮以圆形或长方形为好。有条件的可建成永久性窖，窖四周用砖石砌成，用三合土或水泥抹面，坚固耐用，内壁光滑，不透气、不漏水。圆形窖做成上大下小的形状，便于压紧，长形青贮窖窖底应有一定坡度，以利于取用完的部分雨水流出。一般圆形窖直径2 m、深3 m，直径与窖深之比以1∶（1.5～2.0）为宜。长方形窖的宽深之比为1∶（1.5～2.0），长度根据家畜头数和饲料多少而定。

（3）圆筒塑料袋 选用厚实的塑料膜做成圆筒形，作为青贮容器进行少量青贮。为防穿孔，宜选用较厚结实的塑料袋，可用两层。袋的大小，如不移动可做得大些，如要移动，以装满青贮饲料后2人能抬动为宜。塑料袋可用土埋住或放在畜舍内，要注意防鼠防冻。美国玉米生产带利用玉米穗轴破碎后填入塑料袋中，饲喂肉牛；或用一种塑料拉伸膜，这种青贮装置是将青草用机器卷压成圆捆，然后用专门包裹机拉伸膜包被在草捆上进行青贮。

（4）青贮建筑物容积的计算 青贮建筑物容积可参考下列公式计算：

$$圆形窖（塔）的容积＝3.14×半径^2×深度$$

$$长方形窖的容积＝长×宽×深$$

各种青贮原料的单位容积质量，因原料的种类、含水量、切碎和踩实程度不同而不同。一般来说，叶菜类、紫云英、甘薯块根为800 kg/m³，甘薯藤为700～750 kg/m³，牧草、野草为600 kg/m³，全株玉米为600 kg/m³，青贮玉米秸为450～500 kg/m³。

5. 青贮的步骤和方法 饲料前要把青贮窖、青贮切碎机或铡草机和运输车辆进行检修。青贮的操作要点，概括起来要做到"六随三要"，即随割、随运、随切、随装、随踩、随封，连续进行，一次完成；原料要切短、装填要踩实、窖顶要封严。

（1）原料的适时收割 质量好的青贮原料是调制优良青贮饲料的物质基础。适期收割，不但可以在单位面积上获得最大营养物质产量，而且水分和可溶性碳水化合物含量适当，有利于乳酸发酵，易于制成优质青贮饲料。一般收割宁早勿迟，随收随贮。整株玉米青贮应在蜡熟期，即在干物质含量为 25%～35% 时收割最好。其明显标记是，靠近籽粒尖的几层细胞变黑而形成黑层。检查方法是：在果穗中部剥下几粒，然后纵向切开或切下尖部，寻找靠近尖部的黑层，如果黑层存在，就可刈割作整株玉米青贮。收果穗后的玉米秸青贮，宜在玉米果穗成熟、玉米茎叶仅有下部 1～2 片叶枯黄时，立即收割玉米秸青贮；或玉米成熟时削尖后青贮，但削尖时果穗上部要保留一张叶片。一般来说，豆科牧草宜在现蕾期至开花初期进行收割，禾本科牧草在孕穗至抽穗期收割，甘薯藤、马铃薯茎叶在收薯前 1～2 d 或霜前收割。原料收割后应立即运至青贮地点切短青贮。

（2）切短　少量青贮原料的切短可用人工铡草机，大规模青贮时可用青贮切碎机切短。大型青贮饲料切碎机每小时可切 5～6 t，最多 12 t。小型切草机每小时可切 250～800 kg。若条件具备，可使用青贮玉米联合收获机，在田内通过机器一次完成割、切作业，然后送回装入青贮窖内，能提高工作效率。

（3）装填　压紧装窖前，先将窖或塔打扫干净，窖底部可填一层 10～15 cm 厚的切短的干秸秆或软草，以便吸收青贮液汁。若为土窖或四壁密封不好，则可铺塑料薄膜。装填青贮饲料时应逐层装入，每层装 15～20 cm 厚，踩实后再继续装填。装填时应特别注意四角与靠壁的地方，要达到弹力消失的程度。如此边装边踩实，一直装满并高出窖口 70 cm 左右。长方形窖或地面青贮时，可用拖拉机进行碾压，小型窖亦可用人力踏实。青贮饲料的紧实程度是青贮成败的关键之一，青贮紧实要适当，发酵完成后饲料下沉不超过深度的 10%。

（4）密封　严密封窖、防止漏水漏气是调制优良青贮饲料的一个重要环节。青贮容器密封不好，进入空气或水分，有利于腐败菌、霉菌等繁殖，易使青贮饲料变坏。填满窖后，先在上面盖一层切短的秸秆或软草（厚 20～30 cm）或塑料薄膜，然后再用土覆盖拍实，厚 30～50 cm，并做成馒头形，有利于排水。青贮窖密封后，为防止雨水渗入窖内，距离四周约 1 m 处应挖排水沟。以后应经常检查，当有窖顶下沉、有裂缝时，应及时覆土压实，防止雨水渗入。

（三）特种青贮

青贮原料因植物种类不同，本身含有的可溶性碳水化合物和水分不同，青贮难易程度也不同。采用普通青贮方法难以青贮的饲料，必须进行适当处理，或添加某些物质，这种青贮方法叫做特种青贮法。特种青贮所进行的各种处理，对青贮发酵的作用主要有 3 个方面：一是促进乳酸发酵，如添加各种可溶性碳水化合物，接种乳酸菌、加酶制剂等青贮，可迅速产生大量乳酸，使 pH 很快达到 3.8～4.2；二是抑制不良发酵，如添加各种酸类、抑菌剂、凋萎或半干青贮，可防止腐败菌和酪酸菌的生长；三是提高青贮饲料的营养物质，如添加尿素、氨化物等，可增加粗蛋白质含量。

1. 低水分青贮　也称半干青贮。青贮原料中的微生物不仅受空气和酸的影响，也受植物细胞质渗透压的影响。低水分青贮饲料制作的基本原理是：青饲料刈割后，经风干水分含量达 45%～50%，植物细胞的渗透压达 $55×10^5$～$60×10^5$ Pa。这种情况下，腐败菌、酪酸菌甚至乳酸菌的生命活动接近于生理干燥状态，生长繁殖受到限制。因此，在青贮过程中，青贮原料中糖分的多少、最终 pH 的高低已不起主要作用，微生物发酵微弱，有机酸形成数量少，碳水化合物保存良好，蛋白质不被分解。虽然霉菌在风干植物体上仍可大量繁殖，但在切短压实和青贮厌氧条件下，其活动也很快停止。

低水分青贮法近十几年来在国外盛行，我国也开始在生产上采用。它具有干草和青贮饲料两者的优点。调制干草常因脱叶、氧化、日晒等使养分损失 15%～30%，胡萝卜素损失 90%，而低水分青贮饲料只损失养分 10%～15%。低水分青贮饲料含水量低，干物质含量比一般青贮饲料多 1 倍，具有较多的营养物质；有微酸味和果香味，不含酪酸，适口性好，pH 达 4.8～5.2，有机酸含量约 5.5%；呈湿润状态，深绿色，结构完好。任何一种牧草或饲料作物，不论其含糖量多少，均可低水分青贮。难以青贮的豆科牧草，如苜蓿、豌豆等尤其适合调制成低水分青贮饲料，从而为扩大豆科牧草或作物的加工调制范围开辟了新的途径。

根据低水分青贮的基本原理和特点，制作时青贮原料应迅速风干，要求在刈割后 24～30 h 内，豆科牧草含水量应达 50%，禾本科达 45%。铡短后的青贮原料长度一般要低于 2.5 cm，装填必须更紧实，才能造成厌氧环境以提高青贮品质。

2. 加酸青贮　难青贮的原料加酸之后，pH 会很快下降至 4.2 以下，腐败菌和霉菌的活动受到抑制，达到长期保存的目的。加酸青贮常用无机酸和有机酸。

（1）加无机酸青贮　对难青贮的原料可以加盐酸、硫酸、磷酸等无机酸。盐酸和硫酸的腐蚀性强，对窖壁和用具有腐蚀作用，使用时应小心。用法是 1 份硫酸（或盐酸）加 5 份水，配成稀酸，每 100 kg 青贮原料中加 5～6 kg 稀酸。青贮原料加酸后，很快下沉，遂停止呼吸作用，能杀死细菌，降低 pH，使青贮饲料质地变软。

国外常用的无机酸混合液由 30% 盐酸 92 份和 40% 硫酸 8 份配制而成，使用时 4 倍稀释，青贮时每 100 kg 原料加稀释液 5～6 kg。或由 8%～10% 盐酸 70 份。8%～10%的硫酸 30 份混合制成，青贮时按原料质量的 5%～6% 添加。

强酸易溶解钙盐，对家畜骨骼发育有影响，因此应注意家畜日粮中钙的补充。而使用青贮时，磷酸价格高，腐蚀性强，虽然能补充磷，但饲喂家畜时为了保证钙、磷平衡应给家畜补钙。

（2）加有机酸青贮　添加在青贮原料中的有机酸有甲酸（蚁酸）和丙酸等。甲酸是很好的发酵抑制剂，一般用量为每吨青贮原料加纯甲酸 2.4～2.8 kg。添加甲酸可减少青贮中乳酸、乙酸含量，降低蛋白质分解，抑制植物细胞呼吸，增加可溶性碳水化合物与真蛋白含量。

丙酸是防霉剂和抗真菌剂，能够抑制青贮饲料中的好气性菌活性，作为好气性破坏抑制剂很有效，但作为发酵剂不如甲酸，其用量为青贮原料的 0.5%～1.0%。添加丙酸可控制青贮原料的发酵，减少氨、氮的形成，降低青贮原料的温度，促进乳酸菌生长。

加酸制成的青贮饲料，颜色鲜绿，具香味，品质好，蛋白质分解损失仅为 0.3%～0.5%，而在一般青贮中则达 1%～2%。苜蓿和红三叶加酸青贮后，粗纤维含量减少 5.2%～6.4%，且减少的这部分纤维水解变成低级糖，可被动物吸收利用。而一般青贮饲料的粗纤维含量仅减少 1% 左右，胡萝卜素、维生素 C 等加酸青贮时损失少。

3. 加尿素青贮　青贮原料中添加尿素，通过青贮微生物的作用，形成菌体蛋白，能提高青贮饲料中的蛋白质含量。尿素的添加量为原料重量的 0.5%，青贮后每千克青贮饲料中能增加可消化蛋白质 8～11 g。添加尿素后的青贮原料可使 pH、乳酸含量和乙酸含量，以及粗蛋白质含量、真蛋白含量、游离氨基酸含量提高。氨的增多增加了青贮的缓冲能力，导致 pH 略为上升，但仍低于 4.2，尿素还可以抑制开窖后的二次发酵。饲喂尿素青贮饲料可以提高干物质的采食量。

4. 加甲醛青贮　甲醛能抑制青贮过程中各种微生物的活动。40% 的甲醛水溶液俗称福尔马林，常用于消毒和防腐。在青贮饲料中添加 0.15%～0.30% 的福尔马林，能有效抑制细菌活动，发酵过程中没有腐败菌活动，但甲醛异味大，影响适口性。

5. 加乳酸菌青贮　用加乳酸菌培养物制成的发酵剂或由乳酸菌和酶母培养制成的混合发酵剂青贮，可以促进青贮原料中乳酸菌的繁殖，抑制其他有害微生物的作用，这是人工扩大青贮原料中乳酸菌群体的方法。值得注意的是，菌种应选择那些盛产乳酸而不产生乙酸和乙醇的同质型乳酸杆菌和球菌。一般每 1 000 kg 青贮原料中加乳酸菌培养物 0.5 L 或乳酸菌制剂 450 g，每克青贮原料中加乳酸杆菌 10 万个左右。

6. 加酶制剂青贮　在青贮原料中添加以淀粉酶、糊精酶、纤维素酶、半纤维素酶等为主的酶制剂，可使青贮原料中的部分多糖水解成单糖，有利于乳酸发酵。酶制剂由胜曲霉、黑曲霉、米曲霉等培养物浓缩而成，按青贮原料质量的 0.01%～0.25% 添加，不仅能保持青饲料的特性，而且可以减少养分的损失，提高青贮饲料的营养价值。豆科牧草苜蓿、红三叶添加 0.25% 黑曲霉制剂青贮，与普通青贮饲料相比，纤维素减少10.0%～14.4%、半纤维素减少 22.8%～44.0%、果胶减少 29.1%～36.4%。如果酶制剂添加量增加到 0.5%，则含糖量可高达 2.48%，蛋白质提高 26.7%～29.2%。

7. 湿谷物的青贮　用作饲料的谷物，如玉米、高粱、大麦、燕麦等，收获后带湿储存在密封的青贮塔或水泥窖内，经过轻度发酵产生一定量的（0.2%～0.9%）有机酸（主要是乳酸和醋酸），以抑制霉菌和细菌的繁殖，使谷物得以保存。用此法储存谷物，青贮塔或青贮窖一定要密封，谷物最好压扁或轧碎，以更好地排出空气，降低养分损失，并利于饲喂。从收获至储存要在 1 d 内完成，迅速造成窖内的厌氧条件，限制呼吸作用和好气性微生物繁殖。青贮谷物的养分损失，在良好条件下为 2%～4%，一般条件下可达 5%～10%。用湿贮谷物喂奶牛、肉牛、猪，增重和饲料转化率按干物质计算，基本和干贮玉米相近。

⊙ 参考文献

白坤，2013. 科学使用胚芽旋流分离器 [J]. 淀粉与淀粉糖（2）：22 - 24.

白生文，汤超，田京，等，2015. 沙棘果渣总黄酮提取工艺及抗氧化活性分析 [J]. 食品科学，36（10）：59 - 64.

柴长国，2005. 饲用甜菜茎叶饲喂奶牛的效果研究 [J]. 甘肃农业科技（9）：53 - 54.

常春，2010. 柠条生长季刈割关键技术研究 [D]. 呼和浩特：内蒙古农业大学.

陈立业，年芳，李发弟，等，2016. 近红外光谱技术预测胡麻饼营养成分的定标模型建立及验证 [J]. 甘肃农业大学学报，51（2）：16 - 20.

陈列芹，王海波，关炳峰，2009. 酶法水解玉米蛋白工艺条件的优化 [J]. 农业工程技术（6）：36 - 39.

邓桂兰，2008. 混合菌发酵油茶粕生产菌体蛋白饲料的研究 [J]. 粮食与饲料工业 (6)：30-32.

范明霞，2010. 木薯再生体系的建立和 HNL 24b 基因的克隆及辐照诱变育种 [D]. 武汉：华中农业大学.

封伟贤，1997. 甘蔗糖蜜是一种待开发的饲料资源 [J]. 中国畜牧兽医，4：22-25.

冯定远，2000. 物理加工对亚麻籽抗营养因子生氰糖苷脱毒及营养利用的影响 [C]. 中国畜牧兽医学会动物营养学分会，中国畜牧兽医学会动物营养学分会第六届全国会员代表大会暨第八届学术研讨会论文集（下）. 哈尔滨：黑龙江人民出版社.

冯昕炜，许贵善，郎松林，2012a. 发酵葡萄渣营养成分分析及饲用价值评估 [J]. 黑龙江畜牧兽医 (9)：82-83.

冯昕炜，许贵善，刘昱成，2012b. 酵母菌发酵葡萄渣发酵效果研究 [J]. 江苏农业科学，40 (2)：222-223.

高彩霞，王培，高振生，1997. 苜蓿打捆前的含水量对营养价值和产草量的影响 [J]. 草地学报 (1)：27-32.

高雨飞，黎力之，欧阳克蕙，等，2014. 甘蔗梢作为饲料资源的开发与利用 [J]. 饲料广角 (21)：44-45.

郭礼荣，苏州，孔智伟，等，2016. 饲喂发酵甜叶菊废渣对猪肌内氨基酸和脂肪酸组成的影响 [J]. 猪业科学，33 (12)：72-73.

郭佩玉，李道娥，夏建平，等，1995. 用镜像切片技术研究氨化秸秆的细胞壁变化 [J]. 畜牧兽医学报 (6)：522-523.

何国菊，李学刚，赵海伶，2003. 菜籽饼粕脱毒工艺参数的研究 [J]. 中国油脂 (12)：23-26.

何兴国，徐海军，孔祥峰，等，2008. 不同碳水化合物对断奶仔猪生长性能和生化指标的影响 [J]. 中国农业科学，41 (2)：552-558.

怀建军，2008. 甜菜糖蜜对羔羊采食量与增重的影响 [J]. 新疆农垦科技，31 (4)：42-43.

黄恒，王庆福，李志宁，2003. 饲用甜菜育肥肉牛增重试验 [J]. 当代畜牧 (3)：4.

黄文明，刘利平，王之盛，等，2009. 氨化处理对新银合欢的营养成分和人工瘤胃发酵特性的影响 [J]. 中国畜牧杂志，45 (17)：39-41.

贾连平，2012. 脱脂 DDGS 对育肥猪养分表观消化率的影响 [J]. 中国猪业，7 (4)：52-54.

江明生，韦英明，邹隆树，等，1999. 氨化与微贮处理甘蔗叶梢饲喂水牛试验 [J]. 基因组学与应用生物学，18 (2)：124-127.

江明生，邹隆树，2000. 氨化与微贮处理甘蔗叶饲喂山羊试验 [J]. 中国草食动物科学，3 (11)：26-27.

揭雨成，康万利，邢虎成，等，2009. 苎麻饲用资源筛选 [J]. 草业科学，16 (5)：84-89.

金秋岩，郭东新，田河，2016. 限饲条件下甘蔗糖蜜对断奶幼兔生长性能及消化道的影响 [J]. 饲料工业，37 (5)：42-46.

孔智伟，张强，陈荣强，等，2017. 甜叶菊废渣发酵饲料对土杂肉猪生产性能的影响 [J]. 中国猪业，12 (11)：46-48.

李爱科，2012. 中国蛋白质饲料资源 [M]. 北京：中国农业大学出版社.

李崇，2014. 固态甘蔗糖蜜对断奶仔猪生长性能和部分理化指标的影响研究 [D]. 南宁：广西大学.

李德发，2019. 大豆抗营养因子研究进展 [J]. 饲料与畜牧 (1)：52-58.

李改英，傅彤，廉红霞，等，2011. 糖蜜在反刍动物生产及青贮饲料中的应用研究 [J]. 北方牧业，37 (2)：32-34.

李海燕，2013. 玉米浆及其副产物的制备与应用 [D]. 武汉：湖北工业大学.

李淑霞，2013. 饲料甜菜对奶牛产奶量的影响 [J]. 中兽医医药杂志，32（4）：46 - 47.

李笑春，2011. 不同脱毒方法对木薯氢氰酸含量的影响 [J]. 饲料研究（5）：34 - 35.

李泽新，陈福增，才晓一，2011. 卧式螺旋沉降离心机的使用与维修保养 [J]. 机电信息，
　　17：64 - 66.

李政一，2003. 白酒糟综合利用研究 [J]. 北京工商大学学报（自然科学版），21（1）：9 - 13.

李自升，蔡木易，易维学，2006. 玉米蛋白粉的酶解工艺初探 [J]. 食品与发酵工业，32（4）：
　　67 - 69.

梁丽莉，赵海明，2007. 日粮中添加大豆糖蜜对泌乳高峰期奶牛的影响 [J]. 饲料研究（7）：51 - 52.

林曦，2010. 甜菜渣青贮营养价值的评定及其在奶牛生产中应用的研究 [D]. 哈尔滨：东北农业大学.

刘芳，敖常伟，1999. 刺槐叶蛋白提取工艺条件的初步研究 [J]. 中南林学院学报（1）：65 - 68.

刘辉，郭福阳，2013. 玉米 DDGS 生产工艺现状 [J]. 饲料博览（8）：14 - 17.

刘建勇，黄必志，王安奎，等，2011. 肉牛饲喂木薯渣及氨化甘蔗梢的育肥效果 [J]. 中国牛业科
　　学，37（5）：13 - 16.

刘晶，魏绍成，李世钢，2003. 柠条饲料生产的开发 [J]. 草业科学（6）：32 - 35.

刘军，朱文优，2007. 菜籽粕发酵饲料的研制 [J]. 食品与发酵工业（1）：69 - 71.

刘康乐，刘秀敏，聂晓东，等，2013. 玉米浆水解工艺研究 [J]. 发酵科技通讯，42（1）：26 - 28.

刘玉兰，董秀云，1994. 菜籽饼粕的生物化学法脱毒研究 [J]. 中国粮油学报（3）：49 - 56.

陆艳，胡健华，2005. 双低油菜籽冷榨饼脱毒工艺的初步研究 [J]. 粮食与食品工业（4）：
　　14 - 16.

路福伍，王忠淳，1993. 甜菜粕高蛋白质饲料代替鱼粉喂鸡试验初报 [J]. 现代畜牧兽医（4）：
　　11 - 13.

马磊，石岩，2009. 甜叶菊的综合开发利用 [J]. 中国糖料（1）：68 - 69.

马群山，袁荣志，唐德江，2008. 饲料添加大豆糖蜜对绵羊生长发育的影响 [J]. 黑龙江八一农垦大
　　学学报，20（1）：63 - 65.

马群忠，王永亮，黄传书，等，2012. 饲料桑叶青贮法质量比较研究 [J]. 饲料研究（9）：77 - 79.

毛朝阳，2009. 鲁山牛腿山羊饲喂大豆糖蜜粕试验研究 [J]. 河南畜牧兽医（综合版），30（6）：8 - 9.

梅莺，黄庆德，邓乾春，等，2013. 亚麻饼粕微生物脱毒工艺 [J]. 食品与发酵工业，39（3）：
　　111 - 114.

孟宪生，2002. 日粮中添加蔗糖饲喂生长肥育的增重效果 [J]. 当代畜牧（2）：41 - 42.

南京农业大学，2002. 饲料生产学 [M]. 北京：中国农业出版社.

聂艳丽，刘永国，李娅，等，2007. 甘蔗渣资源利用现状及开发前景 [J]. 绿色中国（5）：
　　54 - 55.

齐文茂，2013. 香菇—酵母共生发酵冰葡渣饲料的研究 [D]. 大连：大连工业大学.

邱代飞，黄家明，2013. 玉米 DDGS 的品质控制与掺假鉴别 [J]. 广东饲料，22（11）：30 - 32.

全桂香，严金龙，方波，2012. 酵母菌和乳酸菌混合菌种发酵啤酒糟的试验研究 [J]. 饲料与畜牧
　　（10）：22 - 25.

冉双存，2008. 青海高原半细毛羊饲喂大豆糖蜜粕试验研究 [J]. 中国畜禽种业，4（23）：65 - 67.

沈益新，杨志刚，刘信宝，2004. 凋萎和添加有机酸对多花黑麦草青贮品质的影响 [J]. 江苏农业学
　　报（2）：95 - 99.

施用晖，乐国伟，左绍群，1996. 产蛋鸡日粮中添加酪蛋白肽对产蛋性能及血浆肽和铁、锌含量的
　　影响 [J]. 四川农业大学学报（1）：46 - 50.

孙显涛，陈晓阳，贾黎明，等，2005. 不同刈割频度下二色胡枝子根系及地上生物量的研究 [J]. 草业科学 (5)：25-28.

孙艳宾，林英庭，王利华，等，2011. 甜叶菊渣对肉兔生产性能和养分消化率的影响 [J]. 饲料研究 (1)：52-53.

汤华成，赵蕾，2007. 三种脱毒方法降低亚麻籽中氰化氢含量的效果比较 [J]. 中国农学通报 (7)：139-142.

唐兴，2014. 木薯渣、甜叶菊渣代替王草草粉对肉兔生产性能的影响 [J]. 兽医导刊 (12)：35-35.

田晋梅，谢海军，2000. 豆科植物沙打旺、柠条、草木樨单独青贮及饲喂反刍家畜的试验研究 [J]. 黑龙江畜牧兽医 (6)：14-15.

田伟，杨宏志，2008. 用烘烤法对亚麻籽脱毒的工艺研究 [J]. 农产品加工 (5)：73-75.

王碧德，刘蓉，吴生平，1997. 玉米胚芽油的制取 [J]. 中国油脂 (4)：34-39.

王成章，陈桂荣，1998. 饲料生产学 [M]. 郑州：河南科学技术出版社.

王峰，温学飞，张浩，2004. 柠条饲料化技术及应用 [J]. 西北农业学报 (3)：143-147.

王红菊，张玮，2006. 关于玉米蛋白酶解的研究概况 [J]. 呼伦贝尔学院学报，14 (2)：54-56.

王建军，2007. 混菌固态发酵黄酒糟生产蛋白饲料的研究 [D]. 杭州：浙江大学.

王平先，2006. DDGS 生产技术及其节能工艺与设备选择方案 [J]. 宿州教育学院学报，8 (3)：131-133.

王世雄，尹尚芬，郑锦玲，2010. 不同糖蜜对肉牛育肥效果的研究 [J]. 中国牛业科学，36 (1)：32-35.

王水旺，2013. 菊芋粕对绵羊的营养价值评定 [D]. 兰州：甘肃农业大学.

王水旺，韩向敏，2014. 不同比例的菊芋粕日粮对羔羊生长发育及瘤胃内环境的影响 [J]. 甘肃农业大学学报，49 (2)：48-54.

王熙涛，何连芳，张玉苍，2010. 利用乳酸菌发酵桑树叶生产非常规饲料的研究 [J]. 饲料工业，31 (1)：49-52.

王新峰，潘晓亮，向春和，等，2006. 添加甜菜糖蜜对绵羊瘤胃 pH 和 NH$_3$-N 浓度的影响 [J]. 中国饲料 (2)：25-27.

王颖，2010. 豆粕混菌液态制种及啤酒糟固态发酵制备生物饲料的研究 [D]. 镇江：江苏大学.

王永，刘国志，2007. 尿素在奶牛养殖业中的应用 [J]. 广东奶业 (2)：21-22.

韦惠峰，邓传凤，1993. 雏鸭日粮添加蔗糖的饲养试验 [J]. 南方农业学报 (2)：92.

温学飞，王峰，黎玉琼，等，2005. 柠条颗粒饲料开发利用技术研究 [J]. 草业科学 (3)：26-29.

吴酬飞，2012. 高效降解生氰糖苷的工程菌株构建与亚麻籽发酵脱毒研究 [D]. 广州：中山大学.

吴配全，任丽萍，周振明，等，2011. 饲喂发酵桑叶对生长育肥牛生长性能、血液生化指标及经济效益的影响 [J]. 中国畜牧杂志，59 (23)：43-46.

夏中生，杨胜远，潘天彪，等，2001. 糖蜜酒精废液蔗渣吸附发酵产物对猪的饲用价值研究 [J]. 粮食与饲料工业 (1)：25-27.

肖玉娟，邓泽元，范亚苇，等，2010. *Neurospora. crassa* 降解茶粕培养基粗纤维的发酵工艺研究 [J]. 食品科学，31 (23)：243-247.

谢金水，王兰英，彭春瑞，等，2003. 印度改良木豆品种栽培技术研究初报 [J]. 中国农学通报 (2)：6-9.

熊瑶，2012 辣木叶蛋白质提取及其饮品研制 [D]. 福州：福建农林大学.

徐世前，史美仁，1994. 双液相萃取脱毒技术对中国菜籽的适应性研究 [J]. 中国油脂 (1)：44-48.

闫巧凤，2015. 蚕桑副产物的有效利用分析 [J]. 中国农业信息 (7)：157.

杨春华，杨兴霖，左艳春，杨颖慧，2006. 不同含水量多花黑麦草青贮效果研究 [J]. 四川草原（3）：1-3.

杨宏志，毛志怀，2004. 不同处理方法降低亚麻籽中氰化氢含量的效果 [J]. 中国农业大学学报（6）：65-67.

杨宏志，孙伟洁，钟运翠，2008. 四种不同处理方法对于亚麻籽脱毒效果的研究 [J]. 食品科学（9）：245-248.

杨玉芬，卢德勋，许梓荣，等，2002. 日粮纤维对肥育猪生产性能和胴体品质的影响 [J]. 福建农林大学学报（自然科学版），31（3）：366-369.

余有贵，曾传广，贺建华，2009. 白酒糟开发蛋白质饲料的研究进展 [J]. 中国饲料（1）：12-15.

喻春明，2002. 饲用苎麻收割高度对产量和粗蛋白质含量影响的研究 [J]. 中国麻业科学（24）：31-33.

贠丽娟，2004. 蔗糖在断奶仔猪日粮中的应用研究 [D]. 杨凌：西北农林科技大学.

岳国君，董红星，刘文信，等，2012. 燃料乙醇工艺的化学工程分析 [J]. 化工进展，30（1）：144-149.

张建国，2010. 抑制青贮饲料好氧变质乳酸菌的筛选与应用 [C]. 中国奶业协会. 首届中国奶业大会论文集（上册）. 北京：中国奶牛编辑部.

张建红，周恩芳，2002. 饲料资源及利用大全 [M]. 北京：中国农业出版社.

张明忠，史亮涛，金杰，等，2013. 不同刈割方式对干热河谷银合欢生物量和生长的影响 [J]. 草原与草坪，33（2）：77-79.

张平，黄应祥，王珍喜，2004. 采用不同方法加工的柠条饲喂育肥羊效果的研究 [J]. 中国畜牧兽医（11）：7-9.

张秋琴，叶义杰，张敏，等，2008. 玉米胚芽油的生产现状与发展前景 [J]. 农产品加工（8）：54-56.

张瑞珍，张新跃，何光武，等，2008. 不同刈割高度对多花黑麦草产量和品质的影响 [J]. 草业科学（8）：68-72.

张遐耘，张文悦，1998. 黄酒糟纤维素酶处理和单细胞蛋白生产的研究 [J]. 粮食与饲料工业（7）：24-25.

张益民，于汉寿，张永忠，2008. 构树叶发酵饲料中营养成分的变化 [J]. 饲料工业，29（23）：54-55.

张郁松，2008. 水煮法对亚麻籽脱毒的工艺研究 [J]. 食品科技（1）：109-111.

张志强，张根亮，赵相军，2003. 玉米胚芽油的制取工艺 [J]. 中国油脂（6）：60-62.

赵芳芳，2010. 菊芋粕对泌乳奶牛的营养价值评定 [D]. 兰州：甘肃农业大学.

赵建国，钟世博，2002. 热带假丝酵母固体发酵黄酒糟生产蛋白饲料的研究 [J]. 粮食与饲料工业（2）：22-24.

赵军，刘月华，2005. 白酒糟和黄酒糟的开发利用 [J]. 酿酒，32（5）：73-74.

赵利杰，2019. 原产还是外来：试论中国高粱的起源 [J]. 古今农业，1：74-82.

钟海雁，王承南，黄健屏，等，2001. 油茶枯饼固态发酵技术的研究 [J]. 中南林学院学报，21（1）：21-25.

周浩宇，黄凤洪，钮琰星，等，2010. 发酵法与化学法改良油茶籽粕品质效果的比较 [J]. 中国油脂，35（9）：40-43.

周积兵，陈建龙，张立荣，等，2018. 玉米品种金凯 5 号精品种子加工技术 [J]. 甘肃农业科技，2：75-78.

周兴国，2003. 木薯酒精糟液饲料化技术路线探讨［R］. 广西壮族自治区科学技术协会. 2003 年广西专家论坛·木薯产业化发展战略专题调研报告.

周雄，周璐丽，王定发，等，2015. 日粮中青贮甘蔗尾叶替代不同比例王草对海南黑山羊生长性能、养分表观消化率及血清生化指标的影响［J］. 中国畜牧兽医，42（6）：1443-1448.

左藤直彦，吴文学，1996. 天然饲料添加剂——甜叶菊［J］. 中国畜牧兽医（1）：5-6.

Anjum F M，Haider M F，Khan M I，et al，2013. Impact of extruded flaxseed meal supplemented diet on growth performance, oxidative stability and quality of broiler meat and meat products［J］. Lipids in Health and Disease, 12 (1)：1-12.

Bell J G，Henderson R J，Tocher D R，et al，2002. Substituting fish oil with crude palm oil in the diet of *Atlantic salmon*（*Salmo salar*）affects muscle fatty acid composition and hepatic fatty acid metabolism.［J］. Journal of Nutrition，132 (2)：222-230.

Bhattacharya A N，Sleiman F T，1971. Beet pulp as a grain replacement for dairy cows and sheep［J］. Journal of Dairy Science, 54 (1)：89-94.

Bradbury J H，Denton I C，2014. Mild method for removal of cyanogens from cassava leaves with retention of vitamins and protein［J］. Food Chemistry, 158：417-420.

Canbolat O，Ozkan C O，Kamalak A，2007. Effects of NaOH treatment on condensed tannin contents and gas production kinetics of tree leaves［J］. Animal Feed Science and Technology, 138 (2)：189-194.

Castle M E，Gill M S，Watson J N，2010. Silage and milk production：a comparison between barley and dried sugar-beet pulp as silage supplements［J］. Grass and Forage Science, 36 (4)：319-324.

Coblentz W K，Fritz J O，Fick W H，et al，1998. In situ dry matter, nitrogen, and fiber degradation of alfalfa, red clover, and eastern gamagrass at four maturities［J］. Journal of Dairy Science, 81 (1)：150-161.

Fedeniuk R W，Biliaderis C G，1994. Composition and physicochemical properties of linseed（*Linum usitatissimum* L.）mucilage.［J］. Journal of Agricultural and Food Chemistry, 42 (2)：240-247.

Fonseca-Madrigal J，Bell J G，Tocher D R，2006. Nutritional and environmental regulation of the synthesis of highly unsaturated fatty acids and of fatty-acid oxidation in *Atlantic salmon*（*Salmo salar* L.）enterocytes and hepatocytes［J］. Fish Physiology and Biochemistry, 32 (4)：317-328.

Gagnon N，Petit H V，2009. Weekly excretion of the mammalian lignan enterolactone in milk of dairy cows fed flaxseed meal.［J］. Journal of Dairy Research, 76 (4)：455-458.

Juárez M，Dugan M E，Aldai N，et al，2010. Feeding co-extruded flaxseed to pigs：effects of duration and feeding level on growth performance and backfat fatty acid composition of grower-finisher pigs［J］. Meat Science, 84 (3)：578-584.

Kingsly A R P，Ileleji K E，Clementson C L，et al，2010. The effect of process variables during drying on the physical and chemical characteristics of corn dried distillers grains with solubles（DDGS）-Plant scale experiments［J］. Bioresource Technology, 101 (1)：193-199.

Lin Y C，Jiang Z Y，Wu S L，et al，2000. Study on development of amylase, lactase and lipase n piglets the crude protein requirement of 3.4-9.5 kg early-weaned piglets［C］. Proceedings of International Conference on Animal Science and Veterinary Medicine Towards 21st Century.

Mahadevan A，Muthukumar G，1980. Aquatic microbiology with reference to Tannin degradation［J］. Hydrobiologia, 72 (1/2)：73-79.

Martinez-Amezcua C，Parsons C M，Singh V，et al，2007. Nutritional characteristics of corn distillers dried grains with solubles as affected by the amounts of grains versus solubles and different processing techniques [J]. Poultry Science，86（12）：2624-2630.

Murphy J J，1999. The effects of increasing the proportion of molasses in the diet of milking dairy cows on milk production and composition [J]. Animal Feed Science and Technology，78（3/4）：189-198.

Rausch K D，Belyea R L，2006. The future of coproducts from corn processing [J]. Applied Biochemistry and Biotechnology，128：47-86.

Rosenlund G，Obach A，Sandberg M G，et al，2015. Effect of alternative lipid sources on long - term growth performance and quality of *Atlantic salmon*（*Salmo salar* L.）[J]. Aquaculture Research，32（s1）：323-328.

Serraino M，Thompson L U，1991. The effect of flaxseed supplementation on early risk markers for mammary carcinogenesis [J]. Cancer Letters，60（2）：135-142.

Shahidi F，Naczk M，Rubin L J，et al，1988. A novel processing approach for rapeseed and mustard seed-removal of undesirable constituents by methanol-ammonia [J]. Journal of Food Protection，51（9）：743-749.

Sornyotha S，Kyu K L，Ratanakhanokchai K，2010. An efficient treatment for detoxification process of cassava starch by plant cell wall-degrading enzymes [J]. Journal of Bioscience and Bioengineering，109（1）：9-14.

Squibb R L，Méndez J，Guzmàn M A，et al，1954. Ramie-a high protein forage crop for tropical areas [J]. Grass and Forage Science，9：313-322.

Toledo T C F D，Canniatti-Brazaca S G，Arthur V，et al，2007. Effects of gamma radiation on total phenolics，trypsin and tannin inhibitors in soybean grains [J]. Radiation Physics and Chemistry，76（10）：1653-1656.

Torstensen B E，Lie O，Frøyland L，2000. Lipid metabolism and tissue composition in *Atlantic salmon*（*Salmo salar* L.）—Effects of capelin oil，palm oil，and oleic acid-enriched sunflower oil as dietary lipid sources [J]. Lipids，35（6）：653-664.

Williams D，Verghese M，Walker L T，et al，2007. Flax seed oil and flax seed meal reduce the formation of aberrant crypt foci（ACF）in azoxymethane-induced colon cancer in Fisher 344 male rats [J]. Food and Chemical Toxicology，45（1）：153-159.

Yan T，Roberts D J，Higginbotham J，1997. The effects of feeding high concentrations of molasses and supplementing with nitrogen and unprotected tallow on intake and performance of dairy cows [J]. Animal Science，64（1）：17-24.

Zhou W，Han Z K，Zhu W Y，2009. The metabolism of linseed lignans in rumen and its impact on ruminal metabolism in male goats [J]. Journal of Animal and Feed Sciences，18（1）：51-60.

图书在版编目（CIP）数据

非粮型饲料资源高效加工技术与应用策略 / 印遇龙，
阮征主编 . —北京：中国农业出版社，2019.12
ISBN 978 - 7 - 109 - 26398 - 7

Ⅰ．①非⋯　Ⅱ．①印⋯ ②阮⋯　Ⅲ．①粗饲料－饲料
加工　Ⅳ．①S816.539

中国版本图书馆 CIP 数据核字（2019）第 292887 号

中国农业出版社出版
地址：北京市朝阳区麦子店街 18 号楼
邮编：100125
策划编辑：周晓艳
责任编辑：周晓艳　王森鹤　文字编辑：耿韶磊　陈睿赜　张庆琼
版式设计：王　晨　责任校对：周丽芳
印刷：北京通州皇家印刷厂
版次：2019 年 12 月第 1 版
印次：2019 年 12 月北京第 1 次印刷
发行：新华书店北京发行所
开本：787mm×1092mm　1/16
印张：15.25　插页：1
字数：380 千字
定价：188.00 元